西南交通大学2018年立项建设教材项目

地下工程本科毕业设计指南
（地铁车站设计）

蒋雅君　邱品茗　编　著

西南交通大学出版社
·成　都·

图书在版编目（CIP）数据

地下工程本科毕业设计指南. 地铁车站设计 / 蒋雅君，邱品茗编著. —成都：西南交通大学出版社，2015.1（2019.11 重印）
ISBN 978-7-5643-3604-2

Ⅰ. ①地… Ⅱ. ①蒋… ②邱… Ⅲ. ①地下铁道车站－毕业设计－高等学校－教学参考资料 Ⅳ. ①TU9

中国版本图书馆 CIP 数据核字（2014）第 295609 号

地下工程本科毕业设计指南
（地铁车站设计）

蒋雅君　邱品茗　编著

责任编辑	曾荣兵
助理编辑	姜锡伟
封面设计	墨创文化
出版发行	西南交通大学出版社 （四川省成都市金牛区交大路 146 号）
发行部电话	028-87600564　028-87600533
邮政编码	610031
网址	http://www.xnjdcbs.com
印刷	成都蓉军广告印务有限责任公司
成品尺寸	185 mm × 260 mm
印张	14.5
字数	348 千
版次	2015 年 1 月第 1 版
印次	2019 年 11 月第 2 次
书号	ISBN 978-7-5643-3604-2
定价	39.00 元

课件咨询电话：028-81435775
图书如有印装质量问题　本社负责退换

重印说明

本书自从 2015 年 1 月出版以来，很荣幸陆续被国内一些高校的城市地下空间工程专业、土木工程专业地下工程方向的师生采用为毕业设计的指导用书，为学生们开展毕业设计提供了方便。但是，在本书的使用过程中，我们也发现仍然存在一些错漏，需要及时进行勘误。因此，在本书进行第 2 次印刷时，笔者对本书第 1 版第 1 次印刷版本中存在的部分问题和章节进行了勘误和调整。

本次重印中主要进行了勘误和调整的地方包括：

（1）毕业设计内容中去掉了地铁车站防水的部分。

（2）补充了毕业设计说明书中的组成部分。

（3）地铁车站建筑设计的部分计算公式根据《地铁设计规范》GB 50157—2013 版的要求进行了修正。

（4）将第 5 篇和第 6 篇合并为一篇。

（5）毕业设计文本及图纸检查要点中去掉了地铁车站防水的相关内容。

（6）对参考文献进行了对应的调整以及对其他一些细节的错漏进行了勘误。

在本书的使用过程中，各高校的老师给出了很多的使用反馈，也提供了很好的建议，这也是本书编者对本书进行持续完善的动力。编者已经将本书的修订纳入工作计划，将在第 2 版中针对本书中仍然存在的不足进行较为全面的改进，同时也计划将相关课件、范例编入第 2 版中，为老师和学生们提供更好的服务和帮助。

读者有相关的建议，欢迎与作者联系（蒋雅君，Email：yajunjiang@swjtu.edu.cn），感谢！

作　者

2019 年 10 月于成都

前　言

本指南是编者在近年的本科教学及毕业设计指导过程中，通过讲稿及一些参考资料逐步积累、整理而成的，主要为土木工程专业地下工程及城市轨道交通工程方向的大四本科生进行地铁车站毕业设计提供指导和帮助，提高学生的毕业设计工作效率，也希望能减轻指导教师的部分工作负担。

本指南内容包括（明挖）地铁车站的建筑设计、围护结构设计、主体结构设计、施工组织设计等方面，系统地介绍了该主题的本科毕业设计的工作内容及相关知识要点。限于毕业设计的深度和工作时间，同时由于毕业设计的主要目的是训练本科生掌握地铁车站的基本设计方法，学会运用所学基础知识解决最基本的工程设计、施工问题，因此本指南所编写的技术内容深度与实际的设计工作仍然还有一定差距。但在指南内容的编排上，考虑到本科生工程设计与施工经验缺乏，而本科毕业设计又应与工程实际紧密结合的要求，编者对地铁车站及施工的相关现行技术规范中的内容和要求进行了较为系统的整理，供学生在毕业设计工作中查阅，以培养学生依据规范进行工程设计、施工的习惯，为学生走上工作岗位奠定良好的基础。此外，编者还提供了相关计算软件的操作实例及讲解，以便学生能较快地熟悉软件的使用，加快毕业设计工作进度。

由于不同学校或毕业设计小组所做的地铁车站设计内容可能存在一定差异，学生应按照指导教师的具体要求来完成毕业设计工作，本指南仅供参考。此外，要较深入地掌握地铁车站设计的相关知识和技能，其他相关的参考文献及技术资料的深入阅读和学习也必不可少，望学生引起重视，尤其要养成勤翻规范和工具手册的良好习惯，不可过度依赖仅有的几本教科书。

在编写指南的过程中，编者得到了杨其新教授及编者诸多同学、研究生同门的帮助，他们提供了大量的地铁车站设计参考资料（曹智明、刘清文、张新亮、马鹏远、刘学强、岳岭、何斌、沈碧辉、高雪香、吴兰婷、覃业艳、曾宗强、张晓锋、徐鹏、孟万斌、周冬军、何章义、孔得璨、朱勇士），积极参与讨论和提供咨询（马鹏远、张晓锋、周冬军）；部分学生协助做了数据的录入、计算实例编制工作（黄凌飞、崔柔柔、王平等）；本指南的编写也参考了许多地铁设计、施工、科研从业人员的文献和资料：编者在此一并表示衷心的感谢！

编写本指南对编者也是一个巨大的挑战，两个寒假不眠不休地完善和修改，以尽量保证本指南实用和全面，更好地为学生服务。但由于编者知识水平、工程经验等方面的局限，本指南中必定存在疏漏和不足，恳请阅读和使用者多多提出宝贵意见，以便编者及时完善此指南。欢迎与编者联系（蒋雅君，Email：yajunjiang@swjtu.edu.cn），感谢！

作者

2015 年 1 月成都

目　录

第1篇　毕业设计概述及基本要求

第2篇　地铁车站建筑设计

第3篇　地铁车站围护结构设计

第4篇 地铁车站主体结构设计

第5篇 毕业设计其他内容

第6篇 毕业设计评阅及提交答辩

第1篇　毕业设计概述及基本要求

1 毕业设计要求与准备

土木工程专业的本科毕业设计是一个重要的实践环节，通过毕业设计结合实际工程的规划与设计、施工方案编制，培养土木工程专业学生对基本知识和基本技能的应用能力，为今后从事相关设计与施工工作奠定基础。具体到地下工程及城市轨道交通工程方向的学生，通过参与一个地下车站的毕业设计，了解地铁车站设计的流程，培养对资料的收集和分析、相关规范的选择和运用能力，掌握地铁车站的设计方法及施工技术，强化计算软件的使用，以及熟悉设计文本的编制全过程，另外，还可培养理论分析与设计运算能力、解决复杂工程问题的能力，这对学生系统地掌握专业知识技能具有重要的作用。

1.1 毕业设计基本要求

本科毕业设计工作应在相关院校的**《本科毕业设计（论文）工作规定》《本科毕业设计（论文）撰写规范》**的指导下进行，因此学生应认真学习以上文件，严格按照要求来完成全过程的毕业设计工作。

1.1.1 工作要求（建议）

1. 毕业设计工作量

（1）学生应完成毕业设计（论文）任务，做到设计合理，叙述简练，文字工整，绘图整洁、正确、规范，并完成**不少于 1 万外文字符的翻译**，用外文写出本人的毕业设计（论文）摘要，在答辩时用外语宣读。

（2）土木类专业设计型题目，一般每个学生至少应完成相当于**两张 0 号的设计图（其中手绘纸图量不少于一张 2 号图纸）的工作量，说明书不少于 1.5 万字**；论文型题目其说明书不少于 2.8 万字，答辩时应附上本人第 6 或第 7 学期课程设计图。

（3）学生在完成毕业设计（论文）后应做好整理、后续工作，应当重视文整工作，**按要求装订成册（并把电子文档刻录在一张 CD 里），与其他设计（论文）资料一起装入毕业设计（论文）资料袋中**。

2. 毕业设计工作态度及质量

（1）学生在毕业实习、调研中应服从带队教师安排，自觉遵守纪律，注意安全；应明确任务与要求，带着问题主动、虚心向现场工作人员学习，认真做好笔记，按计划独立地完成实习、调研报告及实习日志。毕业答辩时应将实习、调研报告及实习日志交答辩评审组审查，并作为毕业设计（论文）评分的依据之一。

（2）学生凡有以下情况之一者，应取消答辩资格：

- **未按时完成指导教师规定的任务和要求；**
- **说明书有严重错误或极其潦草；**
- **图纸有严重错误或极其潦草；**
- **做设计的过程中有 1/3 时间缺席或旷课累计达 7 天者；**
- **查明有抄袭或代作行为者。**

3. 毕业设计指导考勤及进度检查纪律

为督促学生抓紧时间保证毕业设计按期完成，编者一贯坚持对所指导的毕业设计学生实行较为严格的毕业设计考勤纪律：

（1）每周在指定教室见面指导一次，每次指导时签上一次的毕业设计指导纪要，毕业设计学生无故缺勤 3 次以上者，取消答辩资格。

（2）每周检查毕业设计进度，进度严重滞后者将被警告，并限期把进度赶上，3 次警告无法按期赶上进度者，取消答辩资格。

1.1.2 工作时间安排

毕业设计一般总计 16 周工作时间（工作计划如表 1.1.1 所示）。

表 1.1.1　本科毕业设计工作安排（16 周工作时间）

序号	工作阶段	周数
1	毕业设计动员	第 0 周
2	毕业设计（论文）工作实施阶段	第 1 周～第 13 周
3	毕业设计（论文）中期检查	第 7 周
4	毕业设计（论文）初稿打印、评阅	第 13 周
5	毕业设计（论文）校抽样答辩	第 14 周
6	毕业设计（论文）答辩	第 14 周
7	毕业设计（论文）整改、正稿打印、存档	第 16 周

1.1.3 毕业设计（论文）评分标准

主要从毕业设计的学生**完成设计任务的能力**、**设计图纸和说明书质量**、**动手能力**、**答辩情况**、**平时的表现情况**这 5 方面来进行综合评分，如表 1.1.2 所示。

表 1.1.2　毕业设计综合评分标准

等级	分数	完成设计任务能力	设计质量	动手能力	答辩情况	平时表现	备注
优秀	90～100	好	高	强	好	好	严格控制比例
良好	80～89	↓	↓	↓	↓	↓	—
中等	70～79	中	中	中	中	中	—
及格	60～69	↓	↓	↓	↓	↓	—
不及格	60 以下	差	低	差	差	差	不降低要求

1.2　毕业设计内容及工作进度计划

1.2.1　主要设计内容

考虑到毕业设计对本科学生所学主要专业知识训练的综合性，**毕业设计中将所设计的地铁车站限定为明挖为主、电力牵引且以钢轮钢轨为导向的地铁或轻轨系列的中间站或换乘站**。因此，**地铁车站毕业设计的内容一般包括“建筑设计”“围护结构设计”“主体结构设计”“施工组织设计”等几大方面，外加“毕业实习”与“外文翻译”**。

表 1.2.1 对地铁车站毕业设计中的主要内容及要点进行了说明，学生应对地铁车站毕业设计有初步的认识，并了解其中的重点、难点所在，以便能合理分配时间和精力，顺利地完成相关内容的设计。

表 1.2.1　地铁车站毕业设计内容与要点

序号	设计内容	设计要点	备注
1	建筑设计	·对车站规模进行计算； ·比选车站的**总平面布置方案**（两个方案对比论证）； ·对**车站建筑布置**进行设计（站台层、站厅层及结构断面）； ·编制说明书及绘制车站建筑设计图纸	难点
2	围护结构设计	·**比选围护结构方案；** ·拟定围护结构主要尺寸及参数（标准断面及非标准断面）； ·**采用数值计算软件对围护结构不同工况进行计算及验算；** ·进行围护结构的配筋计算及验算； ·编制说明书及绘制车站围护结构设计图纸	重点
3	主体结构设计	·拟定结构及材料参数（标准断面及非标准断面、纵梁）； ·确定荷载种类并进行荷载组合及计算； ·**采用数值计算软件对车站结构内力进行计算；** ·**进行主要构件的配筋计算及验算；** ·进行车站抗浮验算； ·编制说明书及绘制车站结构主要构件配筋图	重点

续表

序号	设计内容	设计要点	备注
4	施工组织设计	·编制总体施工方案（施工方法比选、施工阶段划分、主要施工流程）； ·工程重点难点分析及措施； ·**施工场地布置及交通疏解方案；** ·施工进度计划安排； ·**主要施工技术方案；** ·工程量统计等； ·编制说明书及绘制车站施工组织设计图纸	基础内容
5	毕业实习	·开展毕业实习 ·撰写毕业实习报告	基础内容
6	外文翻译	·字数不少于1万外文字符的专业文献翻译	基础内容

1.2.2 工作进度计划

由于毕业设计工作量较大，学生应按照表 1.2.2 所示的工作进度计划按期完成毕业设计工作。

表 1.2.2 地铁车站毕业设计工作进度计划

项 目	时间（周）															
	1	2	3	4	5	6	7	8	9	10	11	12	13	14	15	16
准备工作	—															
车站建筑设计		—	—	—	—											
车站围护结构设计						—	—									
车站主体结构设计								—	—	—						
车站施工组织设计											—	—				
初稿打印													—			
评阅、答辩														—		
整改、存档															—	—

注：外文翻译、毕业实习报告、手绘图纸应在中期检查（第7周）之前完成。

1.3 毕业设计成果

1.3.1 毕业设计提交成果内容

本科毕业设计的最终提交成果包括如下内容：

（1）设计说明文本（含毕业实习报告）。

（2）设计图纸（按照 A3 页面大小装订成册）。

（3）外文翻译（独立成册）。

（4）以上文件的电子文档刻录 CD。

（5）毕业设计指导纪要、毕业实习日志。

（6）中期检查表、中期检查报告、查重报告单。

（7）毕业设计说明书、设计图纸、翻译的初稿文本。

在毕业设计完成后，以上文档必须按照各院校的相关要求完成规范的排版、打印、装订、装袋后方可最终提交。

1.3.2 毕业设计说明文本目录

按照明挖地铁车站常见的建筑、结构设计、施工方案等设计说明文本的内容组成要求及本科毕业设计文本的内容安排，一个较为系统的明挖地铁车站本科毕业设计说明文本的（建议）内容组成可参见表 1.3.1。

表 1.3.1　地铁车站毕业设计说明文本内容组成

章	节	条
第 1 章　绪论	1.1　设计依据	
	1.2　设计车站概况	1.2.1　工程概况 1.2.2　地质条件
	1.3　主要设计内容	
	1.4　设计思路和方法	
第 2 章　车站建筑设计	2.1　建筑设计概述	2.1.1　设计依据 2.1.2　设计范围 2.1.3　设计原则 2.1.4　设计标准
	2.2　车站规模计算	2.2.1　车站预测客流量 2.2.2　站台计算长度计算 2.2.3　站台宽度计算 2.2.4　售检票设施数量计算 2.2.5　出入口楼梯及通道宽度计算 2.2.6　车站主要尺寸统计

续表

章	节	条
第 2 章　车站建筑设计	2.3　车站总平面布置	2.3.1　站址建设条件分析
		2.3.2　方案比选
		2.3.3　出入口、风亭设计
	2.4　车站建筑布置	2.4.1　车站各层平面建筑布置
		2.4.2　车站无障碍设计
		2.4.3　车站建筑面积统计
	2.5　车站防灾设计	2.5.1　车站建筑防火设计
		2.5.2　车站其他灾害防治设计
第 3 章　车站围护结构设计	3.1　围护结构设计概述	3.1.1　设计依据
		3.1.2　设计范围
		3.1.3　设计原则
		3.1.4　设计标准
	3.2　围护结构方案比选	
	3.3　围护结构主要尺寸及参数	3.3.1　基本设计参数
		3.3.2　土层参数信息
		3.3.3　工况信息
	3.4　计算图示与计算模型	3.4.1　计算图示
		3.4.2　计算模型
	3.5　围护结构计算结果	3.5.1　标准横断面计算结果
		3.5.2　非标准横断面计算结果
		3.5.3　配筋计算结果
	3.6　基坑稳定性验算结果	3.6.1　标准横断面稳定性验算结果
		3.6.1　非标准横断面稳定性验算结果
第 4 章　车站主体结构设计	4.1　主体结构设计概述	4.1.1　设计依据
		4.1.2　设计范围
		4.1.3　设计原则
		4.1.4　设计标准
	4.2　车站结构尺寸及材料	
	4.3　荷载及组合	4.3.1　荷载参数及组合
		4.3.2　主体结构荷载计算
	4.4　计算图示及计算模型	4.4.1　计算图示
		4.4.2　计算模型
	4.5　车站结构内力计算结果	4.5.1　标准横断面内力计算结果
		4.5.2　非标准横断面内力计算结果
		4.5.3　纵梁内力计算结果

续表

章	节	条
第4章　车站主体结构设计	4.6　车站结构配筋计算	4.6.1　标准横断面配筋结果
		4.6.2　非标准横断面（或纵梁）配筋结果
		4.6.3　纵梁配筋结果
	4.7　车站结构抗震验算	4.7.1　标准断面抗震验算结果
		4.7.2　非标准断面抗震验算结果
	4.8　结构抗浮验算	
第5章　车站施工组织设计	5.1　编制依据及原则	5.1.1　编制依据
		5.1.2　编制原则
		5.1.3　编制范围
	5.2　总体施工方案	5.2.1　施工方法比选
		5.2.2　施工阶段划分
		5.2.3　主要施工流程
	5.3　工程重点、难点及措施	
	5.4　施工现场平面布置与管理	5.4.1　施工总平面布置
		5.4.2　施工期间路面交通疏解方案
	5.5　施工进度计划	
	5.6　施工技术方案	5.6.1　围护结构施工方案
		5.6.2　主体结构施工方案
	5.7　工程量统计	
结　论		
致　谢		
参考文献		
附录A　毕业实习报告	A.1　实习概述	
	A.2　运营地铁车站参观	A.2.1　参观车站概况
		A.2.2　站厅层建筑设计
		A.2.3　站台层建筑设计
		A.2.4　附属结构设计
	A.3　在建地铁车站工点实习	A.3.1　实习工点概况
		A.3.2　施工场地布置与管理
		A.3.3　围护结构施工
		A.3.4　主体结构施工
		A.3.5　附属结构施工
		A.3.6　区间隧道施工
	A.4　实习总结	
附录B　围护结构变形及内力计算结果图	B.1　标准横断面	
	B.2　非标准横断面	
附录C　主体结构变形及内力计算结果图	C.1　标准横断面	C.1.1　基本组合
		C.1.2　准永久组合
		C.1.3　地震组合（E2工况）
		C.1.4　地震组合（E3工况）
	C.2　非标准横断面	C.2.1　基本组合
		C.2.2　准永久组合
		C.2.3　地震组合（E2工况）
		C.2.4　地震组合（E3工况）

1.3.3 毕业设计图纸目录

根据设计内容及本科毕业设计的深度，相应应绘制的图纸目录如表 1.3.2 所示，其中部分图纸内容可根据具体需要进行调整。

表 1.3.2 地铁车站毕业设计图纸内容组成

序号	所在章节	图名	规格
1	车站建筑设计	车站总平面图（推荐方案）	A3
2		车站总平面图（比较方案）	A3
3		车站站厅层平面图	A3+
4		车站站台层平面图	A3+
5		车站 1—1 断面图（纵断面）	A3+
6		车站 2—2 断面图（标准横断面）	A3
7		车站 3—3 断面图（非标准横断面）	A3
8	车站围护结构设计	车站围护结构标准横断面图	A3
9		车站围护结构非标准横断面图	A3
10	车站围护结构设计	车站围护结构标准横断面配筋图	A3
11		车站围护结构非标准横断面配筋图	A3
12	车站主体结构设计	车站主体结构标准横断面配筋图	A3
13		车站主体结构非标准横断面配筋图	A3
14		车站主体结构纵梁配筋图	A3
15	车站施工组织设计	车站施工场地布置图（一期）	A3
16		车站施工场地布置图（二期）	A3
17		车站施工步序图	A2

1.4 毕业设计准备工作

毕业设计学生在确定了毕业设计选题以后，需要对即将开展的毕业设计的任务内容、工作计划、相关要求等情况进行了解和熟悉，以便有针对性地开展前期的准备工作。

1.4.1 领取设计基础及参考资料

学生的毕业设计选题确定以后，应及时联系指导教师获取毕业设计任务书及其他资料（表 1.4.1），进行资料的熟悉和初步阅读。

表 1.4.1　地铁车站毕业设计基础资料

序号	类别	具体内容	备注
1	毕业设计要求文件	**·毕业设计任务书；** **·毕业设计撰写规范；** **·毕业设计排版模板；** ·英文翻译排版模板； ·设计图纸模板； ·PPT 模板； ·中期检查表及中期检查报告； ·其他必要模板或指导文件（包括本指南）	—
2	毕业设计管理文件	**·毕业设计指导纪要；** **·毕业实习日志**	学生从教务处领取
3	设计站点基础资料（每人一套）	·站点地勘资料； ·车站站址区平面图； ·其他必要图纸及说明书； ·一篇外文专业文献	仅提供基本的必要图纸及说明书纸质文件
4	主要相关设计规范	·GB 50157《地铁设计规范》； ·JGJ 120《建筑基坑支护技术规程》； ·GB 50010《混凝土结构设计规范》； ·GB 50009《建筑结构荷载规范》； ·GB 50153《工程结构可靠性设计统一标准》； ·GB 50011《建筑抗震设计规范》； ·GB 50909《城市轨道交通结构抗震设计规范》； ·GB/T 50502《建筑施工组织设计规范》； ·其他相关规范	毕业设计过程中根据需要随时进行补充
5	其他参考及学习资料	·相关地铁设计与施工参考书籍； ·设计软件学习资料； ·参考设计图集及范例； ·相关讲义及课件； ·其他参考资料	毕业设计过程中根据需要随时进行补充

注：除了表中所列资料外，其他必要资料将在毕业设计过程中根据实际情况随时补充提供。

1.4.2　开展准备工作

在毕业设计的前期阶段，学生可从如下方面着手开展准备工作：

（1）熟读毕业设计任务书，对毕业设计所应完成的内容、时间进度安排有所了解，掌握毕业设计中的重点、难点，以便合理分配时间和精力。

（2）阅读毕业设计模板、撰写规范，掌握毕业设计正文的撰写、排版格式及要求，开始制作毕业设计文本及图纸模板，以便节约后期文整工作的时间。

（3）复习地下工程专业课程知识，如地下铁道、地下结构设计原理、相关课程设计及指导教师所提供的参考书等，熟悉地铁车站主体结构的设计方法、施工技术。

（4）复习土力学及基坑工程课程知识、土压力的计算方法（包括水土分算和水土合算）、围护结构的类型及适用范围、围护结构的设计内容及施工技术。

（5）复习混凝土结构设计原理课程知识，理解极限状态法的设计理念和钢筋混凝土结构的配筋计算公式。

（6）学习相关专业规范并按毕业设计内容顺序做好主要条文的摘录和整理，如 GB 50157《地铁设计规范》、JGJ 120《建筑基坑支护技术规程》、GB 50010《混凝土结构设计规范》等。

（7）学习相关设计软件的基本操作，其中围护结构计算可使用理正深基坑软件（使用“单元计算”模块进行平面计算）或同济启明星，主体结构计算可使用 ANSYS 或 SAP84（采用“荷载-结构”模型计算）。

（8）复习 AutoCAD 操作技能及工程制图绘图要求，并准备手绘工具（绘图板、丁字尺、比例尺、三角板、铅笔等）。

整个毕业设计过程主要围绕着几本规范开展设计工作，当一开始感觉无从下手的时候，**最好的学习材料除了规范还是规范**。因此，学生务必熟读相关的几本主要规范，按照规范的指引，展开相关知识的复习和学习。学生也应理解教科书与规范之间存在的差异，并在设计过程中从始至终培养如下的工程设计观念：**“标准（规范）是各类工程行为（材料、设计、监理、施工、管理）的技术依据”，工程设计也必须严格依据相关规范的要求进行（包括图纸的绘制）**，因此务必加强对规范的学习和理解，以便设计工作切实有据可循。

2 毕业设计说明书书写及制图要求

毕业设计学生应按照科技文献撰写及工程图纸的规范要求来制作毕业设计说明文本和绘制图纸，以下对一些基本的排版和制图要求进行说明。

2.1 设计说明书书写要求

1. 内容组成

毕业设计说明书应包含如下内容：

（1）封面。

（2）扉页。

（3）白页。

（4）学术诚信申明。

（5）版权使用授权书。

（6）评语。

（7）任务书。

（8）中、英文摘要。

（9）目录。

（10）若正文前为奇数页，则在正文前加一页白页；若为偶数页则不加。

（11）正文（绪论、正文、结论）。

（12）致谢。

（13）参考文献。

（14）附录。

2. 页面设置要求（建议）

毕业设计采用A4幅面的纸张双面打印，版心大小为155 mm × 245 mm；页边距：上2.6 cm，下2.6 cm，左2.7 cm，右2.7 cm；装订线位置左，装订线0 cm；包括页眉和页脚，页码放在页脚居中；摘要、目录等正文前部分的页码用罗马数字单独编排，正文以后的页码用形如第*M*页，其中*M*为阿拉伯数字。注意正文页码编号不应接前面部分，而是独立起排（从绪论起为第1页）。

各页均加页眉、页脚（封面和扉页除外），在版心上边线加粗线，宽 0.8 mm（2 ~ 2.5磅），其上居中打印页眉。页眉内容一律用“× ×大学本科毕业设计（论文）”，字号用小四号黑体。

3. 字　体

毕业设计正文所用字体汉字为宋体、**英文和数字用** Times New Roman，小四号，段首缩进 2 个汉字字符，正文行间距建议取 1.5 倍。图、表所用字号为五号。各级标题处的字体另有要求，详见后面说明。

4. 名词术语

科技名词术语及设备、元件的名称，应采用国家标准或部颁标准中规定的术语或名称。标准中未规定的术语要采用行业通用术语或名称。全文名词术语必须统一，一些特殊名词或新名词应在适当位置加以说明或注解。采用英语缩写词时，除本行业广泛应用的通用缩写词外，文中第一次出现的缩写词应该用括号注明英文全文。

5. 标题层次及字号

一级标题：各章题序及标题，如“第 1 章　绪论”——小二号黑体（居中、行间距设置段前段后各空 36 磅，另外“摘要”“目录”处也应进行如此处理）。

二级标题：如“1.1　× × ×”——小三号黑体（靠左顶格）。

三级标题：如“1.1.1　× × ×”——四号黑体（靠左顶格）。

四级标题：如“1.1.1.1　× × ×”——小四号宋体（靠左顶格）。

（以上标题，序号和文字之间空一或两个字符）

如果在实际编写正文过程中，四级标题都还不能满足要求，可以继续往下分级，常用的分级标题实例如下：

五级标题：如“1. × × ×”——小四号宋体（段首靠左，即缩进 2 个汉字字符）。

六级标题：如“（1）× × × × × ×”——小四号宋体（段首靠左，即缩进 2 个汉字字符）。

七级标题：如“①× × × × × ×”——小四号宋体（段首靠左，即缩进 2 个汉字字符）。

有时可在第五级标题和第六级标题之间加上“1）”这级标题；还有的根据实际需要在第七级标题之后加进了“A.”“a.”“（a）”等级标题。

在编写正文的过程中，不一定严格拘泥于套用以上各级标题的层次，有时也可根据实际情况跳跃使用，**但是标题的次序不能反窜**，可以打开 Word 文档的页面导航视图，检查标题的排列层次。

6. 参考文献

在正文中引用了其他文献的内容、公式、数据，一定要在文中相应部位标上参考文献角标，以示对他人劳动成果的尊重并避免知识产权纠纷。文中必须按引用内容出现的先后顺序标注参考文献引用标记，不得跳跃。引用文献标示应置于所引内容最末句的右上角（采用阿拉伯数字置于方括号内，并设为上标符号，如“地铁车站由车站主体（站台、站厅、设备和管理用房）、出入口及通道、通风道及地面通风亭三大部分组成[3]。”当提及的参考文献为文中直接说明时，其序号应该用与正文排齐，如“混凝土结构的配筋计算要求见文献[8，10 ~ 14]”。不得将引用文献标示置于各级标题处。一般情况下，网络文献、公司报告等非正式出版物不宜作为参考文献。

7. 单位及数字

（1）注意单位的规范表达，采用国际单位制，尤其注意单位中的大小写字母要使用正确，比如 kN（而不是 KN）、MPa（而不是 Mpa）。

（2）单位字母全部都用正体，不要出现斜体（如“*kN*”是错误的表示方法）。

（3）数值和单位之间需要空一个字符，比如 100 kN，而不是接排（如 100kN）。

（4）遇到有上标的单位，书写要规范，比如“m^2”。

（5）单位中出现的乘号，应以“·”来表示，如 kN·m。

（6）除习惯中文数字表示的以外，一般均采用阿拉伯数字。

8. 变　量

变量字母都是斜体，而不是正体，比如轴力 N（而不是 N——表示牛顿）、弯矩 M；但是变量中的下标字母如果是具有某种含义的单词或拼音缩写（及首字母），则该下标字母用正体（如 H_{d}），下标中的数字通常也为正体（如 H_0）。

9. 公　式

（1）文中出现的公式，均应按章节顺序编号，比如在第 2 章中出现的第 3 个公式，就应编号为“（2-3）”，且公式编号应靠右边对齐。

（2）文中列出公式时，一般用“见式（1-1）”或“由公式（1-1）可得”等文字说明引出该公式。

（3）公式中出现的变量，应该在式后逐一进行对应说明（文中前面部分出现过的变量无须再重复说明）；涉及单位的，应在变量说明后将单位也标识出来。比如，公式表达形式如下（起始位置可前空 8 个字符对齐或公式居中布置）：

$$T = 1 + \frac{Q_1 + Q_2}{0.9\left[A_1(N-1) + A_2 B\right]} \leqslant 6\,\mathrm{min} \tag{1-1}$$

式中　Q_1——远期或客流控制期中超高峰小时 1 列进站列车的最大客流断面流量（人）；

Q_2——远期或客流控制期中超高峰小时站台上的最大候车乘客（人）；

A_1——一台自动扶梯的通过能力[人/（min·m）]；

A_2——疏散楼梯的通过能力[人/（min·m）]；

N——自动扶梯数量；

B——疏散楼梯的总宽度（m），每组楼梯的宽度应按 0.55 m 的整倍数计算。

（4）插入公式时，如果使用的是 Word2007 及以上的版本，应采用“插入对象”菜单中的“公式 3.0”的方式编辑公式（图 2.1.1），以避免出现字体问题。

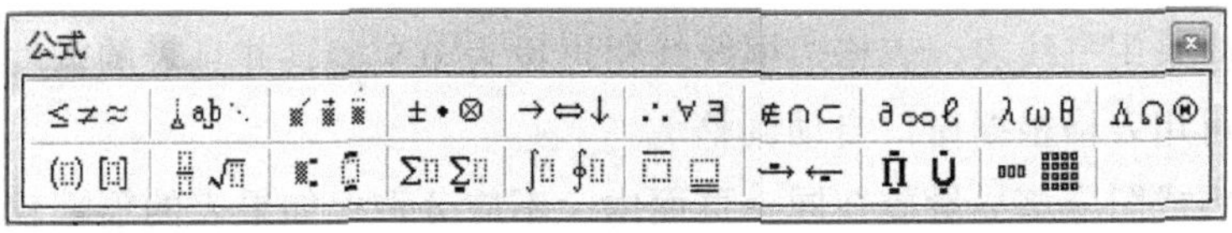

图 2.1.1　MS Word 公式编辑器 3.0 界面

10. 图　表

（1）图题和表名：文中出现的图、表均要有图题和表名，比如“表 5.1　工程数量统计表”“图 3.1 围护结构计算模型（单位：m）”，表号和表名之间空一格（图题的规定相同）。表名放在表的上部、居中，图题放在图的下部、居中；有数字标注的图，必须注明单位（放在图题后）；全表中如果数字单位相同，则将单位符号移至表头右上角；分图应使用字母编号（后带圆括号的小写字母）。图、表的范例如下所示。

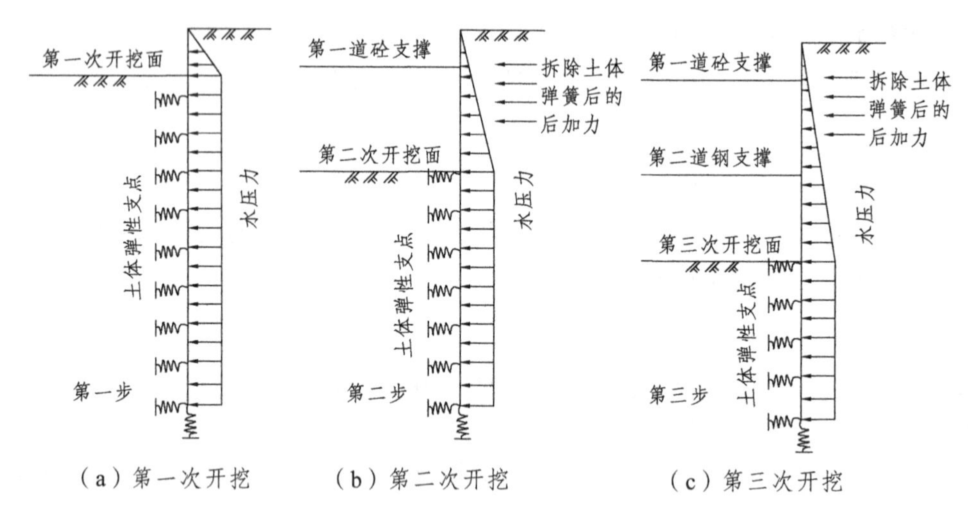

（a）第一次开挖　（b）第二次开挖　（c）第三次开挖

图 3.1　围护结构计算图示（插图范例）

表 4.3　某指标统计表（插表范例）　　单位：人次

项目	指标 1[a]	指标 2[b]	指标 3	指标 4
XX	1 000	2 000	3 000	4 000
YY	1 100	2 200	3 300	4 400

注：a. 指标 1 表示设计地铁车站交付运营后第 3 年的预测客流量，该指标的数据由设计基础资料提供（请注意此行的缩进排列格式）；
b. 指标 2 表示设计地铁车站运营后近期（第 10 年）的预测客流量。

（2）图、表文字格式：图、表的文字应该比正文小一号，因此中文字为五号宋体（包括图题和表名），英文和数字用五号 Times New Roman；表中文字通常居中排列，遇到有大段的文字时也可左对齐排列（此时段首缩进 1 个字符），表中文字末尾不用句号或其他任何标点符号（表后注释除外）；表中文字的行间距无明确规定，一般可设置为单倍、1.25 倍，也可设置为 1.5 倍，但全文应尽量统一协调；表后有注释的内容时，字体、字号与表中所用文字一致，起行靠左顶格（注意范例中的多行对齐格式）。

（3）表格应采用三线表，表格边框线线粗可设为 0.5 磅，并且表的宽度应尽量把页面宽度占满分布（可用表格根据窗口自动调整）。

（4）单个表或图应该尽量放在同一页面内，不应分页；如果表的篇幅较大必须分页，则要做成续表（且加第一行表头），其范例如下：

续表

项目	指标 1[a]	指标 2[b]	指标 3	指标 4
ZZ	2 000	3 000	4 000	6 000
WW	2 100	3 200	4 300	6 400

（5）如果采用横排一行放几张图片，则图片与图片之间应有一定空隙，不能紧挨，必要时可以采用表格方式处理（表格框线隐去即可）；同样内容、形式的图片，最好设置成同样尺寸，以保证美观，其范例如下：

图 1.1　北京宋家庄地铁站

图 1.2　重庆小龙坎地铁站

（6）文中出现了表、图的地方，应当在正文中用文字适当地引出该表、图，如“建模参数见表 5.1”“计算结果如图 5.1 所示”等，而且正确的次序是先在正文中提及该表、图，然后再在其后出现对应的表、图。

（7）围护结构设计部分的理正插图格式问题较多，需要导出到 CAD 中修改完善再插入文中，常见的问题为字体、字号、图名重复出现，单位放置错误，线条颜色未改成黑色等。

（8）插图与其图题为一个整体，不得拆开排写于两页。插图处的该页空白不够排写该图整体时，则可将其后文字部分提前排写，将图移到次页最前面。

11. 附　录

附录排版要求与正文相同，但从 A 开始对附录章、节编号（如 A、A.1、A.1.1），且不得采用 I、O、X（避免混淆）；附录中的图、表、公式均要按附录章节顺序编号，如图 A-1、A-2，表 A-1、A-2，式（A-1）、式（A-2）等。

2.2　制图基本格式要求

1. 图纸幅面及尺寸

毕业设计绘图通常以 A3 幅面（297 mm × 420 mm）为基准，以方便统一装订（个别图纸可以用 A2 幅面），带有装订边的图纸的幅面形式如图 2.2.1 所示，各幅面的基本尺寸如表 2.2.1 所示（注意其中关于图纸加宽的规定）[1]。

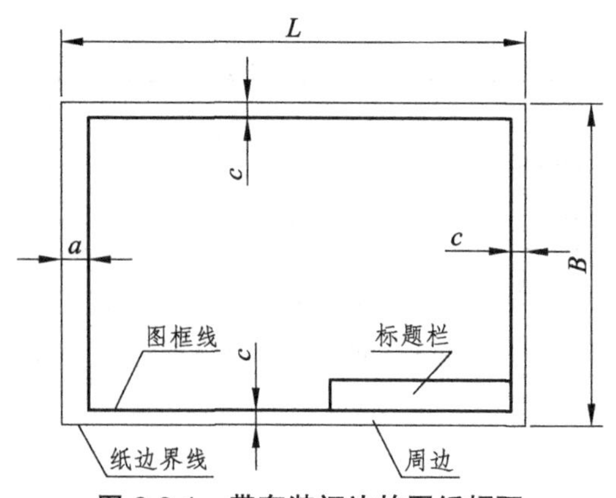

图 2.2.1　带有装订边的图纸幅面

表 2.2.1　图纸幅面基本尺寸

幅面代号	A0	A1	A2	A3	A4
$B\times L$	841×1 189	594×841	420×594	297×420	210×297
e	20		10		
c	10			5	
a	25				

注：在 CAD 绘图中对图纸有加长加宽的要求时，应按基本幅面的短边（B）成整数倍增加。

2. 图纸标题栏

毕业设计图纸的标题栏应统一、规范，其范例如图 2.2.2 所示。其中图集名称、设计题目等用 7 号字，其他内容用 5 号字。

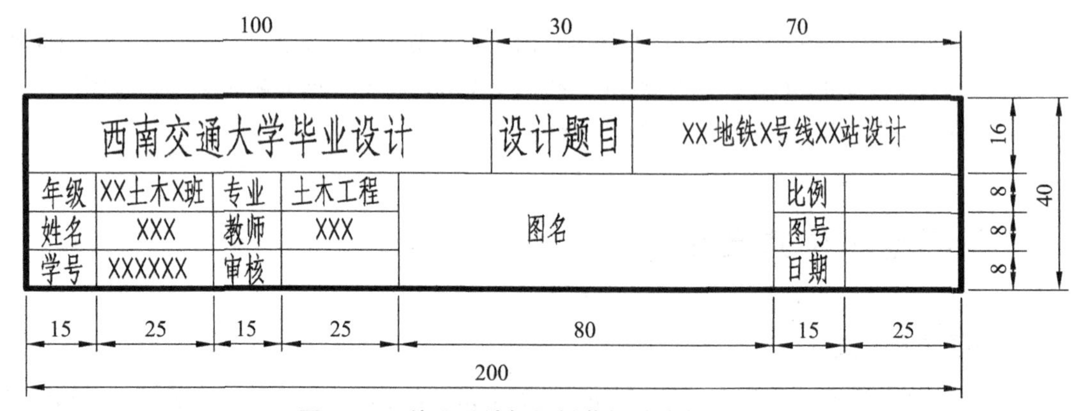

图 2.2.2　毕业设计标题栏范例（单位：mm）

3. 绘图比例

毕业设计绘图常用的比例为缩小比例，适当的比例为 1∶50、1∶100、1∶200、1∶500、

1∶1 000，在此基础上也可根据图纸的情况选择 1∶150、1∶250、1∶300、1∶400[1]。

4. 字体与字号

在毕业设计图中，**汉字采用“仿宋”字体（宽度因子 0.7）、数字和字母用** gbeitc.shx（CAD **专用字体——字头倾斜** 75°**的样式**）；尺寸标注、批注文字的字号常用 3.5 号（如果建筑设计图纸在太密的情况下，也可将字号降低到 2.5 号），图下方文字说明的字号常用 5 号（太挤的情况下也可用 3.5 号）。

5. 图线宽度

图线宽度有粗线、中粗线和细线之分，宽度比率为 4∶2∶1；可以选择的线宽数系为 0.5 mm、0.25 mm、0.13 mm，**0.7 mm、0.35 mm、0.18 mm**，1 mm、0.5 mm、0.25 mm（建议选择中间这个数系）。

常见的线条类型及粗细要求如表 2.2.2 所示[2]。

表 2.2.2　毕业设计常用线条粗细分类

类　型	粗细	备　注
图框线	粗	
结构剖切到的轮廓线		当绘制钢筋图时，轮廓线改为细线
钢　筋		
剖切符号		
结构未剖切到的轮廓线	中粗	
虚　线		
实　线		
尺寸线	细	
标注引线		
结构轴线（中心线）		应采用点画线，注意与单点长画线的区别
地形、地质		
填充线		
折断线		
波浪线		

6. 图线线型

工程建设中常用的线型如表 2.2.3 所示，可根据相关制图规定进行选择[2]。

其中虚线、点画线的线型比例（各部分的长度），应按照如下规则绘制：虚线（—— —— —— ——）间隔为 3*d*（*d* 为粗线宽度）、画长为 12*d*；点画线（———— · ———— · ———— · ————）的间隔为 3*d*、点长≤0.5*d*、画长 24*d*。

表 2.2.3　工程建设常用图线

线名及代码		线　型	线　宽	一般用途
实　线	粗		*d*	主要可见轮廓线
	中		0.5*d*	可见轮廓线
	细		0.25*d*	可见轮廓线、图例线
虚　线	粗		*d*	见各有关专业制图标准
	中		0.5*d*	不可见轮廓线
	细		0.25*d*	不可见轮廓线、图例线
折断线			0.25*d*	断开界线
波浪线			0.25*d*	断开界线

7. 尺寸标注

工程图纸尺寸起至符采用中粗斜短线（），倾斜角度为 45°，长度为 2 ~ 3 mm；尺寸线靠近被标注物体的一端距离轮廓线不小于 2 mm，另外一端宜超出尺寸线 2 ~ 3 mm（图 2.2.3）；连续标注时，中间的尺寸界线可稍短，但其长度应相等；互相平行的尺寸线，靠近图样外轮廓的距离不宜小于 10 mm，且应从被注轮廓线按小尺寸近、大尺寸远的顺序排列，各行尺寸线之间的间距为 7 ~ 10 mm 并应保持一致（图 2.2.4）；尺寸数字的长度单位通常以 mm（高程和总平面图用 m），尺寸数字底部应离开尺寸线 0.5 mm[2]。

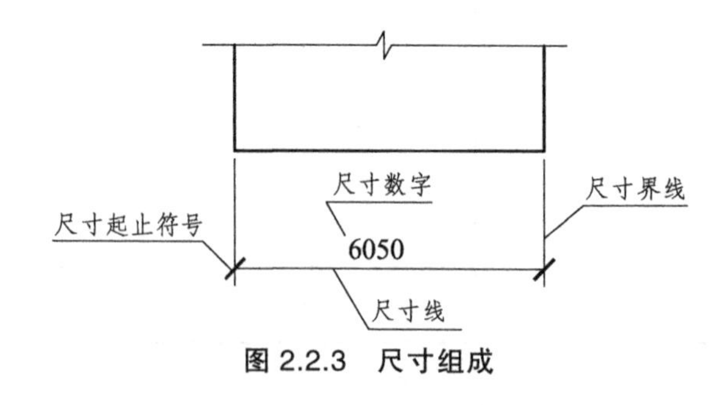

图 2.2.3　尺寸组成

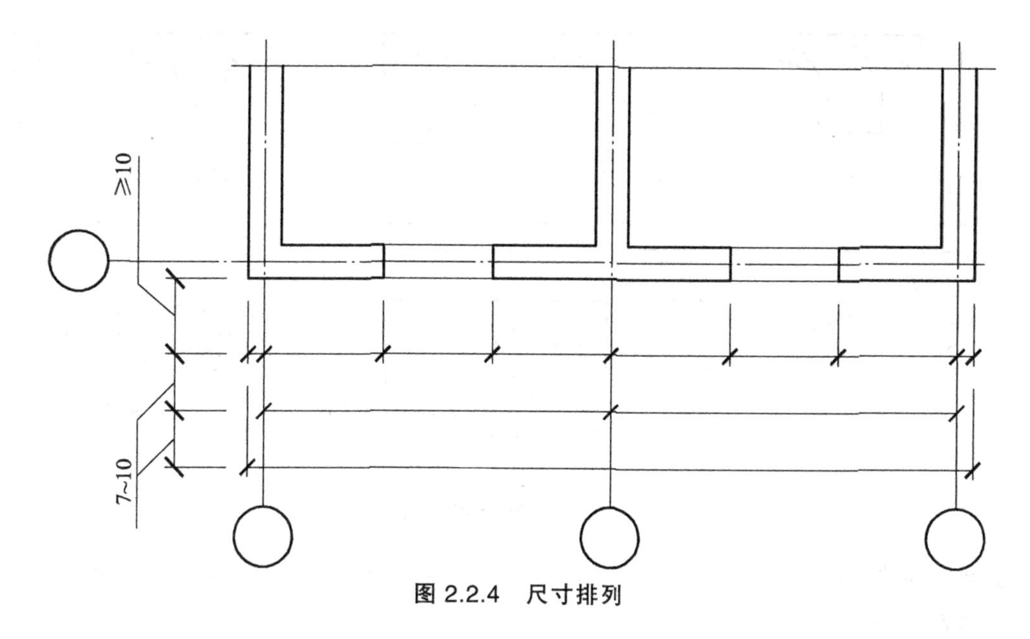

图 2.2.4 尺寸排列

8. 剖视图和断面图

需要注意剖视图和断面图的区别：**剖面图是剖开了之后向某一个方向的投影，向这个方向看去能看到的部分都要画；断面图只用画剖的那一个平面，能看到但没剖到的部分不画**（如配筋图）。

剖视图中的剖切符号由剖切位置线（粗短线，长 6 ~ 10 mm）和投射方向线（粗短线，长 4 ~ 6 mm）组成，编号注写在投射方向线的端部。断面图中只需要绘制剖切位置线，投影方向通过编号的注写位置来表示。剖视图和断面图的范例如图 2.2.5 和 2.2.6 所示[2]。

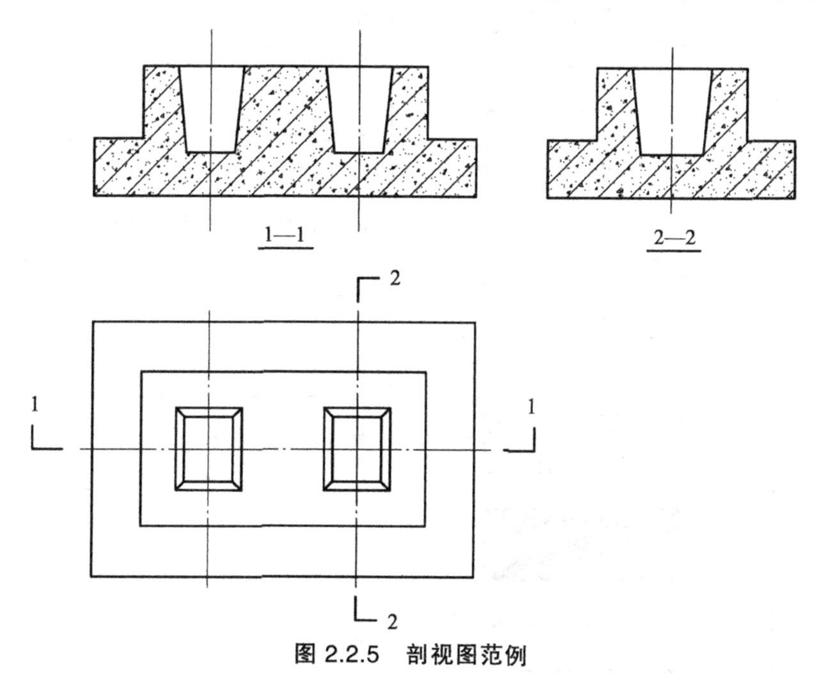

图 2.2.5 剖视图范例

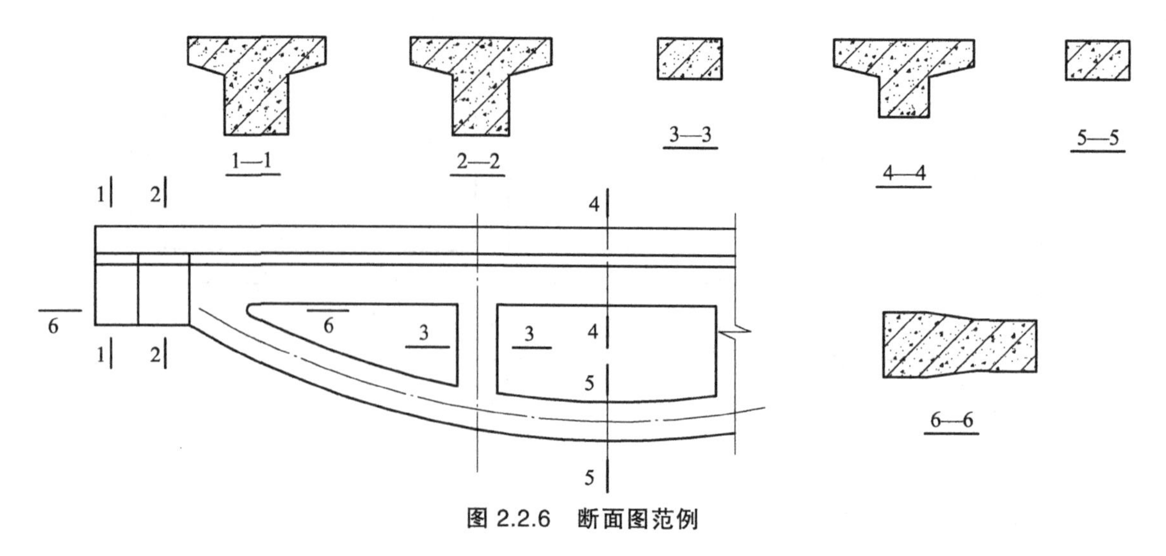

图 2.2.6　断面图范例

被剖切到的实体部位，应画出与该物体相应的材料图例，毕业设计中绘图常用的建筑材料图例见表 2.2.4[2]。

表 2.2.4　常用建筑材料图例

名　称	图　例	说　明
自然土壤		包括各种自然土壤
夯实土壤		
普通砖		包括砌体、砌体； 当断面较窄不易绘出图例线时可涂红
混凝土		本图例指能承重的混凝土及钢筋混凝土；
钢筋混凝土		包括各种强度等级、骨料、添加剂的混凝土； 在剖面图上画出钢筋时，不画图例线； 断面图形小，不易画出图例线时，可涂黑
沙、灰土		靠近轮廓线绘较密的点
毛　石		
防水材料		构造层次多或比例大时，采用上面图例

9. **图纸封面及目录**

毕业设计图纸必须要有封面和目录（A3 规格），与其他图纸一并装订。图纸封面需具备设计题目、学生信息、指导教师名字、绘制日期等信息；图纸目录按照毕业设计中先后顺序，依次对图进行编号、标明相应的图纸规格（手绘图纸也需在备注中说明）。

2.3 配筋图绘制要点

在毕业设计中，需要绘制的配筋图（通常有配筋平面图、配筋立面图和配筋断面图三种类型）包括围护结构配筋、主体结构配筋。根据编者的经验，往往本科生在配筋图的绘制上较易出现问题，因此此处根据工程制图的要求对其绘制规则进行说明[2]。

2.3.1 一般规定

（1）图线：**配筋图中要突出钢筋，所以构件轮廓线用细线绘制**，配筋都用单线表示，**可见的主钢筋用粗实线、箍筋用中粗线**；钢筋横断面用涂黑的圆点表示，不可见的钢筋用粗虚线、预应力钢筋用粗双点画线画。

（2）钢筋的编号：构件内的各种钢筋应予以编号（配筋图中出现的钢筋），编号采用阿拉伯数字，写在**直径为 6 mm 的细线圆**中（图 2.3.1）。

（3）钢筋的标注：钢筋的编号、符号、直径及该编号钢筋在构件中的根数（钢筋垂直于绘图平面时）或间距（钢筋平行于绘图平面时）等，都可以直接标注在钢筋线上，如果注写位置不够时可用引出线（细线）引出来注写，从多根钢筋引出的引出线可以是平行的，也可以是汇集到一点的放射线，**被指引的钢筋线处标以中粗或细的斜短画线**（如图 2.3.1 中的④号筋）。

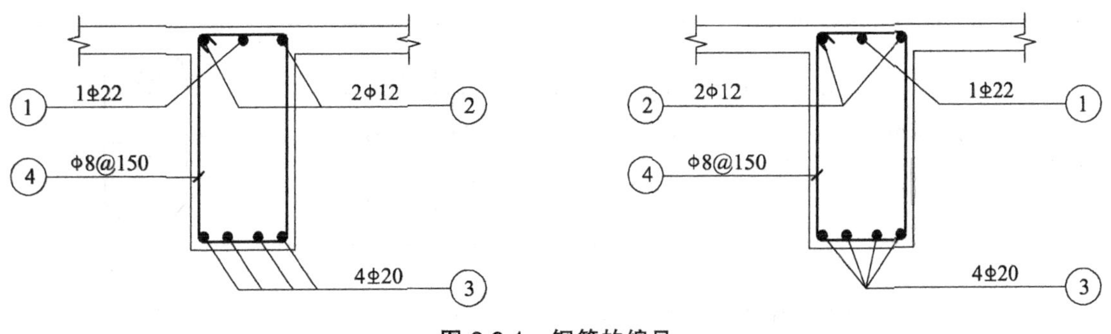

图 2.3.1 钢筋的编号

（4）钢筋的图例：构件中的钢筋有直的、弯的、带钩的、不带钩的，常用的钢筋图例如表 2.3.1 所示。

表 2.3.1　常用钢筋图例

序号	名　称	图　例	说　明
1	钢筋横断面		
2	无弯钩的钢筋端部		下面表示长、短钢筋投影重叠时，短钢筋的端部用 45°斜画线表示
3	带半圆形弯钩的钢筋端部		
4	带直钩的钢筋端部		
5	无弯钩的钢筋搭接		
6	带半圆弯钩的钢筋搭接		
7	带直钩的钢筋搭接		

（5）钢筋的画法：在钢筋混凝土的结构图中，钢筋的画法要符合表 2.3.2 的规定。

表 2.3.2　钢筋画法

说　明	图　例
在结构平面图中配置双层钢筋时，底层钢筋的弯钩应向上或向左，顶层钢筋的弯钩则向下或向右	底层　顶层　底层　顶层
钢筋混凝土墙体配双层钢筋时，在配筋立面图中，远面钢筋的弯钩应向上或向左，而近面钢筋的弯钩向下或向右（JM 近面；YM 远面）	JM　YM　JM　YM　JM　YM　JM　YM
每组相同的钢筋、箍筋或环筋，可用一根粗实线表示，同时用一两端带斜短画线的横穿细线，表示其余钢筋及起止范围	

2.3.2 配筋平面图绘制

对水平放置，纵、横尺寸都比较大的构件，通常用平面图表示其配筋情况（**地下连续墙的立面图也相当于平面图**）。如图 2.3.2 中所示的构件，可用图 2.3.3 配筋平面图表达（注意其中的简化画法，另外该图仅为表示钢筋的标识方法，因此结构尺寸未进行标注）。平面图中的配筋比较复杂时，可按表 2.3.2 中的简化方式绘制（图 2.3.4）。

在毕业设计中需要绘制地下连续墙的配筋平面图时，应采用简化画法，以简化图面。

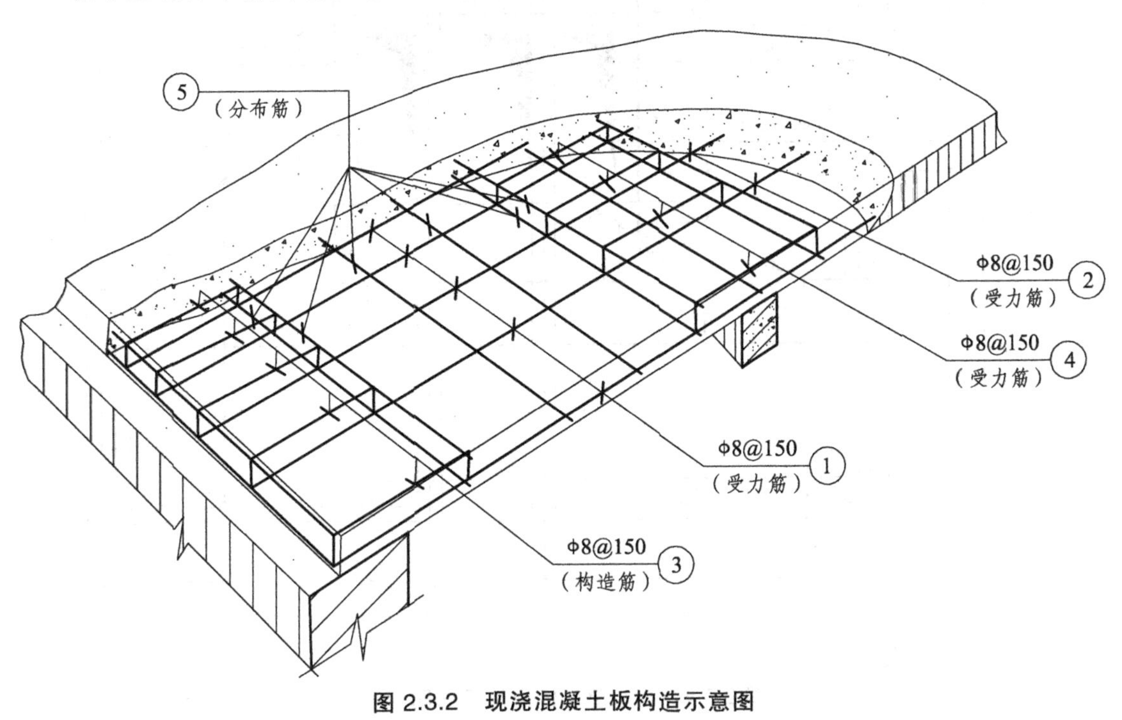

图 2.3.2 现浇混凝土板构造示意图

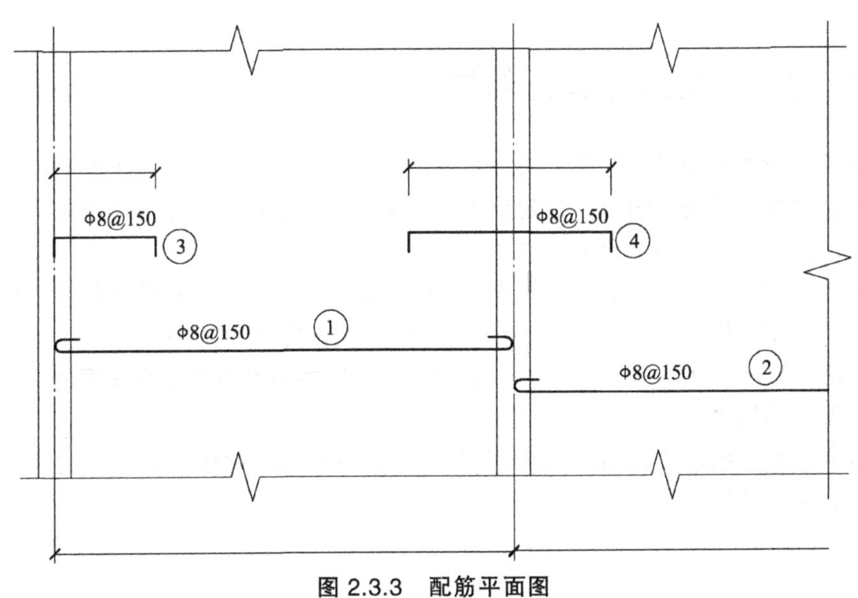

图 2.3.3 配筋平面图

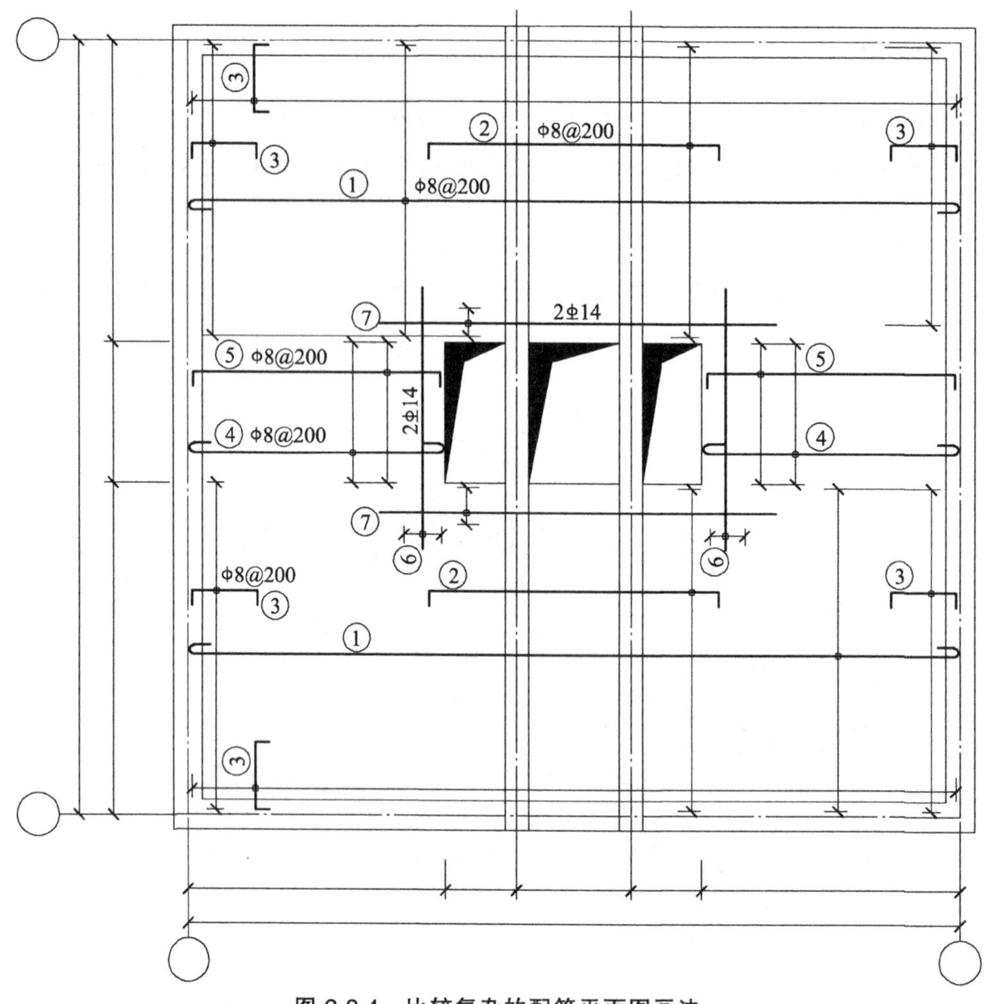

图 2.3.4　比较复杂的配筋平面图画法

2.3.3　配筋立面图及断面图绘制

比较细长的构件（如梁、柱等）的钢筋，常用配筋立面图并配以若干配筋断面图表达。**绘制地铁车站主体结构配筋图时，也常用立面图和断面图进行表达（并按每延米长度统计钢筋表）**。图 2.3.6 是一单跨简支梁的配筋图（构造示意图见图 2.3.5）。

一般钢筋详图都要画在与立面图（或平面图）相对应的位置，从构件的最上部（或最左侧）的钢筋开始依次排列，并与立（平）面图中的同号钢筋对齐。在钢筋线上注出钢筋的编号、根数、种类、直径及下料长度（各段长度之和）。**图中各种弯钩及保护层的大小，都可凭估计画出，不必精确度量**。

钢筋表是为便于统计用料而设（**注意计算弯起及弯钩部分的增加长度**），也可根据需要增加若干项目，如钢筋间距等。

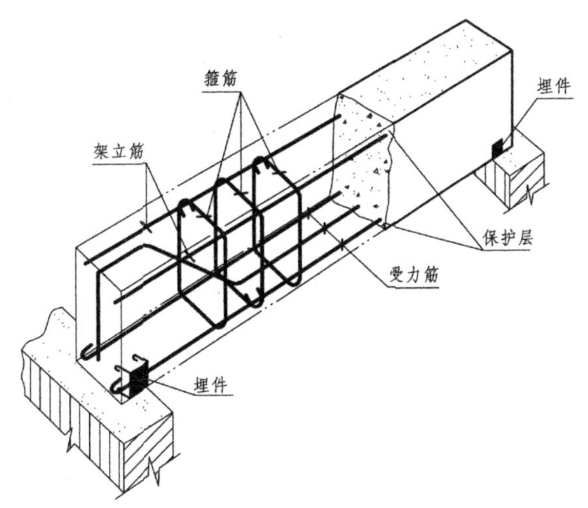

图 2.3.5　钢筋混凝土梁的构造示意图

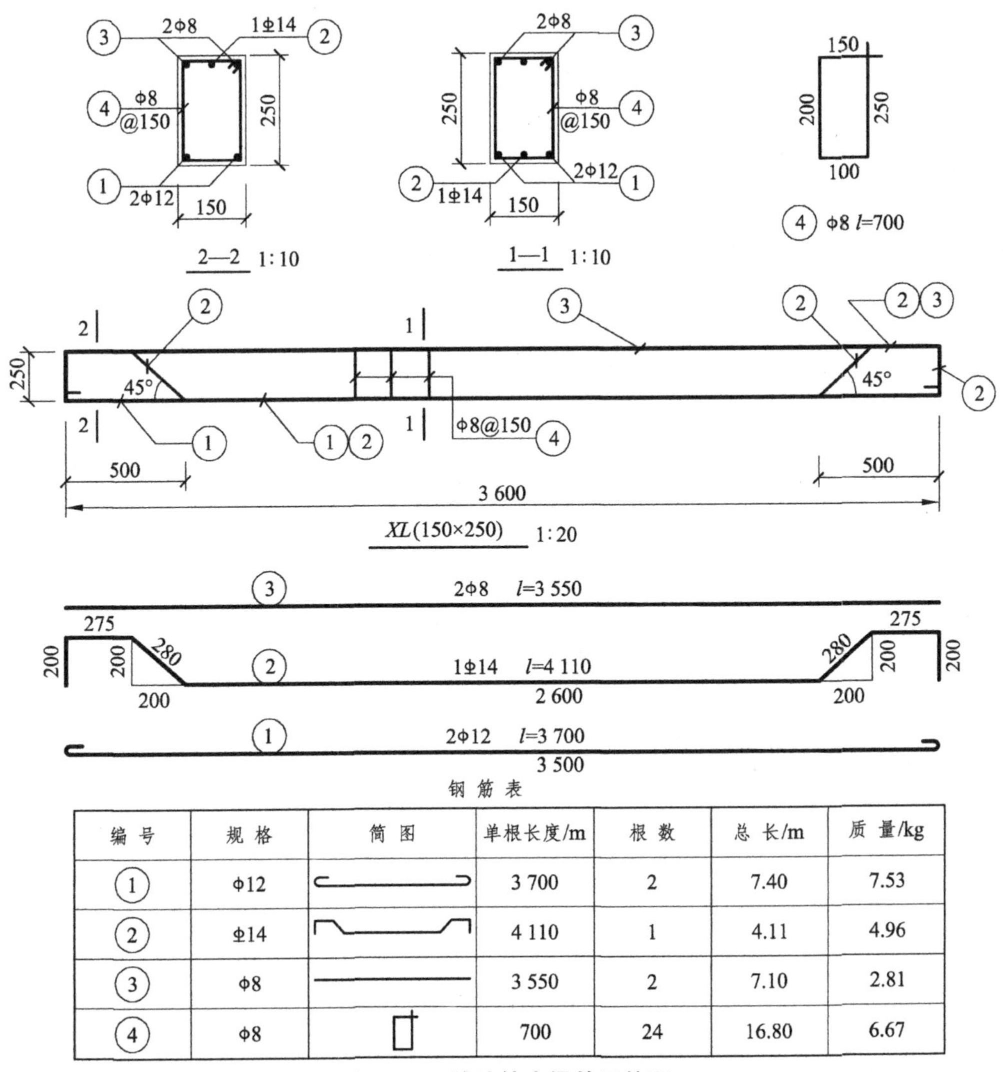

钢 筋 表

编 号	规 格	简 图	单根长度/m	根 数	总 长/m	质 量/kg
①	Φ12		3 700	2	7.40	7.53
②	Φ14		4 110	1	4.11	4.96
③	Φ8		3 550	2	7.10	2.81
④	Φ8		700	24	16.80	6.67

图 2.3.6　单跨简支梁的配筋图

第2篇　地铁车站建筑设计

3　地铁车站建筑设计

3.1　建筑设计概述

车站是地铁系统中一个很重要的组成部分，地铁乘客乘坐地铁必须经过车站，它与乘客的关系极为密切；同时它又集中设置了地铁运营中很大一部分技术设备和运营管理系统，因此，它对保证地铁安全运行起着很关键的作用。所以车站位置的选择、环境条件的好坏、设计的合理与否，都会直接影响地铁的社会效益、环境效益和经济效益，影响到城市规划和城市景观[3~5]。

车站的总体布局应符合城市规划、城市综合交通规划、环境保护和城市景观的要求，并应处理好与地面建筑、城市道路、地下管线、地下构筑物及施工时交通组织之间的关系。车站设计必须满足客流需求，保证乘降安全、疏导迅速、布置紧凑、便于管理，并应具有良好的通风、照明、卫生和防灾等设施，为乘客提供安全、舒适的乘车环境。车站设计应满足系统功能要求，合理布置设备与管理用房，并宜采用标准化、模块化、集约化设计[6]。

车站建筑形式及其规模大致可根据下列情况确定：预测远期高峰小时客流量、分向客流量；地面建筑的规划和动拆迁量、地下管线；车辆限界、远期列车的编组长度；换乘形式（轨道交通之间的换乘）及与其他交通方式的换乘；施工方法，特别是地下区间的施工方法；采用的结构形式及其施工时的交通组织；设备、管理用房的面积和布置方式；消防、人防、环保要求；无障碍设置的形式；与客流相匹配的楼梯、自动扶梯的布置形式和数量，以及车站周边空间的综合开发等[3]。

通常地铁车站由车站主体（站台、站厅、设备和管理用房）、出入口及通道、通风道及地面通风亭三大部分组成[3]。限于毕业设计的工作时间，该部分内容**主要完成地下车站主体结构的建筑设计**，附属结构仅在车站总平面布置中考虑。因此毕业设计中地铁车站建筑设计部分的内容包括：根据设计原则和技术标准对车站规模进行计算、比选车站的总平面布置方案（至少完成两个方案对比论证）、对车站建筑布局进行设计（站台层、站厅层及结构断面），绘制车站建筑设计图纸。

地铁车站建筑设计除了完成必要的设施数量、尺寸的计算和验算外，更多和更直接的设计结果需要由建筑设计图纸来反映，但设计图纸只是最终设计成果的体现，不能很直接反映设计者的一些设计思路和依据。因此也要重视设计说明文本的撰写，除了要将相关的计算过程表述清楚外，同时也需要将相关的布置内容、布置思路、布置要点、布置结果等有条理地充分阐述清楚，结合建筑设计图纸来全面表达设计成果。

车站建筑设计需要一定实际经验和技术基础，尤其是设备及管理用房的布置工作有一定难度，考虑到土木工程专业学生的知识结构，该部分内容可适当做一定的简化，可参照文献[3 ~ 7]的要求和规定结合具体站点的情况和设计要求，开展地铁车站建筑的设计工作。

3.2 车站类型与形式

地铁车站根据所处位置、埋深、运营性质、结构横断面形式、站台形式、换乘方式的不同进行分类。

3.2.1 按车站运营性质分类

按照车站的运营性质，可以将车站分为中间站（即一般站）、区域站（即折返站）、换乘站、枢纽站、联运站、终点站等几类（图 3.2.1）[3]。

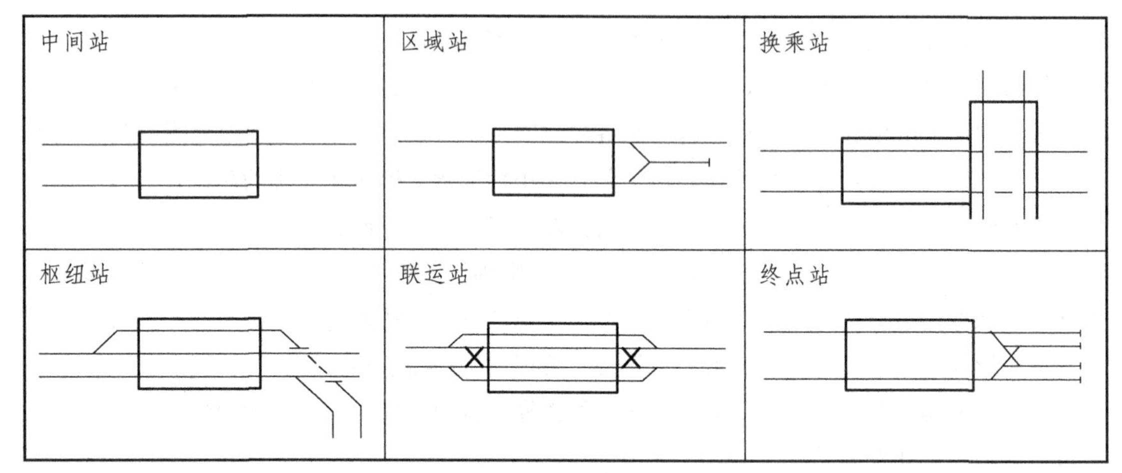

图 3.2.1 按车站运营性质分类图

考虑到本科毕业设计的深度及工作时间，通常宜以中间站、区域站为主要设计对象，以控制毕业设计工作的规模，但有时也进行换乘站、终点站的设计。

3.2.2 按车站与地面相对位置关系分类

可以分为地下车站、地面车站、高架车站三大类，其中地下车站根据埋深又可以分为浅埋车站和深埋车站。

根据地下工程方向本科生的知识基础，在毕业设计中往往选择地下浅埋（明挖）车站作为主要的设计对象（图 3.2.2），有时也选择半地下车站（地面+地下）形式的车站进行设计（图 3.2.3）。

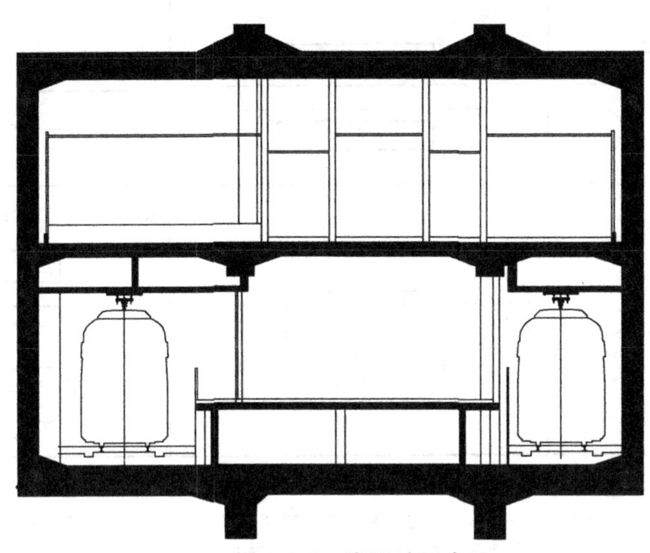

图 3.2.2　浅埋地下车站

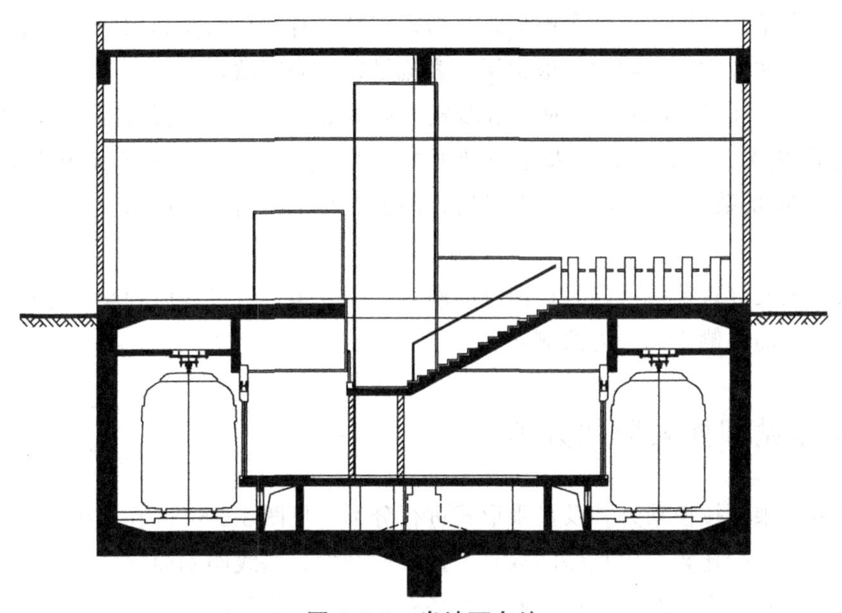

图 3.2.3　半地下车站

该类车站受埋深、施工方法的制约，其结构断面形式采用矩形断面较为常见。车站可设计成单层、双层或多层；跨度可选用单跨、双跨、三跨及多跨的形式。

3.2.3　按车站站台形式分类

车站站台形式主要有 3 类（图 3.2.4）[4]：岛式站台、侧式站台、岛侧混合式站台。在毕业设计中，应根据车站的运营性质、客流量、布置形式等因素进行车站站台形式的合理选择。

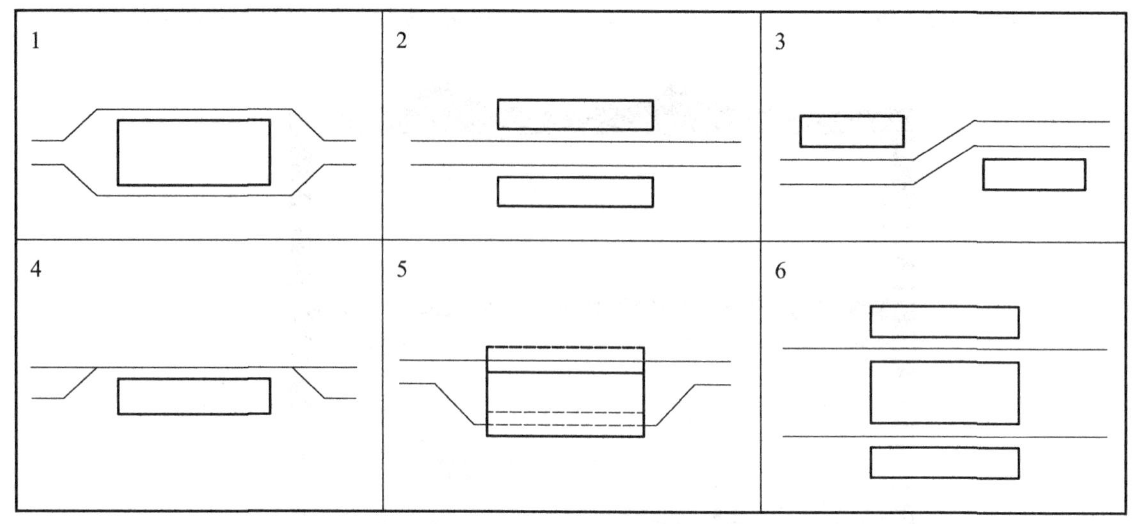

图 3.2.4　按车站站台形式分类图

1—岛式站台；2—平行相对式侧式站台；3—平行错开式侧式站台；4—上下重叠式侧式站台；
5—上下错开式侧式站台；6—岛、侧混合式站台

（1）岛式车站是常用的一种车站形式，岛式车站具有站台面积利用率高、能灵活调剂客流、乘客使用方便等优点，因此一般常用于客流量较大的车站。

（2）侧式车站也是常用的一种车站形式，侧式站台根据环境条件可以布置成平行相对式、平行错开式、上下重叠式及上下错开式等形式。侧式车站站台面积利用率、调剂客流、站台之间联系等方面不及岛式车站，因此，侧式车站多用于客流量不大的车站及高架车站。

（3）岛、侧混合式车站可同时在两侧的站台上、下车，也可适应列车中途折返的要求，站台可布置成一岛一侧式或一岛两侧式。

3.2.4　按车站间换乘形式分类

车站间的换乘可按换乘方式及换乘形式进行分类，见图 3.2.5[3]。在换乘站的设计中，应对几种换乘形式进行比较，应从路网规划、换乘便利性、路线明确简捷、换乘高差、进出站客流组织相互干扰程度、车站规模及站内设备布置等方面进行综合比选。

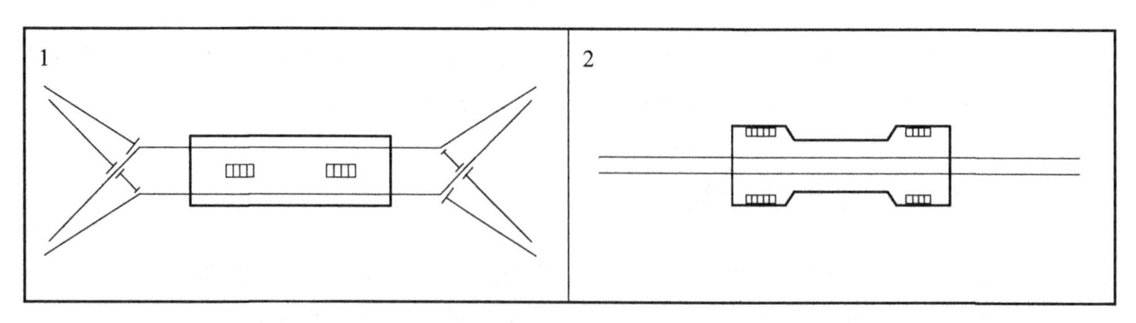

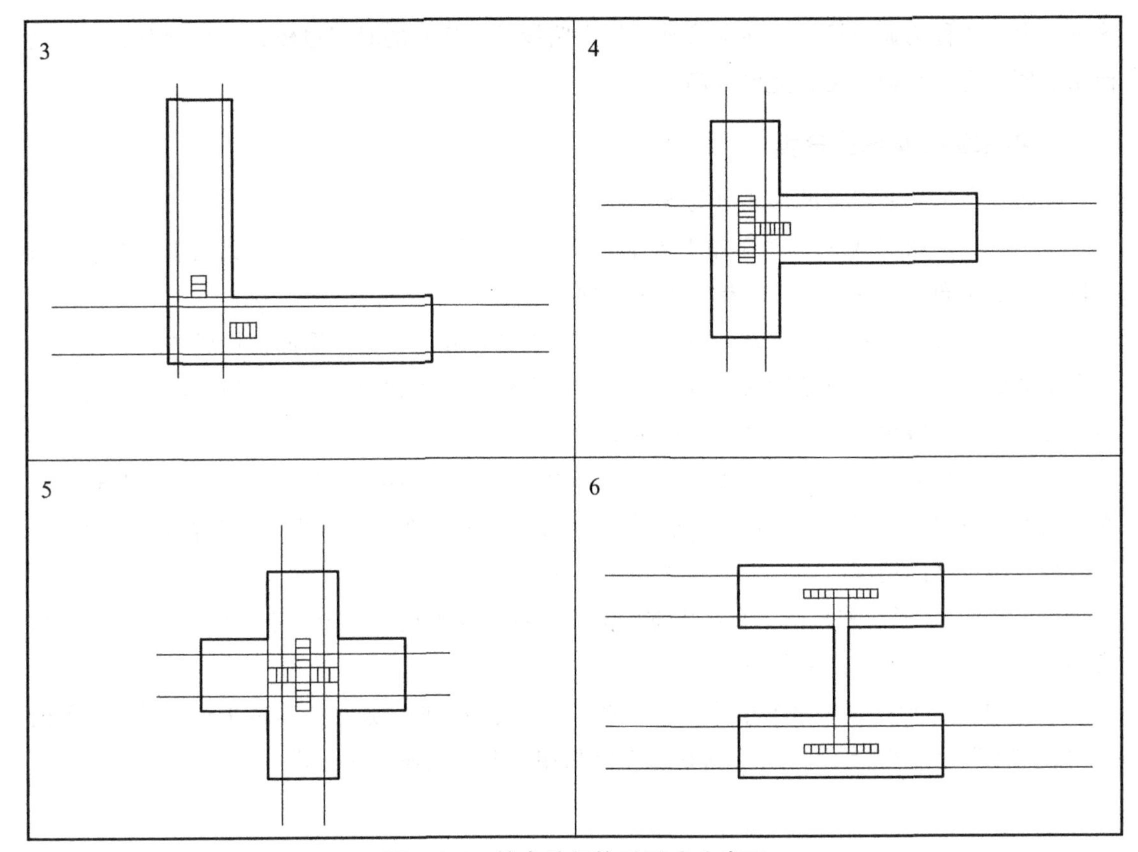

图 3.2.5　按车站间换乘形式分类图

1—“一”字形换乘；2—“一”字形换乘；3—“L”形换乘；4—“T”形换乘；
5—“十”字形换乘；6—“工”字形换乘

1. **按乘客换乘方式分类**

可以分为如下 3 类[3]：

（1）站台直接换乘：站台直接换乘有两种方式，一种是指两条不同的线路分别设在一个站台的两侧，甲线的乘客可直接在同一站台的另一侧换乘乙线；另一种方式是指乘客由一个车站的站台通过楼梯或自动扶梯直接换乘到另一个车站的站台的换乘方式。这种换乘方式多用于两个车站相交或上下重叠式的车站。当两个车站位于同一个平面时，可通过天桥或地道进行换乘。站台直接换乘的换乘路线最短，换乘高度最小，没有高度损失，因此对乘客来说比较方便，并节省了换乘时间；换乘设施工程量少，比较经济。

（2）站厅换乘：站厅换乘是指乘客由某层车站站台经楼梯、自动扶梯到达另一个车站站厅的付费区内，再经楼梯、自动扶梯到达站台的换乘方式。这种换乘方式多用于相交的两个车站。站厅换乘的换乘路线较长，提升高度较大，有高度损失，需设自动扶梯，增加了用电量。

（3）通道换乘：两个车站不直接相交时，相互之间可采用单独设置的换乘通道进行换乘，这种换乘方式称为通道换乘。通道换乘的换乘路线长，换乘的时间也较长，特别对老弱妇幼使用不便。由于增加通道，造价较高。

2. 按车站换乘形式分类

按两个车站平面组合的形式分为 5 类[3]：

（1）“一”字形换乘：两个车站上下重叠设置则构成“一”字形组合。站台上下对应，双层设置，便于布置楼梯、自动扶梯，换乘方便。

（2）“L”形换乘：两个车站上下立交，车站端部相互连接，在平面上构成“L”形组合。在车站端部连接处一般设站厅或换乘厅，有时也可将两个车站相互拉开一段距离，使其在区间立交，这样可减少两站间的高差，减少下层车站的埋深。

（3）“T”形换乘：两个车站上下立交，其中一个车站的端部与另一车站的中部相连接，在平面上构成“T”形组合。可采用站厅换乘或站台换乘，两个车站也可相互拉开一段距离，以减少下层车站的埋深。

（4）“十”字形换乘：两个车站中部相立交，在平面上构成“十”字形组合。“十”字形换乘车站采用站台直接换乘的方式。

（5）“工”字形换乘：两个车站在同一水平面平行设置时，通过天桥或地道换乘，在平面上构成“工”字形组合。“工”字形换乘车站采用站台直接换乘的方式。

3.3 车站规模计算

地铁车站规模主要指车站外形尺寸、层数及站房面积，一般分为 3 个等级，主要根据该站远期（建成通车后 25 年）预测高峰小时客流量、所处位置的重要性、站内设备和管理用房面积、列车编组长度及该地区远期发展规划等因素综合考虑确定[4]。

3.3.1 预测客流量

远期预测高峰小时客流量是确定车站规模的一个重要指标（初期为建成通车也就是交付运营后第 3 年，近期为第 10 年，远期为第 25 年），车站内布置的设施数量、尺寸等均在此基础上进行计算。

毕业设计该部分的数据由站点基础资料提供或者由教师拟定（范例如表 3.3.1 所示），超高峰系数一般取 1.1 ~ 1.4[6]。远期设计行车最大通过能力不小于 30 对/h 列车[6]。获得了车站的远期高峰小时预测客流量数据以后，需要根据最大的高峰时段客流量确定车站的设计客流量（=合计最大高峰时段客流量 × 超高峰系数）。

表 3.3.1　XX 地铁 YY 站远期（2036 年）高峰小时预测客流量表（范例）　单位：人/h

时段	上行方向		下行方向		合计	超高峰系数
	下车	上车	下车	上车		
早高峰	6 344	4 561	2 124	6 084	19 113	1.4
晚高峰	6 181	2 294	4 600	6 507	19 582	1.4

3.3.2　站台计算长度计算

站台长度可分为站台总长度和站台计算长度两种：站台总长度是包含了站台计算长度和所设置的设备、管理用房及迂回风道等的总长度，即车站规模长度；**站台计算长度应采用列车最大编组数的有效长度与停车误差之和**[3]。

站台计算长度计算公式如下：

$$L = l_a a + s_0 \tag{3.3.1}$$

式中　L——站台计算长度（m）；

l_a——所用车型的车辆全长，即车辆两端车钩连接面间距（m）；

a——远期列车最大编组辆数；

s_0——列车停车误差（m），采用屏蔽门系统时取 $s_0 = \pm 0.3$ m，无屏蔽门时应取 1 m ~ 2 m。

常用的轨道交通列车车型车辆尺寸数据如表 3.3.2 所示[6]，可根据设计基础资料中所给定的车辆类型进行对应选取。

表 3.3.2　地铁车辆的主要技术规格

名称			A 型车	B 型车
车体基本长度（mm）		无司机室车辆	22 000	19 000
		单司机室车辆	23 600	19 600
车钩连接中心点间距离（mm）		无司机室车辆	22 800	19 520
		单司机室车辆	24 400	20 120
车体基本宽度（mm）			3 000	2 800
载员（人）	座席	无司机室车辆	56	46
		单司机室车辆	56	36
	定员	无司机室车辆	310	250
		单司机室车辆	310	230
	超员	无司机室车辆	432	352
		单司机室车辆	432	327

常见轨道交通列车编组情况及适用客流量和站台长度估算如表 3.3.3 所示[5]，可对站台计算长度的计算结果进行校核，初步计算结果可适当加长、取整。

表 3.3.3 各种轨道交通车辆编组适应客流量和站台长度估算表

车型	编组	断面客流量（万人/h）	站台长度（m）	适应范围（万人/h）
A 型车	4 辆	3.72	93	3.7 ~ 7.4
	6 辆	5.58	140	
	8 辆	7.44	186	
B 型车	4 辆	2.85	78	2.8 ~ 4.3
	5 辆	3.59	98	
	6 辆	4.32	120	

3.3.3 站台宽度计算

由于地铁车站站台类型不同（如岛式、侧式），因此应根据对应站台类型选取不同的公式进行计算。

岛式站台宽度包含了沿站台纵向布置的楼梯（及自动扶梯）的宽度、结构立柱（或墙）的宽度和侧站台宽度[3]。侧式站台宽度可分为两种情况：沿站台纵向布设楼梯（自动扶梯）时，则站台总宽度由楼（扶）梯的宽度、设备和管理用房所占的宽度（移出站台外侧不计宽度）、结构立柱的宽度和侧站台宽度等组成；通道垂直于站台长度方向布置时，楼梯（自动扶梯）均布置在通道内，站台总宽度包含设备和管理用房所占的宽度（移出站台外则不计宽度）、结构立柱（或墙）的宽度和侧站台宽度[3]。

1. **站台宽度及侧站台宽度计算**

站台宽度可按下列公式计算[**式（3.3.4）、式（3.3.5）两者计算结果取大者**][6]：

岛式站台宽度：$B_d = 2b + n \cdot z + t$ （3.3.2）

侧式站台宽度：$B_c = b + z + t$ （3.3.3）

其中
$$b = \frac{Q_{上} \cdot \rho}{L} + b_a \quad （3.3.4）$$

或
$$b = \frac{Q_{上、下} \cdot \rho}{L} + M \quad （3.3.5）$$

式中 b——侧站台宽度（m）；

n——横向柱数；

z——纵梁宽度（含装饰层厚度，m）；

t——每组楼梯与自动扶梯宽度之和（含与纵梁间所留空隙，m）；

$Q_{上}$——远期或客流控制期**每列车**超高峰小时单侧上车设计客流量（人）；

$Q_{上、下}$——远期或客流控制期**每列车**超高峰小时单侧上、下车设计客流量（人）；

ρ——站台上人流密度，取 0.33 m²/人 ~ 0.75 m²/人（《地铁设计规范》取 0.5 m²/人）；

L——站台计算长度（m）；

M——站台边缘至屏蔽门立柱内侧距离（m），取 0.25 m，无屏蔽门时，$M=0$；

b_a——站台安全防护宽度，取 0.4 m，采用屏蔽门时用 M 替代 b_a 值。

站台宽度的计算公式（3.3.4）、（3.3.5）两者取大者的含义是：公式（3.3.4）是指列车未到站时，上车等候乘客只能站立在安全带之内，此时侧站台计算宽度是上车乘客站立候车所需要的宽度加上安全带宽度；公式（3.3.5）是指列车进站停靠后，上、下客进行交换中安全带宽度已被利用。最终侧站台计算宽度应按以上两种不同工况下取其大者。采用上述两种不同工况下算式对于客流潮汐现象比较大的车站，其结果差距明显[6]。

注意以上两式中的 $Q_{上}$及 $Q_{上、下}$在计算中均应换算成远期或客流控制期高峰时段发车间隔内的设计客流量，即“设计客流量 × 超高峰系数/高峰小时每侧的发车次数”。

2. 楼梯和自动扶梯宽度计算与验算

楼梯和自动扶梯的布置需要结合车站客流组织设计来考虑，设置合理的客流上、下行路线，例如常规情况下出站（下车）客流乘自动扶梯上行，进站客流（上车）走楼梯下行，可分别按下车和上车的总客流量计算自动扶梯和楼梯的数量和宽度。但也应注意到，2013 版的《地铁设计规范》中提出，车站出入口、站台至站厅应设上、下行自动扶梯，在设置双向自动扶梯困难且提升高度不大于 10 m 处可仅设上行自动扶梯；每座车站至少有一个出入口和站台至站厅至少有一处必须设上、下行自动扶梯[6]。

1）自动扶梯宽度计算

按出站客流乘坐自动扶梯的设计思路，自动扶梯台数（宽度）可按如下公式计算[5]：

$$N=\frac{N_{下}K}{n_1\eta} \tag{3.3.6}$$

式中 N——自动扶梯台数；

$N_{下}$——远期预测高峰小时上行与下行（下车）客流量（人/h）；

K——超高峰系数；

n_1——自动扶梯每小时输送客流的能力[人/(h·m)]；

η——自动扶梯的利用率，取 0.8。

2）楼梯宽度计算

按进站客流走楼梯的设计思路，楼梯宽度 m 可按如下公式计算：

$$m=\frac{N_{上}K}{n_2\eta'} \tag{3.3.7}$$

式中 m——楼梯宽度（m）；

$N_{上}$——远期预测高峰小时上行和下行（上车）客流量（人/h）；

K——超高峰系数；

n_2——楼梯双向混行通过能力[人/(h·m)]；

η'——楼梯的利用率，取 0.7。

3）楼梯和扶梯的通过能力

楼梯和自动扶梯的通过能力可查阅《地铁设计规范》中的相关数据进行选取，具体见表3.3.4。其中**楼梯的宽度当单向通行时不小于 1.8 m，双向通行时不小于 2.4 m（楼梯的最大通过能力应按双向混行能力计）**。当宽度大于 3.6 m 时，应设置中间扶手。另外，楼梯宽度应符合建筑楼梯模数协调标准的要求，即楼梯梯段宽度应采用基本模数的整数倍数（100 mm 为基本模数，用 M 表示，即 $1\ M = 100$ mm）。

表 3.3.4　车站各部位的最大通过能力

部位名称			每小时通过人数
1 m 宽楼梯	下行		4 200
	上行		3 700
	双向混行		3 200
1 m 宽通道	单向		5 000
	双向混行		4 000
1 m 宽自动扶梯	输送速度 0.5 m/s		6 720
	输送速度 0.65 m/s		不大于 8 190
0.65 m 宽自动扶梯	输送速度 0.5 m/s		4 320
	输送速度 0.65 m/s		5 265
人工售票口			1 200
自动售票机			300
人工检票口			2 600
自动检票机	三杆式	非接触 IC 卡	1 200
	门扉式	非接触 IC 卡	1 800
	双向门扉式	非接触 IC 卡	1 500

4）楼梯和扶梯的宽度验算

人行楼梯和自动扶梯的总量布置除应满足上、下乘客的需要外，还应按站台层的事故疏散时间进行验算[6]：车站站台公共区的楼梯、自动扶梯、出入口通道应满足发生火灾时，能在 6 min 内将一列进站列车所载的乘客及站台上的候车人员全部撤离站台到安全区。站台层的事故疏散时间按下列公式计算[6]：

$$T = 1 + \frac{Q_1 + Q_2}{0.9\left[A_1(N-1) + A_2 B\right]} \leqslant 6\,\text{min} \tag{3.3.8}$$

式中　Q_1——远期或客流控制期中超高峰小时 1 列进站列车的最大客流断面流量（人）；

Q_2——远期或客流控制期中超高峰小时站台上的最大候车乘客（人）；

A_1——一台自动扶梯的通过能力[人/（min·m）]；

A_2——疏散楼梯的通过能力[人/（min·m）]；

N——自动扶梯数量；

B——疏散楼梯的总宽度（m），每组楼梯的宽度应按 0.55 m 的整倍数计算。

计算中，考虑了 1 台自动扶梯损坏不能运行的概率，即（$N-1$）台自动扶梯和人行楼梯通行能力考虑 0.9 的折减系数，式子中“1”为人的反应时间；计算站台上候车乘客时，应考虑为地铁线路的双向发车间隔时间（行车密度）内站台上的候车乘客人数。

5）相关设施的最小宽度限值

根据《地铁设计规范》[6]，车站各建筑部位的最小宽度应符合表 3.3.5 的规定。因此，在完成相关的初步计算后，还应根据表 3.3.5 的限值进行调整。

表 3.3.5　车站各部位的最小宽度　　单位：m

名　称		最小宽度
岛式站台		8
岛式站台的侧站台		2.5
侧式站台（长向范围内设梯）的侧站台		2.5
侧式站台（垂直于侧站台开通道口）的侧站台		3.5
站台计算长度不超过 100 m 且楼梯、扶梯不伸入站台计算长度	岛式站台	6.0
	侧式站台	4.0
通道或天桥		2.4
单向楼梯		1.8
双向楼梯		2.4
与上、下均设自行扶梯并列设置的人行楼梯（困难情况下）		1.2
消防专用楼梯		1.2
站台至轨道区的工作梯（兼疏散梯）		1.1

3.3.4　售、检票设施数量计算

售、检票设施设置数量须根据高峰小时客流量来计算，并根据客流方向均匀布置；售、检票设施的通过能力如表 3.3.4 所示。

1. 售票设施数量计算

目前，售票设施通常可分为人工售票及自动售票两种，可设计以上两种形式组合的售票设施，数量的计算可按下列公式计算：

$$N_{上}K < M_{售} = n_{人}m_{人} + n_{自}m_{自} \tag{3.3.9}$$

式中　$N_{上}$——远期预测高峰小时上行和下行（上车）客流量（人/h）；

K——超高峰系数；

$M_{售}$——售票设施总的售票能力（张/h）；

$n_{人}$——人工售票口的设置个数；

$m_{人}$——人工售票口的售票能力[张/（h·个）]；

$n_{自}$——自动售票机的设置台数；

$m_{自}$——自动售票机的售票能力[张/（h·台）]。

在计算售票设施数量时，可考虑乘客持卡人群比例为 35% ~ 50%对远期预测高峰小时客流量进行折减。

2. 检票设施数量计算

在计算检票设施的数量时，需要考虑进、出站客流量的需要，按远期预测高峰小时的进站（上车）、出站（下车）人数来分别计算。以门扉式非接触 IC 卡自动检票机为例，进站和出站自动检票机的设置数量分别按式（3.3.10）、式（3.3.11）计算：

$$n_{进检}=\frac{N_{上}K}{m_{门}} \tag{3.3.10}$$

$$n_{出检}=\frac{N_{下}K}{m_{门}} \tag{3.3.11}$$

式中 $n_{进检}$——进站自动检票机台数；

$n_{出检}$——出站自动检票机台数；

$N_{上}$——远期预测高峰小时上行和下行（上车）客流量（人/h）；

$N_{下}$——远期预测高峰小时上行与下行（下车）客流量（人/h）；

K——超高峰系数；

$m_{门}$——门扉式磁卡自动检票机每台每小时检票能力[人/（h·台）]。

3.3.5 出入口楼梯及通道宽度计算

每个出入口楼梯及通道宽度应按远期分向设计客流量乘以 1.1 ~ 1.25 的不均匀系数计算确定，总的通行能力应大于远期预测高峰小时最大客流量乘以不均匀系数。此系数与出入口数量有关，出入口多者应取上限值，出入口少宜取下限值[6]。

出入口楼梯及通道宽度仍然需要满足表 3.3.5 的要求，也需用式（3.3.8）按紧急疏散情况进行验算。

3.4 车站总平面布置

3.4.1 车站总平面布置原则

车站总平面布置主要根据车站所在地周边环境条件、规划部门对车站布置的要求，以及选定的车站类型，合理地布设车站出入口、通道、风亭等设施，使乘客能安全、便捷地进出车站；还应恰当地处理车站出地面的附属设施与周边建筑物（含规划建筑物）、道路交通、公交站点、地下过街通道或天桥、绿地等之间的关系，使之统一协调[3]。另外，车站周边地上、地下空间综合利用，是近年来地铁建设出现的新趋势，结合地铁站点建设统一考虑周边交通接驳及地上、地下商业和其他设施配套建设，也应成为车站设计者考虑的重要因素[6]。因此，该部分的设计应从全面收集、分析站址建设条件信息入手，根据每个站点具体的情况合理进行站位及附属设施的布置。

3.4.2 车站站位布置

通常情况下车站与路口的位置关系如图 3.4.1 所示[4]，可根据具体站点的情况，选择适应的站位，或在此基础上对出入口位置进行调整，以兼顾客流吸引和周边环境的需要。在毕业设计中，**应完成两个车站站位方案的比选**，依据两个车站方案的总平面图对车站位置、形式、埋深、车站规模、出入口数量及布置位置、施工条件、客流吸引、安全便捷等方面展开分析比较，以选择最佳的站位。

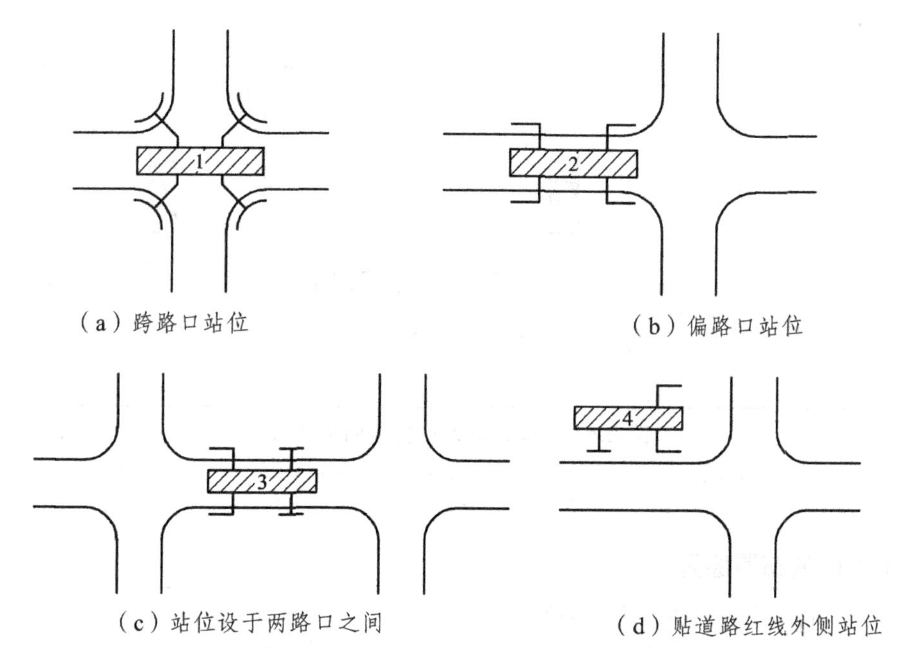

图 3.4.1 车站位置与路口关系图

3.4.3 出入口、风亭（井）布置

1. 出入口的形式

地铁车站出入口的平面形式分类见图 3.4.2，具体有如下几类[3]：

（1）“一”字形出入口：出入口、通道“一”字形排列。这种出入口占地面积少，结构及施工简单，布置比较灵活，人员进出方便，比较经济。由于口部较宽，不宜修建在路面狭窄地区。

（2）“L”形出入口：出入口与通道呈一次转折布置。这种形式人员进出方便，结构及施工稍复杂，比较经济。由于口部较宽，不宜修建在路面狭窄地区。

（3）“T”形出入口：出入口与通道呈“T”形布置。这种形式人员进出方便，结构及施工稍复杂，造价比前两种形式高。由于口部比较窄，适用于路面狭窄地区。

（4）“Π”形出入口：出入口与通道呈两次转折布置。由于环境条件所限，出入口长度按一般情况设置有困难时，可采用这种布置形式的出入口。这种形式的出入口人员要走回头路。

（5）“Y”形出入口：这种出入口布置常用于一个主出入口通道有两个及两个以上出入口的情况。这种形式布置比较灵活，适应性强。

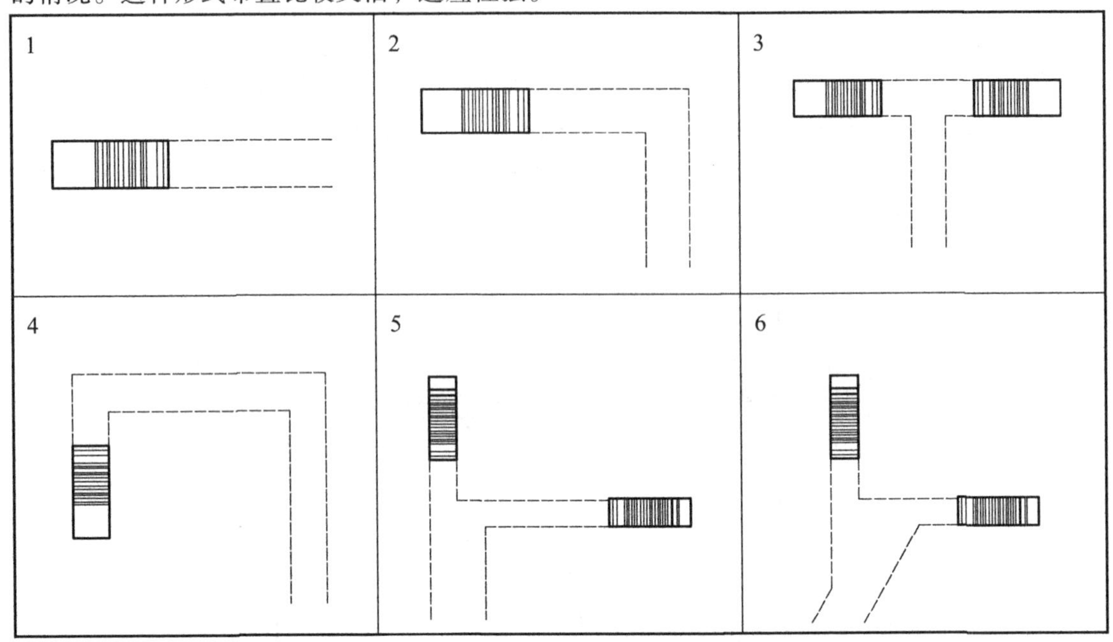

图 3.4.2　车站出入口按平面形式分类

1—“一”字形出入口；2—“L”形出入口；3—“T”形出入口；4—“Π”形出入口；
5—“Y”形出入口；6—“Y”形出入口

2. 出入口的布置原则

出入口的布置可参照如下主要原则进行：

（1）出入口布置应与主客流的方向相一致，一般都设于交叉路口和结合地面商业建筑设置，考虑能均匀并尽量多地吸纳地面客流，以取得最佳效益[5]。

（2）考虑到地下通道的顺畅，地下出入口通道力求短、直，需弯折的通道不宜超过 3 处，且弯折角度宜大于 90°，以利于客流疏散[3]。

（3）在现有建筑群中建造车站出入口及地面通风亭时，应考虑拆迁费用，尽量少拆迁建筑物或保留新建的有保留价值的建筑物等[4]。

（4）车站出入口的数量，应根据分向客流和疏散的要求设置（但不得少于 2 个），每个出入口的宽度应按远期分向客流的设计客流量来计算。当某一方向出入口宽度不能满足分向客流要求时，应调整其他出入口的宽度，以满足总设计客流量的通过[3]。

3. **风亭（井）的布置原则**

地下车站按通风、空调工艺要求，一般需设活塞风井、进风井和排风（兼排烟）井。在满足功能的前提下，风井应根据地面建筑的现场条件、规划要求、环保和景观要求集中或分散布置[6]。风亭设置应满足规划部门所规定后退红线距离的要求，单独修建的车站出入口和地面通风亭与周围建筑物之间的距离还应满足防火距离的要求[5]。

3.5 车站建筑布置

3.5.1 车站功能分析

车站的建筑布置应能满足乘客在乘车过程中对其活动区域内的各部位使用上的需要。将乘客进、出站的过程用流线的形式表示出来，称为乘客流线（或客流组织）。乘客流线是地铁车站的主要流线，也是决定建筑布置的主要依据。站内除了乘客流线外，还有站内工作人员流线、设备工艺流线等。这些流线具体地、集中地反映出乘客乘车与站内房间布置之间的功能关系[4]。

为合理地进行车站平剖面布置，设计人员必须要了解和掌握各种流线的关系，将地铁车站各部分的使用要求进行功能分析并绘制成功能分析图（图 3.5.1[4]）。**设计人员应对该图充分理解，根据车站类型和规模合理组织人流路线（车站乘客流线、工作人员流线、设备工艺流线）、划分功能分区，再具体进行车站不同部位的建筑布置。**

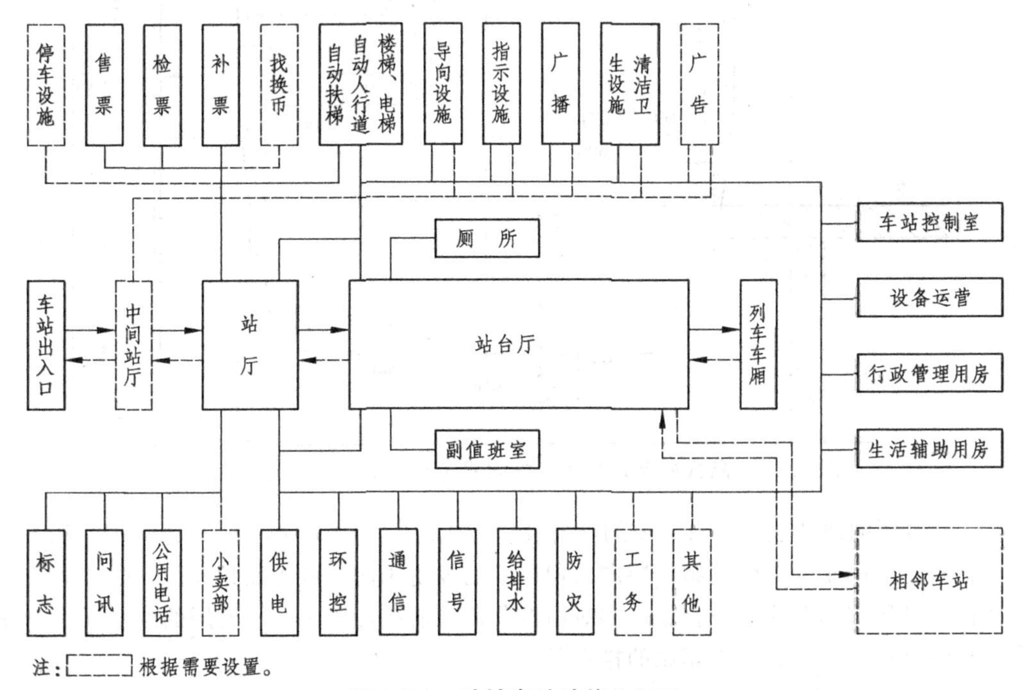

图 3.5.1　地铁车站功能分析图

3.5.2 车站建筑布置要点

站厅层和站台层在进行建筑平面布局时必须时时紧密地同时考虑，如它们的宽度和长度，所需楼梯的数量、位置，设备用房上下的孔洞等。**设计时首先由站台层着手，根据列车编组确定站台的有效长度；再根据站台两端应有的设备用房和必需的端头井定下车站的初步长度；同样根据计算所得到的站台宽度加上上下行车道的宽度，确定车站的总宽度；再根据站厅层设备管理用房所需面积划分出站厅公共区和设备管理用房区，同时调整站厅至站台的楼梯数量及位置，使其能均匀地面向客流**。这是一个集结构、建筑功能和各种工艺流程为一体的复杂的综合过程[5]。

此处仅给出一些车站建筑布置的主要原则或要点：

（1）站台层主要功能为列车停靠、客流候车及少量的设备管理用房，一个设计要点是限界要求，A、B 型地铁列车在直线车站的限界要求如图 3.5.2、图 3.5.3 所示[3]，由此限界和站台的宽度计算结果可以确定站台层的宽度。

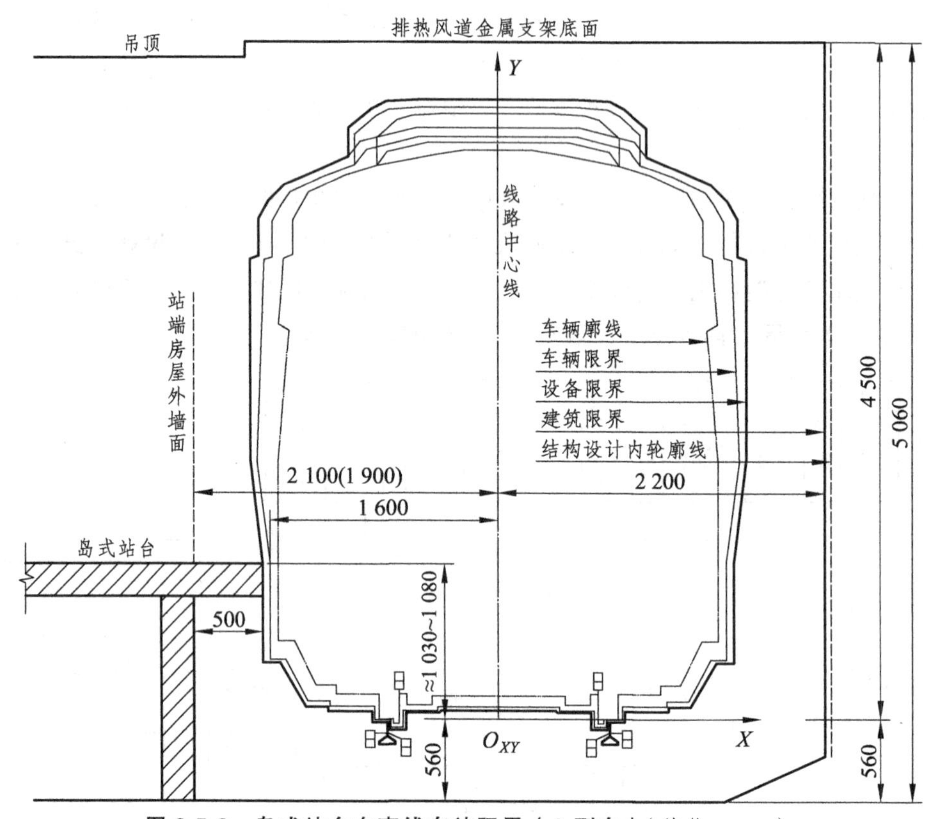

图 3.5.2 岛式站台在直线车站限界（A 型车）（单位：mm）

（2）站台层的两端也布置有必要的设备及管理用房（少量），形式上也是一端面积大，另外一端面积小。降压变电所是站台层占面积最大的设备用房，位于面积大的一端，与上部站厅层大的设备用房相对应，符合就近供应用电负荷大的设计原则。站台层的废水泵房应设在站台层标高低的一端，有利于车站的排水[5]。

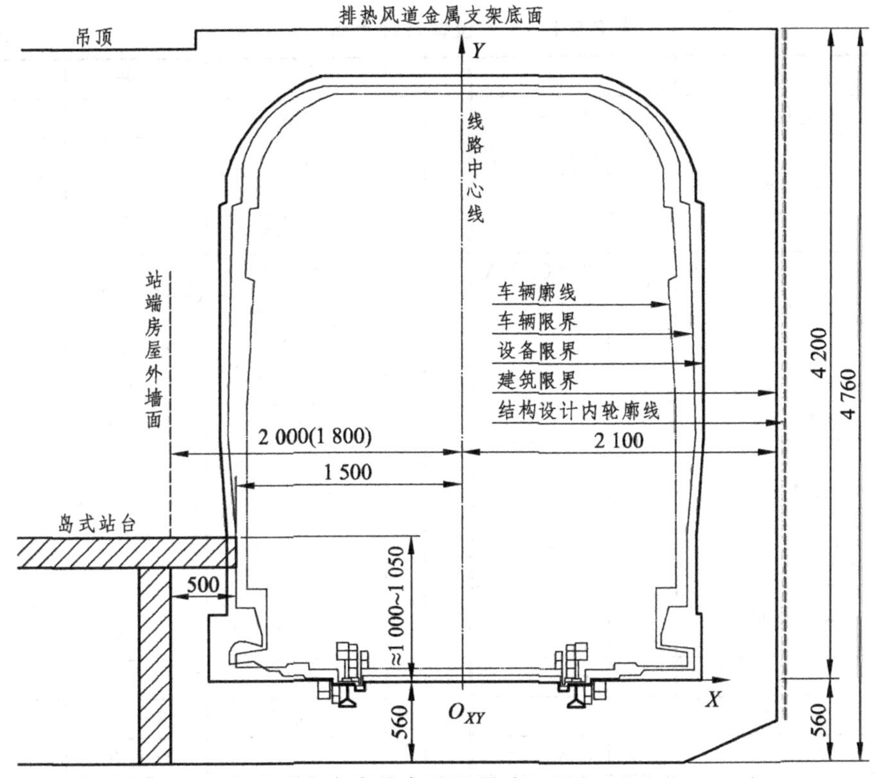

图 3.5.3 岛式站台在直线车站限界（B 型车）（单位：mm）

（3）站厅层公共区设计主要解决客流出入的通道口、售票、进出站检票、付费区与非付费区的分隔、站厅与站台的上下楼梯与自动扶梯的位置等[5]，相关设施的数量和尺寸在前面的车站规模部分已经计算得出，一些具体的布置规定参见《地铁设计规范》中的相关条文[6]。

（4）站厅层的设备用房（设备用房的主要部分）基本分设于车站两端，并呈现一端大、另一端小的现象，中间留出作为站厅公共区。设备用房中占面积最大的是环控机房，一旦环控机房得到合理、紧凑的布置，其余设备用房就较易解决[5]。

（5）站厅层的管理用房中主要解决站控室及站长室的位置以及消防疏散兼工作楼梯的位置、工作人员厕所的位置。站控室要求视野开阔，能观察站厅中运行管理的情况，一般设于站厅公共区的尽端、中部，室内地坪高出站厅公共区地坪 600 mm。站长室紧连站控室，便于快速处理应变情况。消防疏散兼工作楼梯位于管理用房的中部，照顾到该梯与站台的位置，避免与其他楼梯发生冲突。厕所位置只能设于管理用房的中部，要与设于站台的污水泵房有直接管道连通的要求[5]。

（6）地铁车站内应实施无障碍设计。可在出入口楼梯旁设置轮椅升降台下至站厅层，然后再经设置于站厅的垂直升降梯下达到站台，另外也可以直接自地面设置垂直升降机，经残疾人专用通道到达站厅，然后再经设置于站厅的垂直升降梯下达到站台。盲人设置有盲道，自电梯门口铺设至车厢门口，盲道的铺设必须连贯，在站台层上行、下行两个方向都需铺设[5]。

（7）在车站建筑布置中，难度较大的是建筑设备、管理用房面积的布置，表 3.5.1 提供了一个车站设备、管理用房面积参考值[5]，可在此基础上参照进行设计。

表 3.5.1　车站设备管理用房面积参考　　　　单位：m^2

层	位置	房间名称	面积	备注
站台层	大端	整流变压器室		设牵引变电站的站才有
		牵引变电所开关柜室		
		降压变电所开关柜室		
		控制室		
		供电值班室(每座降压变电所配一间	10	加 SCADA 同步可不设
		蓄电池室		
		配电室		
		烟烙尽室		
		静压室		
		屏蔽门管理室		
		污水泵房		
		电梯、电梯机房		
		辅助楼梯间		
		列检室	10	交路折返站
		司机休息室	6～8	交路折返站
		维修巡检室	8～12	宜每站一间或至少 3～5 站一间
	中部	清扫室（站厅、站台各设一间）		
		值班室		
	小端	配电室		
		静压室		
		蓄电池室		
		废水泵房		位于坡度最低处

层	位置	房间名称	面积	备注
站厅层	大端	通风机房		
		冷冻机房		
		环控机房		
		环控电控室		
		交接班室（兼会议、舞厅）	(1.2～1.5)/人	按一班定员计
		女更衣室	(0.6～0.7)/人	
		男更衣室	(0.6～0.7)/人	
		收款室	16～20	
		警务室	(12～15)×2	1 条线上另加 1～2 间警署室（12 m^2）
		配电室		
		男厕	1 个坑位 2 个小便斗	管理人员用(也可与设于车站的公厕合用）
		女厕	2～3 个坑位	
		茶水房	8～10	
		库房	16～20	
		通信设备		
		信号设备（含防灾控制）		
		站控室	35～50	两个站厅时另加设一间 12 m^2 副值班室，地面、高架站适当减小
		站长室	15～18	中心站另加 1 间（12 m^2）
		站务员室	12～15	侧式站设两间
		通信仪表		
		辅助楼梯		
		直升电梯		
	小端	通风机房		
		环控机房		
		环控电控室		
		消防泵房		
		配电		

3.5.3 车站主要尺寸拟定

需拟定并列表说明所设计车站的一些主要尺寸数据，包括埋深、各主要构件尺寸（顶板、侧墙、中板、底板、纵梁、柱子等）及车站外包尺寸等。车站各主要构件及外包尺寸可参考同类地铁车站进行类比设计。**需要注意的是，此处拟定的尺寸数据需与后续的设计内容保持一致**（如建筑设计图纸绘制、主体结构计算及结构配筋图纸绘制等）。

1. 车站埋深考虑因素

合理确定地铁车站的埋深，对降低地铁土建工程造价尤为重要。在地铁建设总投资中土建工程占40%以上，而在土建工程投资中，车站土建工程占45%左右。减小地下车站埋深可以有效降低车站土建工程造价，对降低地铁建设成本具有重要意义[6]。由计算分析可知[8]：一个结构总长184 m的地下2层车站，基坑深度每减少1 m则总造价约降低2%，建筑高度每减少1 m则总造价约降低3.7%；一条20 km长的地铁，地下车站底板埋深平均减少1 m，总造价可减少3 600万元～6 550万元。同时，减少地铁车站埋深也可减少运营成本及方便乘客[6]。因此，设计人员应根据站点的情况选择适宜的埋深，合理地减少不必要的投资。

影响地下车站埋深的因素主要有地下管线（电信、电力、煤气、污水、雨水、给水，管线埋深及管径影响深度可达地面以下3 m左右）、当地冻层（各地不一样，如北京为1.5 m）、车站区段线路坡度（2‰～3‰，长度为300 m～400 m）及车站建筑高度（净空、层高、板厚，见表3.5.2[6]）等[8]。位于市区的地下车站，地下管线是影响埋深的重要因素（某车站主体结构与市政管线的相对埋深位置关系示例见图3.5.4）。而车站的建筑高度由限界、建筑功能要求、结构类型、设备高度等因素决定，对造价影响较大，但一般不容易减少。

表3.5.2 车站各部位的最小高度 单位：m

名称	最小高度
地下站厅公共区（地面装饰层面至吊顶面）	3
高架车站站厅公共区（地面装饰层面至梁底面）	2.6
地下车站站台公共区（地面装饰层面至吊顶面）	3
地面、高架车站站台公共区（地面装饰层面至风雨棚底面）	2.6
站台、站厅管理用房（地面装饰层面至吊顶面）	2.4
通道或天桥（地面装饰层面至吊顶面）	2.4
公共区楼梯和自动扶梯（踏步面沿口至吊顶面）	2.3

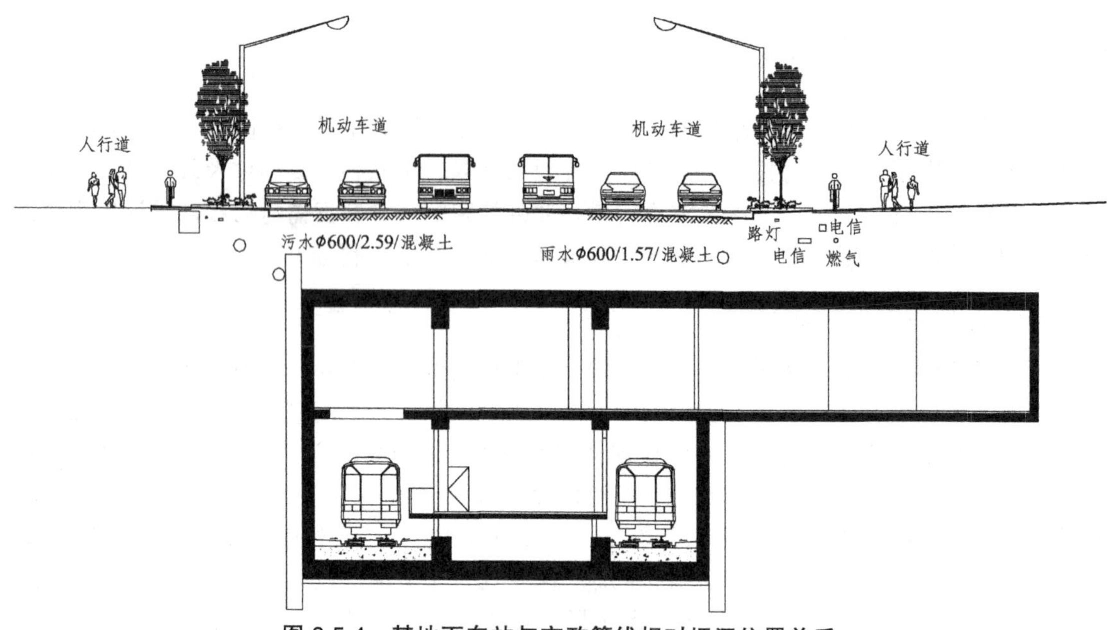

图 3.5.4　某地下车站与市政管线相对埋深位置关系

2. 车站结构横断面形式

受施工方法、周边条件、建筑布置、投资等多种环境的制约，明（盖）挖法施工的地下车站多采用箱形结构，主体结构一般采用现浇的钢筋混凝土结构。根据建筑布置及站台宽度一般按如下规则采用：当站台宽度为 8 m 时，车站标准断面可采用无柱单跨箱形结构；当站台宽度为 10 m 时，车站标准断面可采用单柱双跨箱形结构；当站台宽度为 12 m、14 m 时，车站标准断面可采用双柱三跨箱形结构。典型的明挖地铁车站主体结构横断面形式及尺寸如图 3.5.5 所示。

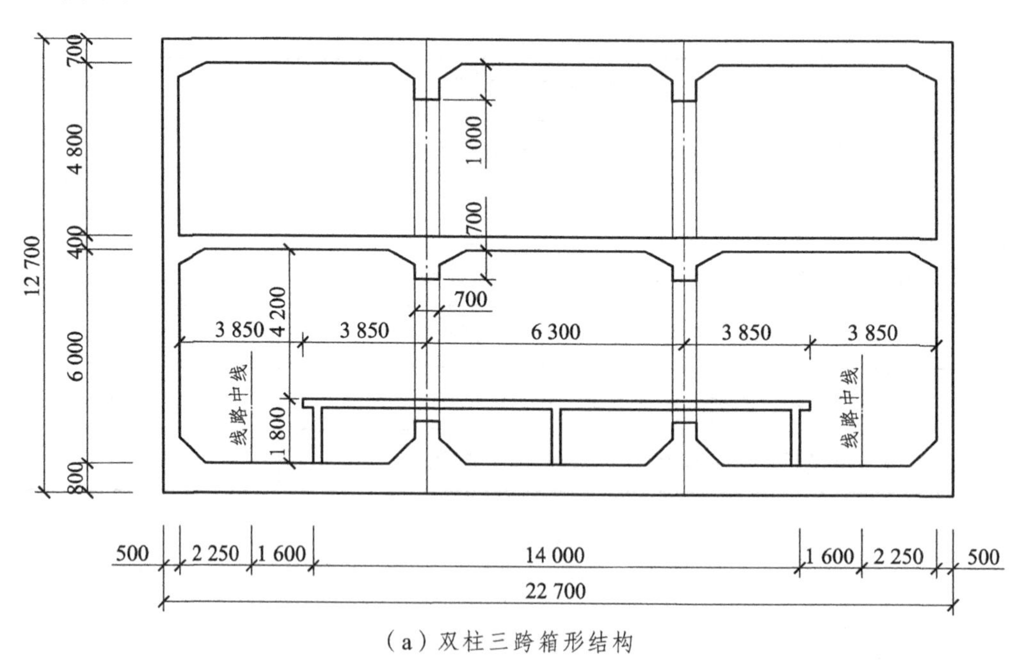

（a）双柱三跨箱形结构

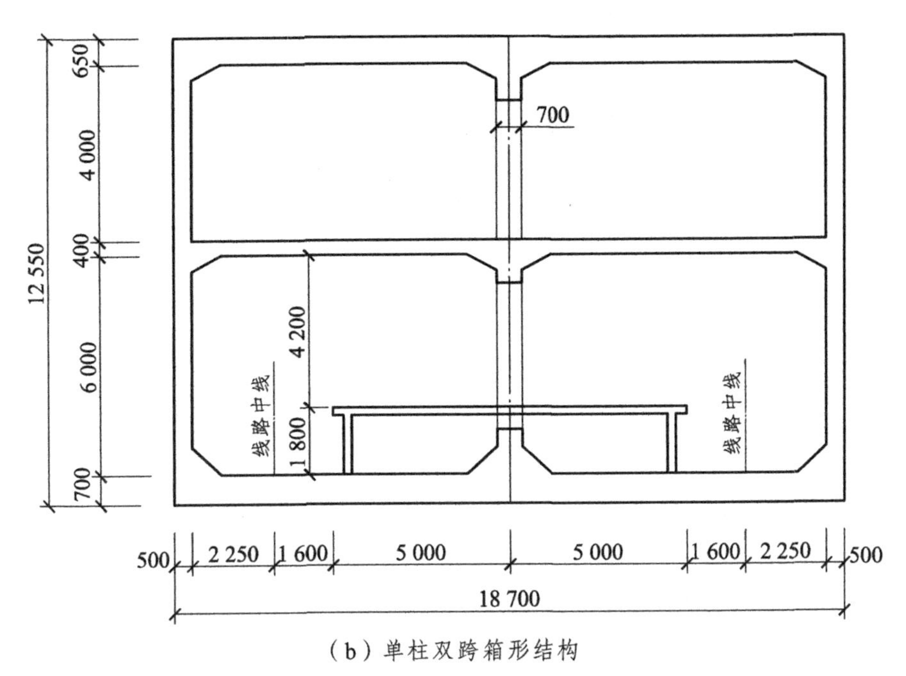

（b）单柱双跨箱形结构

图 3.5.5 典型明挖主体结构横断面（单位：mm）

3. 车站主要构件尺寸参考值

根据工程经验，一般情况下明挖地铁车站结构总长度约为 170 m ~ 220 m，总宽度约为 20 m ~ 30 m，沿高度方向一般分 2 ~ 3 层，其结构形式多为箱型框架结构，结构内部设纵梁。基坑深度一般为 15 m ~ 20 m，结构的顶板、底板和边墙厚度一般为 0.6 m ~ 1.0 m，顶梁和底梁的截面高度一般为 1.6 m ~ 2.2 m，中板厚度一般为 0.3 m ~ 0.5 m。柱宽的取值一般可采用工程类比法或根据经验确定：采用单柱双跨或双柱三跨车站结构，柱宽（径）一般可以取为 0.7 m ~ 0.9 m（柱距可取为 6 m ~ 8 m）。

3.6 其他设计内容

从车站建筑设计内容的完整性角度考虑，其他一些相关设计内容也应在毕业设计说明文本中进行简要说明（但不要求绘制相应的毕业设计图纸），包括地铁车站的防灾设计（含防火分区、防烟分区等内容）。其他一些相关设计如防淹设计、人防设计、装修设计、指示导向标识设计、环保设计等，也可合理地安排好内容后按层次、顺序放入毕业设计说明文本中，但此类内容不作为毕业设计的重点。

第3篇　地铁车站围护结构设计

4 地铁车站围护结构设计理论与方法

4.1 围护结构设计概述

明挖地铁车站修建中通常需要进行基坑的支护和开挖，基坑工程的设计和施工不仅需要岩土工程方面的知识，也需要结构工程方面的知识。同时，基坑工程中设计和施工是密不可分的，设计计算的工况必须和施工实际的工况一致才能确保设计的可靠性。所以设计人员必须了解施工，施工人员必须了解设计。设计计算理论的不完善和施工中的不确定因素会增加基坑工程失效的风险，所以，需要设计、施工人员具有丰富的现场实践经验[9]。因此在进行该部分内容的设计时，应对土力学、基坑支护技术、相关技术规范进行学习并灵活运用。

基坑工程的作用是提供基坑土方开挖和地下结构工程施工作业的空间，并控制土方开挖和地下结构工程施工对周围环境可能造成的不良影响。为达到上述目的，对基坑工程支护体系有如下要求[10]：

（1）为土方开挖和地下结构工程施工过程中基坑四周边坡保持稳定，提供足够的土方开挖和地下结构工程施工的空间，而且支护体系的变形也不会影响土方开挖和地下结构工程施工。

（2）将土方开挖和地下结构工程施工范围内的地下水位降至利于土方开挖和地下结构工程施工的水位。

（3）因地制宜地控制支护体系的变形，控制坑外地基中的地下水位，控制由支护体系的变形、基坑挖土卸载回弹、坑内外地下水位变化、抽水可能造成的土体流失等以及由水土流失造成的基坑周围地基的附加沉降和附加水平荷载。

（4）当基坑紧邻市政道路、管线、周边建（构）筑物时，应严格控制基坑支护体系可能产生的变形，严格控制坑外地基中地下水位可能产生的变化范围。

（5）对基坑支护体系允许产生的变形量和坑外地基中地下水位允许的变化范围应根据基坑周围环境保护要求确定。

基坑工程围护结构设计的基本技术要求如下[9]：

（1）安全可靠。首先，必须确保基坑工程本体的安全，为地下结构的施工提供安全的施工空间；其次，基坑施工必然会产生变形，可能会影响周边的建筑物、地下构筑物和管线的正常使用，甚至会危及周边环境的安全，所以基坑工程施工必须要确保周围环境的安全。

（2）经济合理。基坑围护结构体系作为一种临时性结构，在地下结构施工完成后即完成使命，因此在确保基坑本体安全和周边环境安全的前提条件下，尽可能降低工程费用，要从工期、材料、设备、人工以及环境保护等多方面综合研究经济合理性。

（3）技术可行。基坑围护结构设计不仅要符合基本的力学原理，而且要能够经济、便利地实施，如设计方案是否与施工机械相匹配，施工机械是否具有足够施工能力，费用是否经济，等等。

（4）施工便利。基坑的作用既然是为地下结构提供施工空间，就必须在安全可靠、经济合理的原则下，最大限度地满足便利施工的要求，尽可能采用合理的围护结构方案，以减少对施工的影响，保证施工工期。

限于工作时间和设计深度，本科毕业设计可对车站围护结构的设计内容进行一定的简化，**可仅对车站围护结构进行平面计算（但应包括标准断面和非标准断面），**开挖过程的降排水设计、施工监控量测等内容也可放入施工组织设计进行编制。因此，毕业设计中围护结构设计内容包括：根据设计原则和技术标准比选围护结构方案、拟定围护结构主要尺寸及参数、选定支撑体系、确定荷载及计算图示、对围护结构不同工况进行计算及验算、绘制车站围护结构设计图纸。**围护结构设计可采用相关设计软件（如理正深基坑）进行，但学生也必须要理解和掌握相应的设计理论和计算方法**。通过地铁车站围护结构设计工作，学生应掌握围护结构设计的基本原理与方法、设计流程，把设计成果有条理地整理到毕业设计说明书中，并绘制相应的设计图纸。

4.2 围护结构类型与比选

明挖法施工是修建地下铁道常用的施工方法，具有施工作业面多、进度快、工期短、工程造价相对其他施工方法较低的特点，而且由于技术成熟，明挖法施工可以很好地保证工程质量。因此在地面交通和环境要求允许的条件下，应尽可能地采用明挖法施工[4]。明挖法又可分为明挖顺作法、盖挖法（顺作法、逆作法和半逆作法）等，结合毕业设计中地铁车站的主要形式及施工方法，此处仅针对明挖顺作法的一些知识要点进行介绍。

4.2.1 明挖法基坑类型

明挖法施工中的基坑可以分为敞口放坡基坑和有围护结构的基坑两类，在这两类基坑施工中，又可采用不同的维持基坑边坡稳定的技术措施和围护结构（图 4.2.1）[4]。

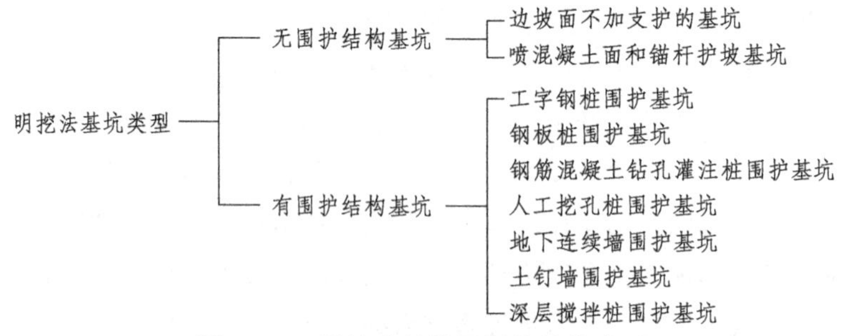

图 4.2.1 明挖法基坑及围护结构类型

《建筑基坑支护技术规程》[11]中对以上常见的围护结构种类也进行了说明和规定，可从这几种类型中选择一种适宜设计站点地质条件、设计要求的围护结构。

4.2.2 围护结构与主体结构的结合形式

为了充分发挥刚度较大的围护结构（排桩、地下连续墙围护）的挡土、挡水作用，近年来地铁设计中已广泛采用了将围护结构作为主体一部分的做法，其组合方式也与结构防水方案的选择相互影响。以地下连续墙为例，围护结构与主体地下结构外墙相结合的形式如图4.2.2所示[11]，在设计计算中分别按如下原则考虑：

（1）单一墙：地下连续墙应独立作为主体结构外墙，永久使用阶段应按地下连续墙承担全部外墙荷载进行设计。

（2）复合墙：地下连续墙应作为主体结构外墙的一部分，其内侧应设置混凝土衬墙；二者之间的结合面应按不承受剪力进行构造设计，永久使用阶段水平荷载作用下的墙体内力宜按地下连续墙与衬墙的刚度比例进行分配。

（3）叠合墙：地下连续墙应作为主体结构外墙的一部分，其内侧应设置混凝土衬墙；二者之间的结合面应按承受剪力进行连接构造设计，永久使用阶段地下连续墙与衬墙应按整体考虑，外墙厚度应取地下连续墙与衬墙厚度之和。

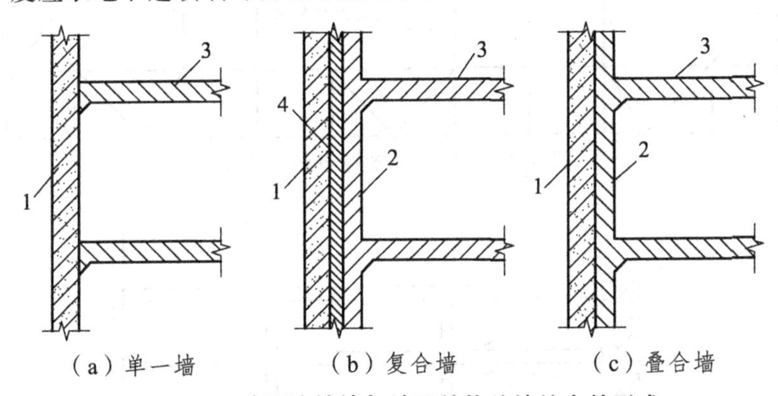

图4.2.2　地下连续墙与地下结构外墙结合的形式

1—地下连续墙；2—衬墙；3—楼盖（板）；4—衬垫材料（含防水层）

4.2.3 内支撑系统

采用内支撑系统的深基坑工程，一般由围护体、内支撑以及竖向支承三部分组成，其中内支撑与竖向支承两部分合称为内支撑系统[10]。内支撑系统具有无须占用基坑外侧地下空间资源、可提高整个围护体系的整体强度和刚度，以及支撑刚度大、可有效控制基坑变形等诸多优点，在深基坑工程中已得到了广泛应用。

1. 内支撑结构形式

内支撑系统中的内支撑作为基坑开挖阶段围护体坑内外两侧压力差的平衡体系，经过多年来大量的深基坑工程实践，其形式已丰富多样。支撑结构选型包括支撑材料和体系的选择以及支撑结构布置等内容。支撑结构选型从结构体系上可分为平面支撑体系和竖向斜撑体系；从材料上可分为钢支撑、钢筋混凝土支撑、钢和混凝土组合支撑的形式。内支撑系统中的竖向支承一般由钢立柱和立柱桩一体化施工构成，其主要功能是作为内支撑的竖向承重结构，并保证内支撑的纵向稳定、加强内支撑体系的空间刚度，常用的钢立柱形式一般有角钢格构柱、H 型钢以及钢管混凝土柱等，立柱桩常用灌注桩[10]。各种形式的支撑体系根据其材料特点具有不同的优缺点和应用范围，由于基坑规模、环境条件、主体结构以及施工方法等的不同，应以确保基坑安全可靠的前提下做到经济合理、施工方便为原则，根据实际工程具体情况综合考虑确定[9]。

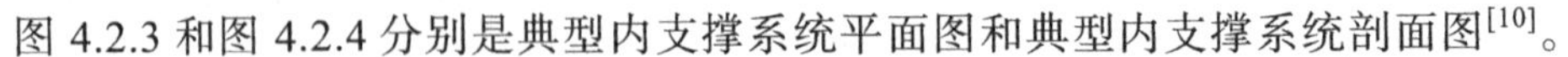

图 4.2.3 和图 4.2.4 分别是典型内支撑系统平面图和典型内支撑系统剖面图[10]。

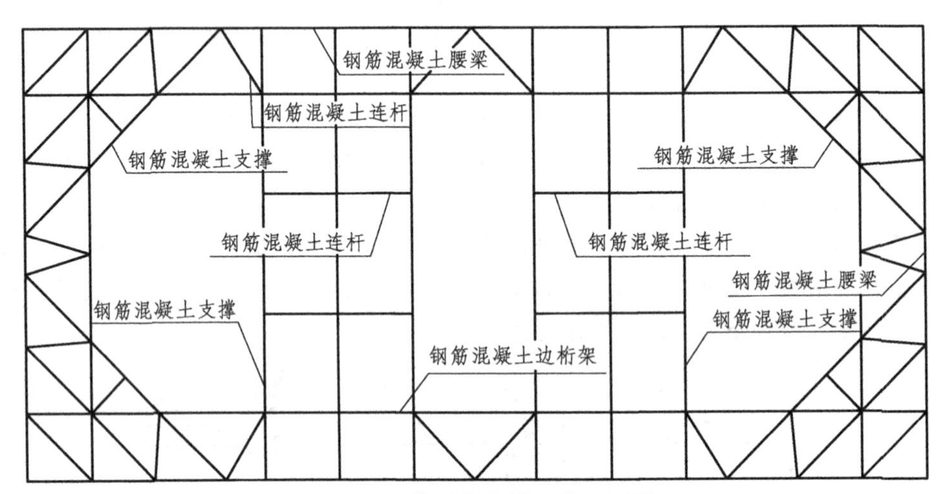

图 4.2.3 典型内支撑系统平面图

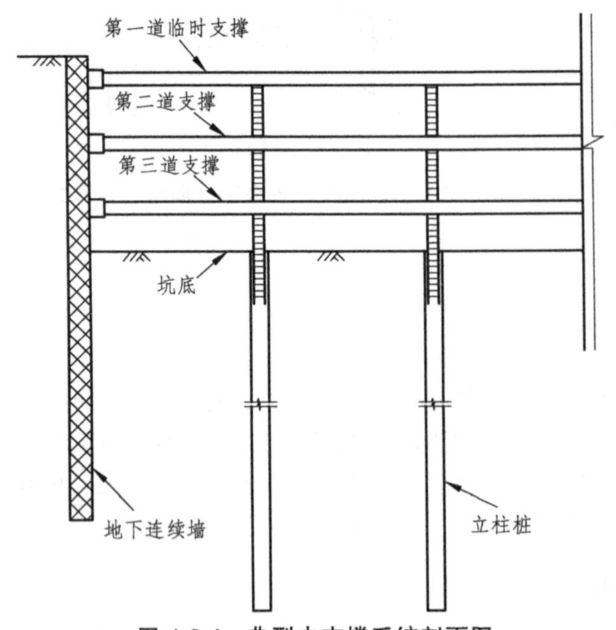

图 4.2.4 典型内支撑系统剖面图

2. **内支撑的选用**

钢支撑具有架设以及拆除施工速度快、可以通过施加和复加预应力控制基坑变形以及可以重复利用、经济性较好的特点，因此在大量工程中得到了广泛的应用。但由于复杂的钢支撑节点现场施工难度大、施工质量不易控制，以及现可供选择钢支撑类型较少而且承载能力较为有限等局限性限制了其应用的范围，其主要应用在平面呈狭长形的基坑工程，如地铁车站、共同沟或管道沟槽等市政工程中，也大量应用在平面形状比较规则、短边距离较小的深基坑工程中[9]。

钢筋混凝土支撑由于截面承载能力高以及现场浇筑可以适应各种形状的基坑工程，几乎可以在任何需要支撑的基坑工程中应用，但其工程造价高、需要现场浇筑和养护，而且基坑工程结束之后还需进行拆除，因此其经济性和施工工期不及相同条件下的钢支撑。

根据上述钢支撑和钢筋混凝土支撑的不同特点以及应用范围，在一定条件下的基坑工程可以充分利用两种材料的特性，采用钢与混凝土组合支撑形式，在确保基坑工程安全的前提下，可实现较为合理的经济和工期目标。钢与混凝土组合支撑体系常用的有两种形式，一为同层支撑平面内钢和混凝土组合支撑，如在长方形的深基坑中，中部可设置短边方向的钢支撑对撑，施工速度快而且工程造价低，基坑两边如设置钢支撑角撑，支撑节点复杂而且刚度低，不利于控制基坑变形，可采用施工难度低、刚度更大的钢筋混凝土角撑。为了节约工程造价以及施工的便利，一般情况下深基坑工程第一道支撑系统的局部区域均利用作为施工栈桥，作为基坑工程实施阶段以及地下结构施工阶段的施工机械作业平台、材料堆场。第一道支撑采用钢筋混凝土支撑，对减小围护体水平位移，并保证围护体整体稳定具有重要作用，同时第一道支撑部分区域的支撑杆件经过截面以及配筋的加强即可作为施工栈桥，既方便了施工，又降低了施工技术措施费。第二及以下各道支撑系统为加快施工速度和节约工程造价可采用钢支撑。采用此种组合形式的支撑时，应注意第一道支撑与其下各道支撑平面应上下统一，以便于竖向支承系统的共用以及基坑土方的开挖施工。

4.2.4　基坑安全等级

基坑工程可根据支护体系破坏可能产生的后果，包括危及人的生命、造成经济损失、产生社会影响的严重性，以及对周围环境，如邻近建筑物、地下市政设施、地铁等的影响，采用不同的安全等级。地铁车站的基坑工程应按不同的环境条件划分基坑保护等级，《建筑基坑支护技术规程》中对基坑侧壁安全等级、重要性系数的划分见表 4.2.1[11]。

附录 A 列出了我国一些城市地铁基坑的安全等级标准[6]，在设计时可参照对应城市的标准进行选取。目前国内各地地铁基坑的保护等级划分、要求各不相同，对此的验算标准均有一定差别，因此应尽可能地参考地方标准或某城市地铁设计的技术要求。在所设计地铁站点所在城市没有具体基坑安全等级标准的情况下，毕业设计中可按表 4.2.2 所示的标准进行设计和验算[11]。

表 4.2.1 基坑侧壁安全等级及重要性系数

安全等级	破坏后果	重要性系数 γ_0
一级	支护结构失效、土体过大变形对基坑周边环境及地下结构施工安全的影响很严重	1.10
二级	支护结构失效、土体过大变形对基坑周边环境及地下结构施工安全的影响严重	1.00
三级	支护结构失效、土体过大变形对基坑周边环境及地下结构施工安全的影响不严重	0.90

表 4.2.2 地铁基坑安全等级控制要求（基坑安全等级为一级）

项　目	控制要求
地面沉降	$\leqslant 0.15\% H$
支护结构最大水平位移	$\leqslant 0.15\% H$ 且小于 30 mm
坑底隆起量	≤20 mm
整体稳定性验算	$K_s > 1.2$

4.2.5 围护结构类型选择

当结构施工方法选定后，车站土建的经济性主要由围护结构控制，因此，选择合适的围护结构相当重要。可从几种常见的基坑围护结构类型（如地下连续墙、混凝土灌注桩、土钉墙、放坡开挖等）中进行方案的比选，一些基坑围护结构适用条件可参见《建筑基坑支护技术规程》[11]。

1. 围护结构类型选择基本原则

在选择基坑围护结构类型时，应根据车站所处位置、基坑深度、工程地质和水文地质条件，因地制宜确定[3]：

（1）若基坑所处地面空旷，周围无建筑物或建筑物间距很大，地面有足够空地能满足施工需要，又不影响周围环境，则采用敞口放坡基坑施工是可取的，因为这种基坑施工简单、速度快、噪声小、无须做围护结构。

（2）如果因场地限制，基坑放坡坡度稍陡于规范规定时，则可采用适当的挡土结构，如土钉加混凝土喷面对边坡加以支挡，即使如此，该方法的造价仍然是较低的。

（3）如果基坑很深，地质条件差，地下水位高，特别是又处于繁华的城市市区，地面建筑物密集，交通繁忙，无足够空地满足施工需要，没有条件采用敞口放坡基坑，则可采用有围护结构的基坑。

（4）盖挖顺作法主要依赖坚固的挡土结构，根据现场条件、地下水位高低、开挖深度，以及周围建筑物的邻近程度，可以选择钢筋混凝土桩（墙）或地下连续墙。对于饱和的软弱地层，应以刚度大、止水性能好的地下连续墙为首选方案。

2. 地铁车站围护结构选用原则

根据地铁设计与施工的工程经验，常规地铁工程基坑围护结构选用原则如下：

（1）对于 10 m 以下基坑（出入口、风道结构）：在场地条件允许时，优先考虑最经济的放坡开挖；不具备相应场地情况下，采用重力式挡土墙、土钉、SMW 工法桩等支护形式。

（2）对于 10 m ~ 15 m 基坑（单层站）：可选用 SMW 工法桩、钻孔咬合桩、钻孔灌注桩、人工挖孔桩、地下连续墙。

（3）对于 15 m ~ 18 m 基坑（双层站）：可选用人工挖孔桩、钻孔灌注桩、地下连续墙。

3. 围护结构类型比选项目

围护结构类型比选项目包括站点周边环境对基坑安全重要等级的要求、地层适用性（尤其要结合设计站点具体的地质条件来选择适用的围护结构类型）、围护结构效果、与主体结构的结合情况、施工机具要求、施工速度、施工工艺及难度等、经济指标、环保指标和施工工期（列表对比），以综合达到“安全、经济、方便施工”的目的。

4.3 围护结构设计计算原理及方法

4.3.1 基坑支护结构计算理论

深基坑支护结构体系的设计计算方法主要是朗肯经典土压力法（简称经典法）和弹性地基梁法（简称弹性法，也称弹性支点法）。经典法主要基于传统的极限平衡状态理论，在不考虑围护结构与土的共同作用的情况下，用经典的土力学理论计算主动和被动土压力[12]，然后求解嵌固深度、最大弯矩截面位置及最大弯矩值，最后进行支护结构设计。弹性法则是基于支护结构与其周围土体的变形协调一致的实际情况，将支护结构视作支承在一系列弹性支座上的梁来求解支护桩的变形与弹抗力，然后求解最大弯矩值及最大弯矩截面位置，再进行支护结构设计[13]。

1. 支护结构计算方法对比分析

以上两种方法的主要区别如下（对比如表 4.3.1 所示）[13]：

（1）经典法：其中比较有代表性的是等值梁法，将内撑和锚杆处假定为不动的连杆支座（即不动的铰支座），计算出桩（墙）两侧的土压力（主动土压力及被动土压力）、水压力及其分布后，按静力平衡法计算支护构件各点的内力。

（2）弹性法：将作用于桩墙上的支锚点简化为弹簧，将基坑开挖面以下被动侧土体简化成水平向的弹簧，将主动侧（全桩、全墙）的土压力施加到桩墙之上，利用有限元或其他的数值解，即可得到其内力及位移。

表 4.3.1　基坑支护结构计算方法对比

计算方法	支锚点	被动区的土	桩身刚度	内力计算方法
经典法	简化为支点	被动土压力	不考虑	等值梁法
弹性法	弹簧	弹簧	考虑	有限元方程　（$[K_z]+[K_t]$）$\{W\}=\{F\}$

两种方法不存在绝对对错和优劣问题。由于经典法的诸多假定，如锚杆处假设成支座、被动土压力定值、不考虑变形等，使得弹性法看起来更接近真实的受力，但如果没有经验，支锚刚度、土的 m 值（决定土弹簧的刚度）等取得不合适，计算出的内力就会有差异。这两种方法的具体计算过程、结果差异、适用性等，可参见文献[13，14]及其他相关文献。

另外一种基坑支护结构体系计算方法为有限元法（地层-结构模型），这种方法把墙、土都划分为单元，土体可以采用相应的本构模型，既可以采用平面有限元，也可以采用空间有限元。该方法在理论上较为完善，但由于本构模型参数不易确定，有限元程序较为复杂，使得计算工作量较大，因此该方法在工程实践中尚未得到普遍应用[14]。

从总的情况来看，目前支护结构受力计算普遍应用弹性地基梁的数值方法，与经典方法和有限元法相比，其计算简便，结果更为理想。在《建筑基坑支护技术规程》中推荐使用平面杆系结构弹性支点法（弹性法）进行计算分析，计算图示如图 4.3.1 所示[11]。

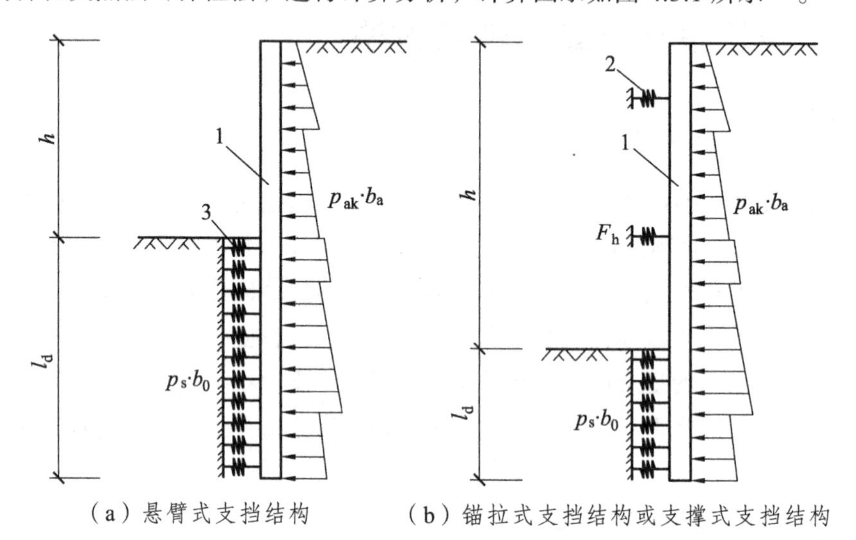

（a）悬臂式支挡结构　　（b）锚拉式支挡结构或支撑式支挡结构

图 4.3.1　弹性支点法计算

1—挡土构件；2—由锚杆或支撑简化而成的弹性支座；3—计算土反力的弹性支座

2. 弹性法分类及原理

弹性法又分为 *K* 法、*m* 法和 *c* 法，这三种方法对弹性抗力系数采用了不同的假定，**弹性抗力系数是定值（*K* 法）、随着深度线性变化（*m* 法）还是随深度非线性变化（*c* 法）**，应依据基坑所处位置的土层情况来定。支护结构在水平荷载作用下，其水平位移（x）越大，所受土层的侧压力（σ_x）（即土的弹性抗力）也越大，侧压力的大小可用如下公式表达：

$$\sigma_x = Cx \tag{4.3.1}$$

式中，C 为土的**水平基床系数**（kN/m^3），是反映地基土“弹性”的一个指标，表示单位面积土在弹性限度内产生单位变形时所需施加的力，其大小与地基土的类别、物理力学性质有关，也随深度而变化。目前采用的基床系数分布规律的几种不同图示（K 法、m 法和 c 法）如图4.3.2所示。

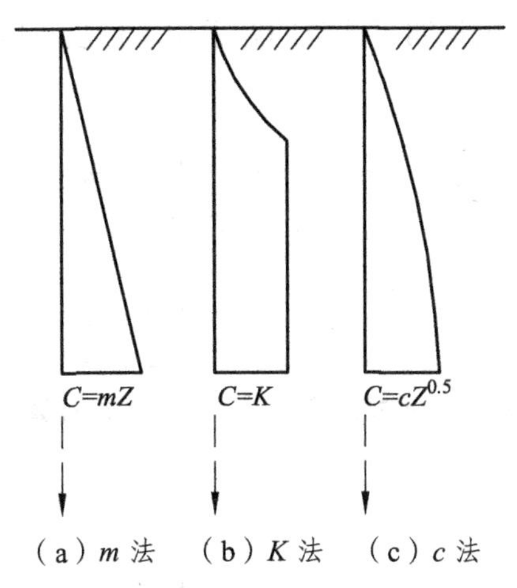

图 4.3.2　弹性法基床系数分布规律图示

在《建筑基坑支护技术规程》中，采用的是 m 法，其中**土的水平反力系数的比例系数（m）宜按桩的水平荷载试验及地区经验取值**，缺少试验和经验时，可按经验公式（4.3.2）计算[11]。对于有经验的地区，可直接采用 m 值（**附录 B 收录了部分规范中的 m 经验值**）；对于无经验地区，m 值可采用以上建议公式计算，但当水平位移大于 10 mm 时，不能严格按以上公式计算，应进行适当修正，否则计算的基坑底面处水平位移会增大，计算的 m 值会更小，导致水平位移更大。m 值更小，结果不一定收敛。

$$m = \frac{0.2\varphi^2 - \varphi + c}{v_b} \tag{4.3.2}$$

式中　m——土的反力系数的比例系数（MN/m^4）；

c、φ——土的黏聚力（kPa）、内摩擦角（°），按《建筑基坑支护技术规程》3.1.14 条规定确定[11]，对多层土按不同土层分别取值；

v_b——挡土构件在坑底处的水平位移量（mm），当此处的水平位移不大于 10 mm 时，可取 v_b =10 mm。

4.3.2　基坑支护结构受力分析方法

支护结构在基坑开挖和回填过程中，荷载、支承条件、结构形式和构件组成等不断发生变化，因此，在分阶段计算其内力时需要考虑各施工阶段之间受力的继承性。基本方法有两个，即**总量法（总和法）和增量法（叠加法）**。总量法可直接求得当前施工阶段完成后体系的实际内力及位移；在用增量法计算时，外荷载和所求得的体系内力及位移都是相对于前一个施工阶段完成后的增量[15]。

1. 总量法和增量法基本原理

基坑多支撑支护体系受力的最大特点在于：支撑是在墙体已产生一定变形之后才起作用的，基坑开挖的过程就是一个不断重复墙体受力后变形—施加支撑—墙体受力后再变形的过程。图 4.3.3、图 4.3.4 从概念上说明了此类问题采用总量法和增量法计算的原理[16]。

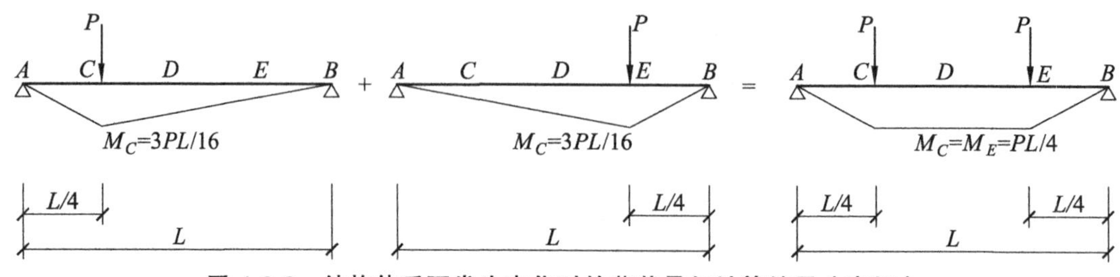

图 4.3.3 结构体系不发生变化时的荷载叠加计算结果（弯矩）

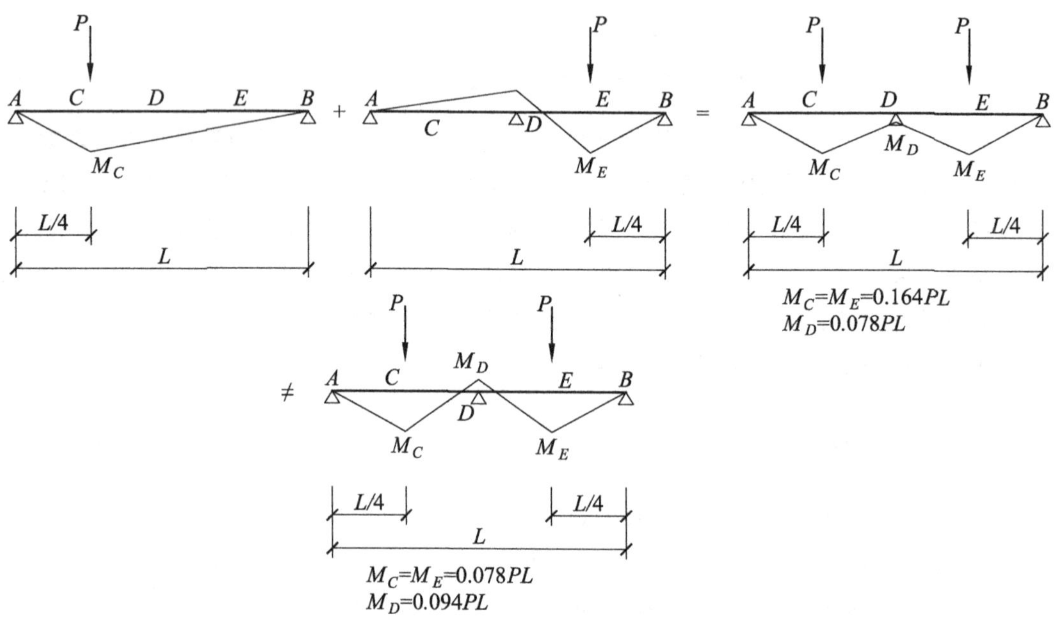

图 4.3.4 结构体系发生变化时的荷载叠加计算结果（弯矩）

图 4.3.3 表示跨度为 L 的简支梁，先后在梁上作用集中力而产生的弯矩图。图 4.3.4 表示在跨度为 L 的简支梁上，先加上一个集中力 P，待梁变形稳定后，再在其中部加上一个支座，将单跨简支梁变成双跨连续梁，然后在梁的另一跨加上集中力 P。由于上一阶段 P 对梁的作用已经完成，故这一阶段只计算在后加 P 的作用下在双跨连续梁上产生的内力。最终内力为两阶段的叠加，与双跨连续梁在两个集中力同时作用下的内力图，其分布及数值是完全不一样的。

从上述两例可以得出如下结论[16]：

（1）若结构体系不发生变化，则结构内力和变位与荷载施加的次序无关。结构计算符合叠加原则，故按荷载分布施加和荷载一次施加计算结果完全一致。

（2）结构体系和荷载均发生变化时，按荷载分布作用进行叠加与按最终情况的荷载总量进行计算，其结果完全不一样。因此，当结构体系和荷载均发生变化时，必须按荷载增量分阶段进行结构分析，才能正确反映实际情况。

2. 围护结构计算分析基本图示

根据以上对多支撑挡墙受力特点的分析可以看出，地铁车站基坑的施工过程（尤其是主体结构浇筑阶段），即是结构体系和荷载不断发生变化的过程。上述特点决定了结构体系中某些关键部位受力的最不利情况，往往不是在结构完成后的使用阶段。所以传统的不考虑施工过程影响、结构完成后一次加载的计算模式，或虽考虑施工阶段和荷载变化的影响，却忽略结构受力连续性的分析方法，都不能反映结构的实际受力情况，按此进行的设计也不一定安全[6]。因此，基坑设计中，宜根据基坑的实际支护体系，选择符合工程实际情况的计算方法。根据“总和法”和“增量法”的原理，可将地下车站围护结构计算分析的“总和法”和“增量法”基本计算图示列出如图 4.3.5、图 4.3.6 所示。

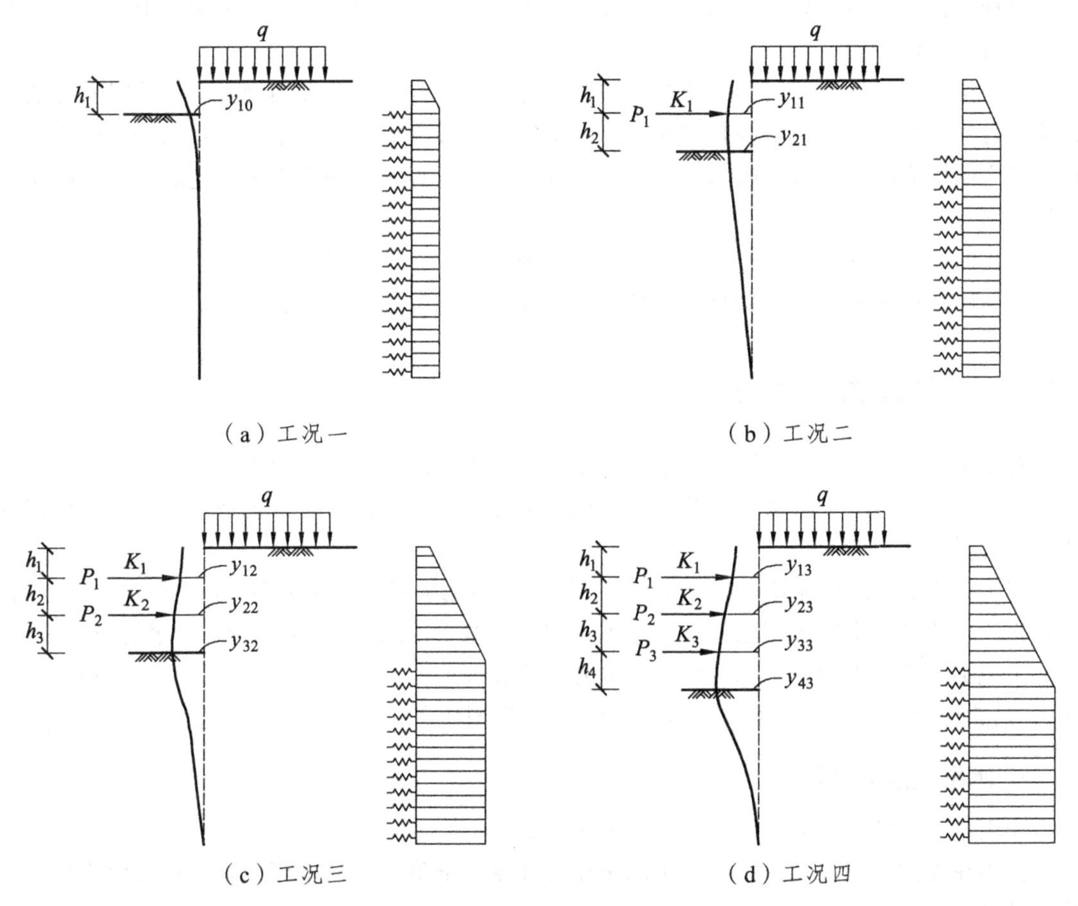

图 4.3.5 总量法计算图示

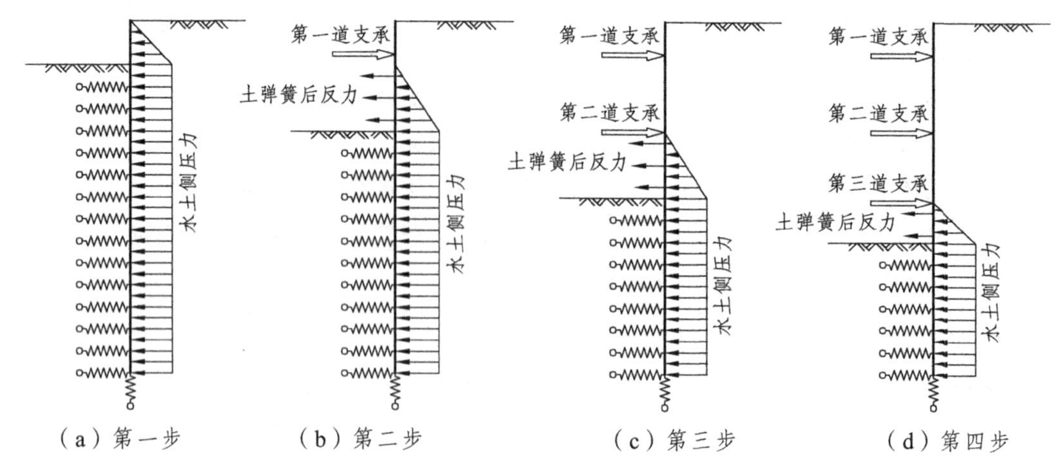

图 4.3.6　增量法计算图示

（1）总和法：其典型实例是围护结构仅作为临时结构，即明挖基坑在开挖和加撑阶段对围护墙的受力分析[6]。此时，水平构件（支撑、锚杆、主体结构的各层板）被模拟为仅有拉压刚度的弹簧；已知外荷载是各施工阶段实际作用在结构上的土压力或其他荷载，在支撑处应计入设置支撑前该点墙体已产生的水平位移，由此可直接求得当前施工阶段完成后结构的实际位移及内力。每步算出的内力、位移均为当前结构的内力、位移，无须与上、下步工况叠加，与增量法不同。

（2）增量法：其典型实例是逆筑法结构、叠（复）合结构。采用增量法计算时，外荷载和所求得的结构位移及内力都是相对于前一个施工阶段完成后的增量，本步的增量内力、位移需与之前所有阶段的增量内力、位移进行叠加后方可得到当前施工阶段完成后结构的实际位移及内力[6]。

上述两种方法在地铁设计中适用于不同的施工工法、结构形式：叠合墙车站、复合墙车站、单一墙车站采用增量法计算；放坡开挖、临时结构按总量法计算。

4.3.3　地层压力计算方法

对于明挖的地铁车站和区间隧道，可按下述通用方法计算土压力[6]：

（1）竖向压力：一般按计算截面以上全部土柱重量考虑，并应考虑地面及邻近的任何其他荷载对竖向压力的影响。

（2）水平压力：根据结构受力过程中墙体位移与地层间的相互关系，分别按主动土压力、静止土压力或被动土压力理论计算（考虑不同的阶段），在黏性土中应考虑黏聚力影响。

土力学教科书中阐述了相关水、土压力的计算理论[12]，此处结合《建筑基坑支护技术规程》，简要说明几种主要的水、土压力的计算公式及图示[11]。

1. 水平土压力计算

作用在支护结构上的土压力应按下列规定确定：

作用在支护结构外侧、内侧的主动土压力强度标准值、被动土压力强度标准值宜按下列公式计算（图 4.3.7）。

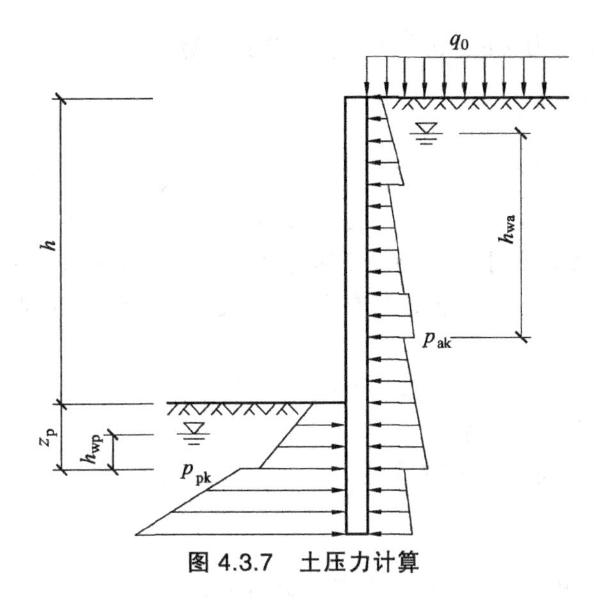

图 4.3.7　土压力计算

（1）对于地下水位以上或水土合算的土层：

$$p_{ak}=\sigma_{ak}K_{a,i}-2c\sqrt{K_{a,i}} \quad (4.3.3\text{-}1)$$

$$K_{a,i}=\tan^2\left(45°-\frac{\varphi_i}{2}\right) \quad (4.3.3\text{-}2)$$

$$p_{pk}=\sigma_{pk}K_{p,i}+2c\sqrt{K_{p,i}} \quad (4.3.3\text{-}3)$$

$$K_{p,i}=\tan^2\left(45°+\frac{\varphi_i}{2}\right) \quad (4.3.3\text{-}4)$$

式中　p_{ak}——支护结构外侧，第 i 层土中计算点的主动土压力强度标准值（kPa），当 $p_{ak}<0$ 时，应取 $p_{ak}=0$；

σ_{ak}、σ_{pk}——为支护结构外侧、内侧计算点的土中竖向应力标准值（kPa），按式（4.3.6）计算；

$K_{a,i}$、$K_{p,i}$——第 i 层土的主动土压力系数、被动土压力系数；

c_i、φ_i——第 i 层土的黏聚力（kPa）、内摩擦角（°），按《建筑基坑支护技术规程》3.1.14 条规定确定（水、土分算、合算时土的相应抗剪强度指标）；

p_{pk}——支护结构内侧，第 i 层土中计算点的被动土压力强度标准值（kPa）。

（2）对水土分算的土层：

$$p_{ak}=(\sigma_{ak}-u_a)K_{a,i}-2c\sqrt{K_{a,i}}+u_a \quad (4.3.4\text{-}1)$$

$$p_{pk}=(\sigma_{pk}-u_p)K_{p,i}+2c\sqrt{K_{p,i}}+u_p \quad (4.3.4\text{-}2)$$

式中　u_a、u_p——支护结构外侧、内侧计算点的水压力，按式（4.3.5）计算。

2. 静止水压力计算

作用在地下结构上的水压力，原则上应采用孔隙水压力，但孔隙水压力的确定比较困难，从实用和偏于安全考虑，设计水压力一般都按静水压力计算[6]。

对静止地下水，水压力（u_a、u_p）可按下列公式计算：

$$u_a = \gamma_w h_{wa} \quad (4.3.5\text{-}1)$$

$$u_p = \gamma_w h_{wp} \quad (4.3.5\text{-}2)$$

式中 γ_w——地下水的重度（kN/m^3），取 $\gamma_w = 10\ kN/m^3$。

h_{wa}——基坑外侧地下水位至主动土压力强度计算点的垂直距离（m），对承压水，地下水位取测压管水位；当有多个含水层时，应以计算点所在含水层的地下水位为准。

h_{wp}——基坑内侧地下水位至被动土压力强度计算点的垂直距离（m），对承压水，地下水位取测压管水位。

当采用悬挂式截水帷幕时，应考虑地下水沿支护结构向基坑面的渗流对水压力的影响。

3. 竖向土压力计算

土中竖向应力标准值（σ_{ak}、σ_{pk}）应按下式计算：

$$\sigma_{ak} = \sigma_{ac} + \sum \Delta\sigma_{k,j} \quad (4.3.6\text{-}1)$$

$$\sigma_{pk} = \sigma_{pc} \quad (4.3.6\text{-}2)$$

式中 σ_{ac}——支护结构外侧计算点，由土的自重产生的竖向总应力（kPa）；

σ_{pc}——支护结构内侧计算点，由土的自重产生的竖向总应力（kPa）；

$\Delta\sigma_{k,j}$——支护结构外侧第 j 个附加荷载作用下计算点的土中附加竖向应力标准值（kPa），应根据附加荷载类型，按《建筑基坑支护技术规程》第 3.4.6～3.4.8 条计算。

当支护结构外侧作用附加荷载为均布荷载时（地面堆载一般计算取值为 20 kPa），土中附加竖向应力标准值应按下式计算（图 4.3.8）：

$$\sigma_{k,j} = q_0 \quad (4.3.7)$$

式中 q_0——均布附加荷载标准值（kPa）。

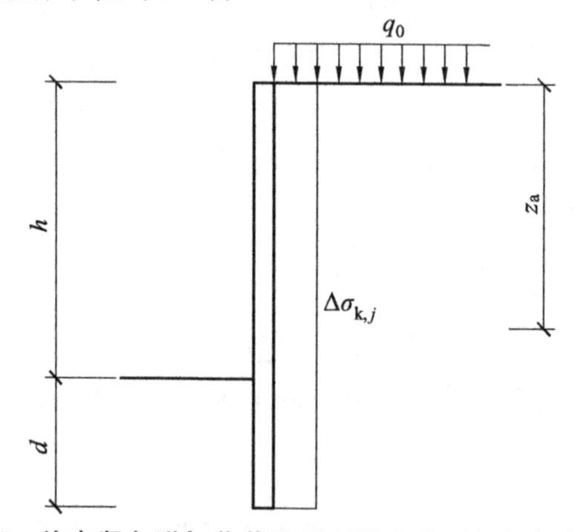

图 4.3.8 均布竖向附加荷载作用下的土中附加竖向应力计算

4. 水土分、合算

计算土层的侧压力时，一般有两种方法，一种是将土压力与水压力分开计算；另一种是将水压力作为土压力的一部分进行计算，即所谓水土合算。两种方法的适用条件如下[6]：

（1）**在使用阶段无论砂性土或黏性土，都应根据正常的地下水位按全水头和水土分算的原则确定**，并应考虑地下水位在使用期的变化可能的不利组合。

（2）**施工阶段**可根据围岩情况，区别对待：① 置于**渗透系数较小的黏性土地层**中的隧道，在进行抗浮稳定性分析时，可结合当地工程经验，对浮力作适当折减或把地下结构底板以下的黏性土层作为压重考虑；并**可按水土合算的原则确定作用在地下结构上的侧向水压力**。② 置于**砂性土地层中**的隧道，应按全水头确定作用在地下结构上的浮力，**按水土分算的原则确定作用在地下结构上的侧向水土压力**。

在计算基坑侧壁水、土压力时，应根据《建筑基坑支护技术规程》中的相关规定，合理确定土、水压力的分、合算方法及相应的土的抗剪强度指标[11]：

（1）对地下水位以上的各类土，土压力计算、土的滑动稳定性验算时，对黏性土、黏质黏土，土的抗剪强度指标应采用三轴固结不排水抗剪强度指标 c_{cu}、φ_{cu}或直剪固结快剪强度指标 c_{cq}、φ_{cq}；对砂质粉土、砂土、碎石土，土的抗剪强度指标应采用有效应力强度指标 c'、φ'。

（2）对地下水位以下的黏性土、黏质粉土，可采用土压力、水压力合算方法，土压力计算、土的滑动稳定性验算可采用总应力法。此时，对正常固结和超固结土，土的抗剪强度指标应采用三轴固结不排水抗剪强度指标 c_{cu}、φ_{cu}或直剪固结快剪强度指标 c_{cq}、φ_{cq}；对欠固结土，宜采用有效自重压力下预固结的三轴不固结不排水抗剪强度指标 c_{uu}、φ_{uu}。

（3）对地下水位以下的砂质粉土、砂土和碎石土，应采用土压力、水压力分算方法，土压力计算、土的滑动稳定性验算应采用有效应力法。此时，土的抗剪强度指标应采用有效应力强度指标 c'、φ'，对砂质粉土，缺少有效应力强度指标时，也可采用三轴固结不排水抗剪强度指标 c_{cu}、φ_{cu}或直剪固结快剪强度指标 c_{cq}、φ_{cq}代替；对砂土和碎石土，有效应力强度指标φ'可根据标准贯入试验实测击数和水下休止角等物理力学指标取值。土压力、水压力采用分算方法时，水压力可按静水压力计算；当地下水渗流时，宜按渗流理论计算水压力和土的竖向有效应力；当存在多个含水层时，应分别计算各含水层的水压力。

（4）有可靠的地方经验时，土的抗剪强度指标尚可根据室内、原位试验得到的其他物理力学指标，按经验方法确定。

4.3.4 支护结构（极限状态）设计方法

目前，工程设计均已逐渐按照极限状态方法进行设计，相关的设计规范也在不断更新（如文献[17，18]），因此，在进行支护结构的设计时也应正确理解、运用极限状态法的原则和方法。但由于围护结构设计目前多已采用专业软件进行，具体计算过程由软件按照相关规范的要求完成，因此，此处仅对支护结构极限状态设计法的相关原理及计算公式进行简要说明。具体的支护结构设计规定及计算公式，请参见相关规范。

1. 支护结构设计计算内容

根据《建筑地基基础设计规范》(GB 50007)的规定[19]，**基坑支护结构设计应从稳定、强度和变形等三个方面满足设计要求**。

(1)稳定：基坑周围土体的稳定性，即不发生土体的滑动破坏，因渗流造成流砂、流土、管涌以及支护结构、支撑体系的失稳。

(2)强度：支护结构，包括支撑体系或锚杆结构的强度应满足构件强度和稳定设计的要求。

(3)变形：因基坑开挖造成的地层移动及地下水位变化引起的地面变形，不得超过基坑周围建筑物、地下设施的变形允许值，不得影响基坑工程基桩的安全或地下结构的施工。

基坑工程设计应包括下列内容[19]：

(1)支护结构体系的方案和技术经济比较。

(2)基坑支护体系的稳定性验算。

(3)支护结构的强度、稳定和变形计算。

(4)地下水控制设计。

(5)对周边环境影响的控制设计。

(6)基坑土方开挖方案。

(7)基坑工程的监测要求。

在毕业设计中，主要针对以上内容中的第(2)、(3)、(4)、(5)项，基于支护结构极限状态设计法结合设计软件进行具体的计算工作。

2. 支护结构极限状态分类及适用条件

支护结构设计时主要考虑**承载能力极限状态和正常使用极限状态**两种条件，其各自的适用条件如下[11]：

1)承载能力极限状态

(1)支护结构构件或连接因超过材料强度而破坏，或因过度变形而不适于继续承受荷载，或出现压屈、局部失稳。

(2)支护结构及土体整体滑动。

(3)坑底土体隆起而丧失稳定。

(4)对支挡式结构，坑底土体丧失嵌固能力而使支护结构推移或倾覆。

(5)对锚拉式支挡结构或土钉墙，土体丧失对锚杆或土钉的锚固能力。

(6)重力式水泥土墙整体倾覆或滑移。

(7)重力式水泥土墙、支挡式结构因其持力土层丧失承载能力而破坏。

(8)地下水渗流引起的土体渗透破坏。

2)正常使用极限状态

(1)造成基坑周边建(构)筑物、地下管线、道路等损坏或影响其正常使用的支护结构位移。

(2)因地下水位下降、地下水渗流或施工因素而造成基坑周边建(构)筑物、地下管线、道路等损坏或影响其正常使用的土体变形。

（3）影响主体地下结构正常施工的支护结构位移。

（4）影响主体地下结构正常施工的地下水渗流。

3. **支护结构计算和验算公式**

支护结构、基坑周边建筑物和地面沉降、地下水控制的计算和验算应采用下列设计表达式[11]：

1）承载能力极限状态

（1）支护结构构件或连接因超过材料强度或过度变形的承载能力极限状态设计，应符合下式要求：

$$\gamma_0 S_d \leqslant R_d \tag{4.3.8}$$

式中 γ_0——支护结构重要性系数（**对安全等级为一级、二级、三级的支护结构，其结构重要性系数γ_0分别不应小于** 1.1、1.0、0.9）；

S_d——作用基本组合的效应（轴力、弯矩等）设计值；

R_d——结构构件的抗力设计值。

对临时性支护结构，作用基本组合的效应设计值应按下式确定：

$$S_d = \gamma_F S_k \tag{4.3.9}$$

式中 γ_F——作用基本组合的综合分项系数，按承载能力极限状态设计时不应小于 1.25；

S_k——作用标准组合的效应。

（2）坑体滑动、坑底隆起、挡土构件嵌固段推移、锚杆与土钉拔动、支护结构倾覆与滑移、基坑土的渗透变形等稳定性计算和验算，均应符合下式要求：

$$\frac{R_k}{S_k} \geqslant K \tag{4.3.10}$$

式中 R_k——抗滑力、抗滑力矩、抗倾覆力矩、锚杆和土钉的极限抗拔承载力等土的抗力标准值；

S_k——滑动力、滑动力矩、倾覆力矩、锚杆和土钉的拉力等作用标准值的效应；

K——稳定性安全系数（注：**不同的支护结构、不同的稳定性验算项目，K 值可能存在一定差别**）。

2）正常使用极限状态

由支护结构的位移、基坑周边建筑物和地面的沉降等控制的正常使用极限状态设计，应符合下式要求：

$$S_d \leqslant C \tag{4.3.11}$$

式中 S_d——作用标准组合的效应（位移、沉降等）设计值；

C——支护结构的位移、基坑周边建筑物和地面的沉降的限值。

3）支护结构内力设计值

支护结构重要性系数与作用基本组合的效应设计值的乘积（$\gamma_0 S_d$）可采用下列**内力设计值（内力标准值再乘以两个系数）**表示[11]：

弯矩设计值 M：

$$M = \gamma_0 \gamma_F M_k \tag{4.3.12-1}$$

剪力设计值 V：

$$V = \gamma_0 \gamma_F V_k \tag{4.3.12-2}$$

轴向力设计值 N：

$$N = \gamma_0 \gamma_F N_k \tag{4.3.12-3}$$

式中 M_k——按作用标准组合计算的弯矩值（kN·m）；

V_k——按作用标准组合计算的剪力值（kN）；

N_k——按作用标准组合计算的轴向拉力或轴向压力值（kN）。

4.3.5 基坑稳定性验算

基坑稳定性验算是指分析基坑周围土体或土体与围护体系一起保持稳定性的能力，是基坑工程设计的最基本要求。基坑因土体的强度不足、地下水渗流作用而造成基坑失稳，包括：支护结构倾覆失稳；基坑内外侧土体整体滑动失稳；基坑底土因承载力不足而隆起；地层因地下水渗流作用引起流土、管涌以及承压水突涌等导致基坑工程破坏。《建筑地基基础设计规范》（GB 50007）将**基坑稳定性归纳为：支护桩、墙的倾覆稳定；基坑底土隆起稳定；基坑边坡整体稳定；坑底土渗流、突涌稳定等 4 个方面**，基坑设计时必须满足上述 4 方面的验算要求[19]。

依据《地铁设计规范》（GB 50157），地铁基坑工程应进行抗滑移和倾覆的整体稳定性、基坑底部土体抗隆起和抗渗流稳定性以及抗坑底以下承压水的稳定性检算，基坑工程稳定性检算的内容应根据围护结构的类型、场区工程地质和水文地质条件确定，见表 4.3.2[6]。

表 4.3.2 基坑工程稳定性检算内容

支护类型	整体失稳	抗滑移	抗倾覆	内部失稳	抗隆起（一）	抗隆起（二）	抗管涌或渗流	抗承压水突涌
放　坡	△	—	—	—	—	—	—	○
土钉支护	△	△	△	△	—	—	—	○
重力式围护结构	△	△	△	—	△	—	△	○
桩、墙式围护结构	○	—	△	—	△	△	△	○

注：1. △——应检算，○——必要时检算；

2. 抗隆起（一）为围护墙以下土体上涌；

3. 抗隆起（二）为坑底土体上涌。

由于支护结构种类较多且各种支护结构的稳定性验算项目及计算公式、安全性系数均有一定差别，因此，此处仅将《建筑基坑支护技术规程》中对各种支护结构不同验算模式下的安全系数取值汇总如表 4.3.3 所示[11]，具体的验算图示、计算公式请查阅相关文献（如文献[11，19]）。

表 4.3.3　基坑稳定性不同验算模式安全系数汇总

验算模式	安全系数	安全等级		
		一级	二级	三级
悬臂式结构、单层锚杆和单层支撑支挡、双排桩结构嵌固稳定性	K_e	1.25	1.20	1.15
锚拉式、悬臂式支挡结构和双排桩整体稳定性	K_s	1.35	1.30	1.25
支挡式结构抗隆起稳定性	K_b	1.8	1.6	1.4
最下层支点为轴心的圆弧滑动稳定性（小圆弧滑动验算）	K_r	2.2	1.9	1.7
土钉墙整体稳定性	K_s		1.3	1.25
土钉墙抗坑底隆起稳定性	K_b		1.6	1.4
重力式水泥土墙抗滑移稳定性	K_{sl}	1.2		
重力式水泥土墙抗倾覆稳定性	K_{ov}	1.3		
重力式水泥土墙圆弧滑动稳定性	K_s	1.3		
抗突涌稳定性	K_h	1.1		
抗流土稳定性	K_f	1.6	1.5	1.4

5 地铁车站围护结构设计要求及软件操作

为提高毕业设计工作效率且与实际设计工作接轨，在围护结构设计计算部分可采用数值计算软件完成（如理正深基坑、同济启明星等）。但需要明确的是：**无论采用何种软件进行设计工作，对相关基本理论的学习和理解是重要基础，**因此应在全面阅读和理解围护结构设计的基础理论内容以后，再转入软件的学习和操作。本章以介绍支护结构设计软件的操作过程为主线，对支护结构的主要设计要求及构造形式进行了系统的说明，以便学生能更为全面地掌握围护结构的设计理论和方法。

5.1 基坑围护结构设计内容与流程

基坑围护结构种类很多，其设计程序和方法也各不相同，例如盖挖逆作法中的围护结构就必须结合主体结构一并研究。本章主要以地铁车站基坑中常见的地下连续墙、钻孔灌注桩为例进行相关的介绍。

1. 要求设计内容

依据相关规范的要求，桩、墙式支护结构的设计应包括下列内容[19]：

（1）确定桩、墙的入土深度。

（2）支护结构的内力和变形计算。

（3）支护结构的构件和节点设计。

（4）基坑变形计算，必要时提出对环境保护的工程技术措施。

（5）支护桩、墙作为主体结构的一部分时，尚应计算在建筑物荷载作用下的内力及变形。

（6）基坑工程的监测要求。

在毕业设计中，该阶段主要完成上述内容中的第（1）、（2）、（5）项内容（基于平面计算），主要考虑在施工阶段各工况下（**包括开挖与回筑**）围护结构的受力、变形和稳定性分析计算结果，并对围护结构进行配筋计算。

2. 设计工作流程

桩、墙围护结构设计的总体工作流程如图 5.1.1 所示[5]。

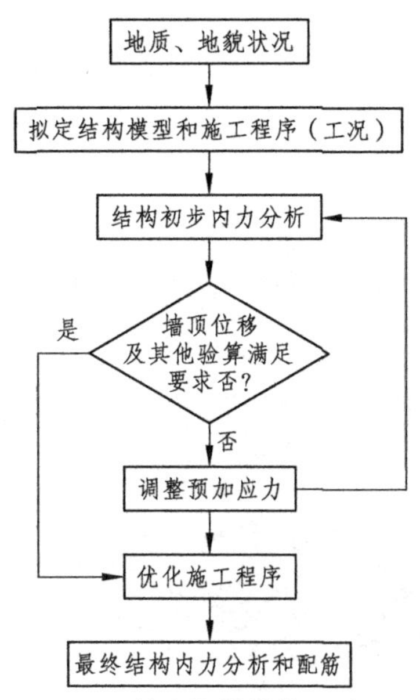

图 5.1.1　挡土围护结构设计流程

首先，必须了解现场的工程地质和水文地质条件、地貌状况，从而决定结构设计中应采取的结构构造；其次，再根据围护结构的使用要求，制定结构内力分析模型和施工顺序，即决定结构截面尺寸，结构各构件之间的连接方式，基坑开挖程序，横撑或锚杆间距、刚度、预加应力大小，横撑或锚杆架设和主体结构浇注时拆除横撑的顺序（工况拟定）；第三，进行结构内力分析；第四，根据墙顶位移值和其他验算结果调整预加应力或横撑位置，再进行结构内力分析，直到墙顶位移值及其他验算满足要求为止；最后，优化施工程序，并进行最终的结构内力分析和配筋设计[5]。

需要注意的是，支挡结构的设计是一个反复试算的过程，第一次试算时初步拟定横撑的位置，并且不施加预加力进行试算，第二次根据横撑轴力计算结果的 50%～80%作为预加力再进行计算，之后还可能要根据验算结果调整横撑的位置再重复计算，直到验算满足要求及横撑的位置、道数达到优化为止。

3. 软件计算操作步骤

结合毕业设计中围护结构设计的相关内容，本章以理正深基坑 7.0（图 5.1.2）为基础讲解围护结构设计**单元（平面）计算**过程的主要步骤及参数设置（详细操作说明可查阅该软件的帮助手册），学生也可自行选择其他软件完成此项内容的设计。理正深基坑的操作步骤主要分成“数据录入”“计算”“结果查询”，如图 5.1.3 所示。

图 5.1.2　理正深基坑 7.0 主界面

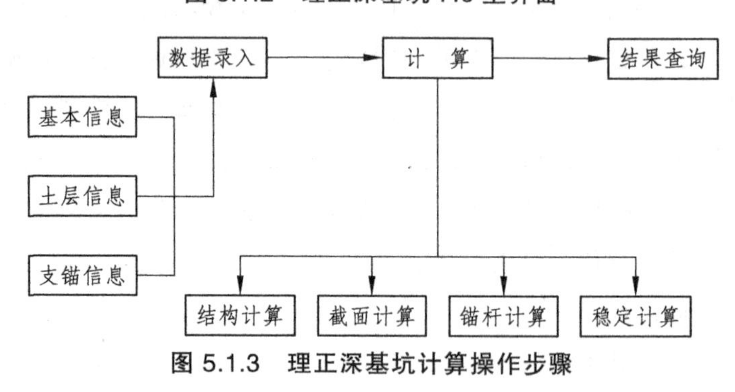

图 5.1.3　理正深基坑计算操作步骤

5.2　计算数据录入和参数设置

在设置好软件的工作目录路径和工程名称后，即进入基本信息及参数的录入界面，开始进行参数的录入工作。

5.2.1　基本信息

结合基坑设计的一些经验及相关规范的要求，对支护结构的尺寸及材料参数拟定中的相关数据进行说明。以地下连续墙为例，进入该计算实例的“基本信息”录入界面（图 5.2.1），可以对支护结构设计参数进行设置。

排桩 连续墙 水泥土 土钉 放坡 双排桩

基本信息 土层信息 支锚信息

规范与规程	《建筑基坑支护技术规程》 JGJ 120-2012
内力计算方法	增量法
支护结构安全等级	一级
支护结构重要性系数 γ_0	1.10
基坑深度H(m)	16.000
嵌固深度(m)	5.500
墙顶标高(m)	0.000
连续墙类型	钢筋混凝土墙
├墙厚(m)	0.800
└混凝土强度等级	C30
有无冠梁	有
├冠梁宽度(m)	1.000
├冠梁高度(m)	0.800
└水平侧向刚度(MN/m)	89.600
放坡级数	0
超载个数	1
支护结构上的水平集中力	0

坡号	台宽(m)	坡高(m)	坡度系数

超载序号	类型	超载值(kPa, kN/m)	作用深度(m)	作用宽度(m)	距坑边距(m)	形式	长度(m)
1	↓↓↓↓	20.000	---	---	---	---	---

图 5.2.1　支护结构“基本信息”录入界面

1. 基础设计参数

（1）理正深基坑 7.0 默认采用的规范为《建筑基坑支护技术规程》（JGJ 120—2012），采用该规范的公式及要求进行围护结构的设计。

（2）基坑的内力计算方法宜选用“增量法”，尤其是当考虑车站主体结构回筑的施工工序时，支护结构的荷载、结构体系都将发生变化，增量法的计算结果更贴近工程实际。

（3）由基坑的安全等级确定（分为一级、二级、三级这三种）对应的安全等级，输入相应的基坑侧壁重要性系数（1.1、1.0、0.9）。

（4）基坑的开挖深度以建筑设计时所确定的相关数据计算而得，如车站埋深、车站外包尺寸（高度），**外加底板底部 150 mm ~ 200 mm 的素混凝土垫层高度**，这几个尺寸之和就是基坑的开挖深度。

（5）墙（桩）顶标高可设于地面以下 2 m 左右（顶部施作混凝土冠梁之前需要破碎地下连续墙或钻孔桩顶的劣质混凝土并考虑第一道横撑的竖向支撑高度），因此自地面以下 2 m 左右的土体范围可视地形采用放坡（放坡级数宜为 1 级）或者其他形式的支护措施稳定土体。

（6）地面超载一般取值为 20 kPa，当支护结构外侧地面荷载的作用面积较大时，可按均布荷载考虑，但理正深基坑的超载选项中也有几种超载类型，可以对不同的施工超载、地面荷载及建筑物荷载进行模拟。

2. 嵌固深度

嵌固深度由基坑的嵌固稳定性验算、抗隆起验算、防管涌稳定性验算来确定，理正深基坑可进行迭代计算以选取满足验算要求的嵌固深度，但一般情况下应基于工程经验初步设定嵌固深度：悬臂式结构尚不宜小于 0.8 H（H 为基坑开挖深度）；对单支点支挡式结构，尚不宜小于 0.3 H；对多支点支挡式结构，尚不宜小于 0.2 H[11]。一般情况下，地下连续墙的嵌固深度为 0.5 H ~ 0.8 H[5]。

另外，根据工程经验，嵌固深度也应根据支护结构的嵌固地层条件进行考虑，例如当嵌固深度范围为全/强风化岩时，嵌固深度≥5 m；中风化岩层时，嵌固深度≥3 m；微风化岩层时，嵌固深度≥2 m。若基坑底为砂层及卵石层、侧向截水的围护结构底部未穿越强透水层时，嵌固深度除满足《建筑基坑支护技术规程》要求外，还要对采用基坑外降水（对环境有一定影响）和增加围护结构插入深度的结果进行比较。计算过程中，还应根据地面沉降及侧向位移和基底隆起量等限制来调整嵌固深度进行反复试算。

3. 支护结构尺寸及材料

地下连续墙墙体厚度一般可选 600 mm、800 mm、1 000 mm、1 200 mm（跟成槽机的规格有关）[11]。根据设计经验，一般地层条件下，墙厚取 800 mm 可满足要求；地层较差的情况下，可取墙厚为 1000 mm，并增大配筋率、嵌固深度，提高混凝土强度等级，也能满足要求。地铁车站基坑地下连续墙的混凝土设计强度不得低于 C35[6]。

采用混凝土灌注桩时，对悬臂式排桩，支护桩的桩径宜大于或等于 600 mm；对锚拉式排桩或支撑式排桩，支护桩的桩径宜大于或等于 400 mm；排桩的中心距不宜大于桩直径的 2.0 倍[11]。常用的桩径尺寸为 600 mm、800 mm、1 000 mm。当灌注桩作为地下车站的永久结构使用时，混凝土强度不得低于 C35[6]。

4. 冠 梁

地下连续墙（或混凝土灌注桩）的混凝土冠梁宽度不宜小于墙厚（或桩径），高度不宜小于墙厚（或桩径）的 0.6 倍，地下连续墙（或混凝土灌注桩）的纵向受力钢筋伸入冠梁的长度宜取冠梁厚度[11]。

冠梁的水平侧向刚度可通过理正深基坑自带的冠梁刚度计算工具（图 5.2.2）得到，其估算公式如下（见理正深基坑软件帮助手册）：

$$K=\frac{3L\times EI}{a^2(L-a)^2} \tag{5.2.1}$$

式中 K ——冠梁刚度估算值（MN/m）；

a——桩、墙位置（m），一般取 L 长度的一半（最不利位置）；

L——冠梁长度（m），如有内支撑取内支撑间距，如无内支撑则取该边基坑边长；

EI——冠梁截面抗弯刚度（MN · m），其中 I 表示截面对 x 轴的惯性矩。

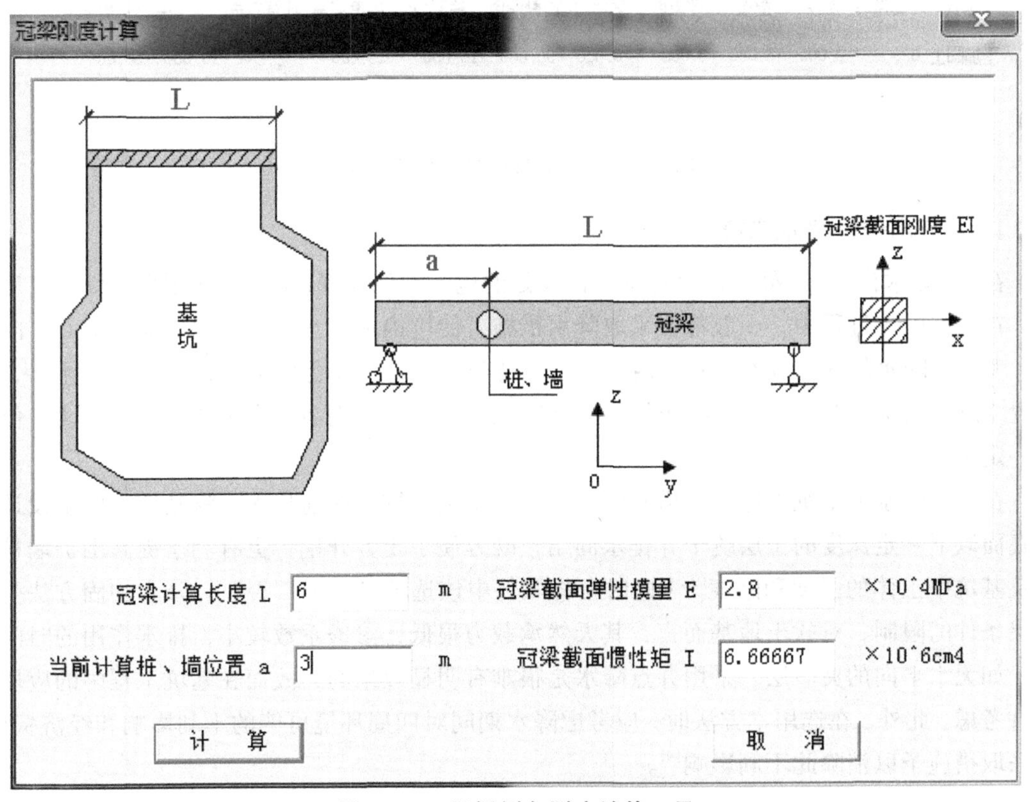

图 5.2.2 冠梁侧向刚度计算工具

5.2.2 土层信息

进入“土层信息”设置界面（图 5.2.3），可以对基坑的土层条件及参数、土压力计算方法、地下水位及施工中降水措施等内容进行设置。

排桩 连续墙 水泥土 土钉 放坡 双排桩

基本信息 土层信息 支锚信息

土层数	4	坑内加固土	是
内侧降水最终深度(m)	17.000	外侧水位深度(m)	2.000
内侧水位是否随开挖过程变化	是	内侧水位距开挖面距离(m)	1.000
弹性计算方法按土层指定	ㄨ	弹性法计算方法	m法
基坑外侧土压力计算方法	主动		

层号	土类名称	层厚(m)	重度(kN/m³)	浮重度(kN/m³)	粘聚力(kPa)	内摩擦角(度)	与锚固体摩擦阻力(kPa)	粘聚力水下(kPa)	内摩擦角水下(度)	水土	计算方法	m, c, K值
1	素填土	2.00	18.0	8.0	10.00	15.00	120.0	10.00	10.00	分算	m法	10.00
2	粘性土	5.00	18.0	8.0	10.00	15.00	120.0	10.00	10.00	合算	m法	10.00
3	淤泥质土	3.00	18.0	8.0	10.00	15.00	120.0	10.00	10.00	合算	m法	10.00
4	淤泥	20.00	18.0	8.0	10.00	15.00	120.0	10.00	10.00	合算	m法	10.00

土类名称	宽度(m)	层厚(m)	重度(kN/m3)	浮重度(kN/m3)	粘聚力(kPa)	内摩擦角(度)	粘聚力水下(kPa)	内摩擦角水下(度)	计算方法	m, C, K值	抗剪强度(kPa)
人工加固土	6.8	2.000	18.000	8.000	20.000	30.000	15.000	15.000	m法	10.000	50.00

图 5.2.3 “土层信息”设置界面

1. 地下水位及降水措施

在“外侧水位深度”处可以设置基坑位置处的地下水位高度（地下水面距离地面的高度）。

在基坑施工过程中，一般都会采取降水措施，使坑内地下水位降到开挖面底部 0.5 m 以下。考虑到降水的施工成本，基坑内降水可保持与土方开挖及主体结构施工的同步性[20]，即设置“内侧水位是否随开挖过程变化”选项为“是”（此选项对各工况的支护结构内力、位移有一定影响）。

在采取降水为基坑土体加固措施时，通常在基坑开挖前超前降水，将基坑地面至设计基坑底面以下一定深度的土层疏干并排水固结，既方便了土方开挖，更有利于提高围护墙被动区及基坑中土体的强度和刚度[9]（此时应将软件中该选项设置为“否”）。降水加固方法受到土层条件的限制，对软土地基而言，其天然承载力很低，渗透系数较小，排水作用的时间很长，如无水平向的夹砂层，采用井点降水是很难有明显效果的，故而在基坑工程中的应用应慎重考虑。此外，在选用本方法时，应考虑降水期间对四周环境可能的不利影响和经济费用，并采取措施予以消除此不利影响[9]。

2. 土层条件及性能参数

可依次设置土层的数量、层厚、物理指标、水土分算及合算方法等参数。若选择土类名称时软件没有相同名称土类信息，可选择相近的土类，手动修改其他参数即可，依次输入设计剖面位置处的土层参数。当设计地勘资料中未给出相应土层的力学性能指标参数时，可以查阅附录 B 或相应规范中给的参考值进行设定。

3. 坑底人工加固土

当土层较差时（如淤泥质土），有时需要在坑底设置人工加固土。基坑土体加固一般是指采用搅拌桩、高压旋喷桩、注浆、降水或其他方法对软弱地基掺入一定量的固化剂或使土体固结，以提高土的强度和降低地基土的压缩性，确保施工期间基坑本身的安全和基坑周边环境安全，安全地起到挡土、挡水作用[9]。

1）基坑土体加固的方法及适用性

基坑土体加固方法及适用性可参见表 5.2.1[9]。对基坑环境保护等级一级的基坑土体加固的质量可靠性要求高。比较而言，地基加固工法中的三轴搅拌桩和旋喷桩施工工艺相对成熟，且加固体的深度和强度能满足深基坑对加固体的要求，故推荐在环境保护等级为一级的基坑被动区土体加固，建议优先考虑采用三轴搅拌桩或旋喷桩施工工艺[9]。

表 5.2.1　各种土体加固方法的适用范围

加固方法	地基土性			
	人工填土	淤泥质土、黏性土	粉性土	砂性土
注浆法	※	※	O	O
双轴水泥土搅拌桩	※	O	O	※
三轴水泥土搅拌桩	※	O	O	O
高压旋喷法	O	O	O	O
降水法		※	O	O

注：※表示慎用，O表示可用。

2）基坑土体加固的平面布置形式

基坑土体加固平面布置形式包括满堂式、格栅式、裙边式、抽条式、墩式、墙肋式等，见图 5.2.4[9]。

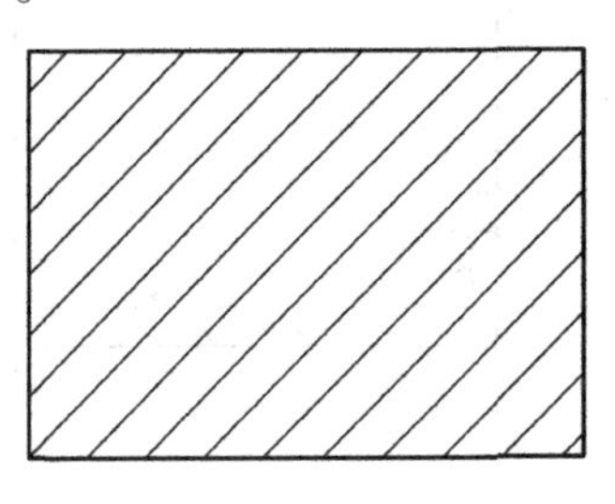

（a）土体加固满堂式布置图

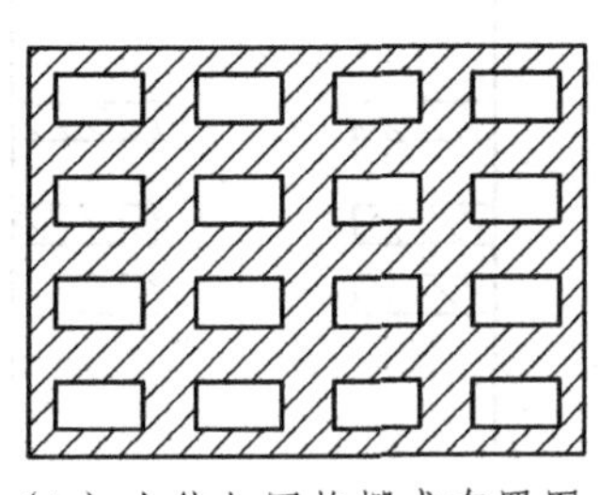

（b）土体加固格栅式布置图

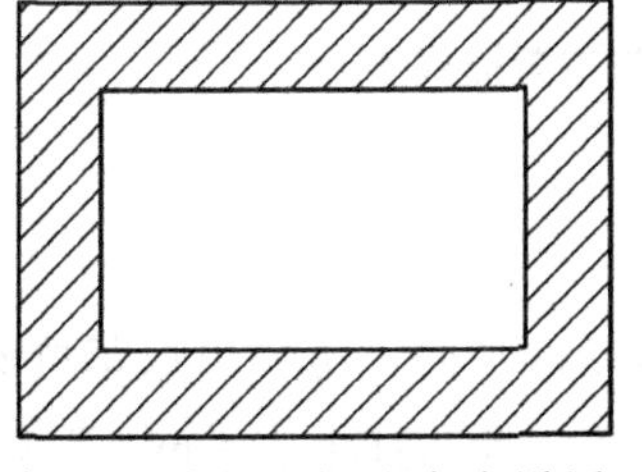

（c）土体加固裙边式布置图

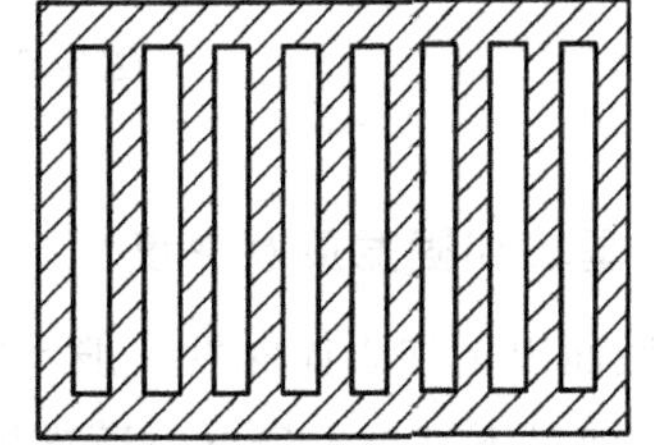

（d）土体加固抽条式布置图

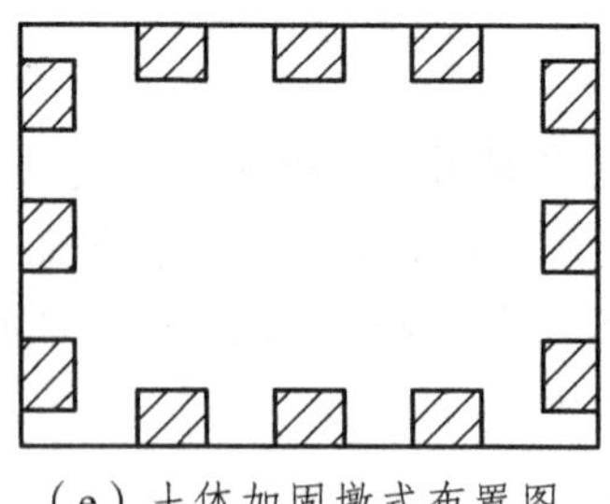

（e）土体加固墩式布置图

图 5.2.4　基坑土体加固平面布置形式

上述土体加固满堂式布置图、格栅式布置图、抽条式布置图一般用于基坑较窄且环境保护要求较高的基坑土体加固中。土体加固裙边式布置图一般用于基坑较宽且环境保护要求较高的基坑土体加固中。土体加固墩式布置图一般用于基坑较宽且环境保护要求一般的基坑土体加固中[9]。

3）基坑土体加固的竖向布置

基坑土体加固竖向布置形式包括坑底平板式、回掺式、分层式、阶梯式等，见图 5.2.5[9]。

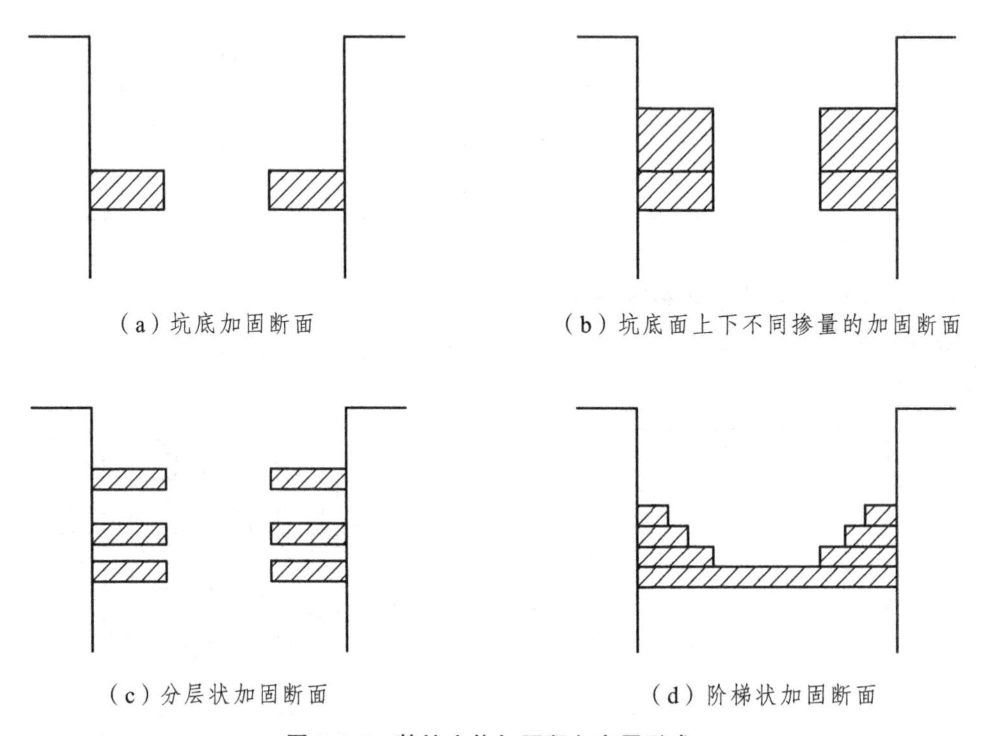

（a）坑底加固断面　（b）坑底面上下不同掺量的加固断面

（c）分层状加固断面　（d）阶梯状加固断面

图 5.2.5　基坑土体加固竖向布置形式

4）基坑加固宽度及深度

坑底面以下加固体深度一般不宜小于 4 m。坑底被动区加固体宽度可取基坑深度的 0.5 ~ 1.0 倍，同时不宜小于最下一道支撑到坑底距离的 1.5 倍，且不宜小于 5 m。开挖较深或环境保护有特殊要求时，加固宽度应进行专门分析确定。当坑底抗隆起、抗管涌不足或存在大面积承压水难以用帷幕隔断时，基坑底面可采用满堂加固[9]。理正深基坑提供了人工加固土的宽度估算功能，估算的加固土宽度为最小限值，建议用户在使用中适当增大。

5）加固体水泥掺量与加固体强度

有关加固工法的水泥掺量及加固体强度一般如下：

（1）注浆加固时水泥掺入量不宜小于 120 kg/m³，水泥土加固体的 28 d 龄期无侧限抗压强度 q_u 比原始土体的强度提高 2～3 倍。

（2）双（单）轴水泥土搅拌桩的水泥掺入量不宜小于 230 kg/m³，水泥土加固体的 28 d 龄期无侧限抗压强度 q_u 不宜低于 0.6 MPa。

（3）三轴水泥土搅拌桩的水泥掺入量不宜小于 360 kg/m³，水泥土加固体的 28 d 龄期无侧限抗压强度 q_u 不宜低于 0.8 MPa。

（4）旋喷加固时水泥掺入量不宜小于 450 kg/m³，水泥土加固体的 28 d 龄期无侧限抗压强度 q_u 不宜低于 1.0 MPa。

对水泥土加固体参数，据有关资料研究结果显示[9]：工程中土体黏聚力可以取 $c = 0.2q_u$，当 $q_u = 0.5$ MPa～4 MPa 时其内摩擦角变化在 20°～30°之间，一般情况加固体的不排水抗剪强度可以取为 $0.5q_u$。加固体的其他指标如重度、弹性模量也应有所提高。从上海地区一些工程测试资料的反分析可知，经过可靠有效的地基加固后，加固体的土体无侧限抗压强度和基床系数可提高 2～6 倍。但考虑土体的离散性和加固体的不均匀性及软弱土体的流变性，按弹性计算变形中的水平基床系数与基坑开挖所暴露的范围和时间、土层性质与开挖深度、加固体范围和力学性能指标等有关。在环境保护要求下，应考虑水泥土加固体的不均匀性和卸荷对岩土指标的影响，故水平基床系数的取值需综合考虑选用。

4. 计算方法参数

弹性计算方法采用 m 法，每层土 m 值的选取可根据地区经验确定（附录 B），也可由理正深基坑自带的计算工具估算（计算公式参见理正深基坑软件帮助手册），如图 5.2.6 所示。**m 值对计算结果影响较大（要注意！）**，如采用软件估算值时，应与附录 B 中的类似土体的建议值进行对比。

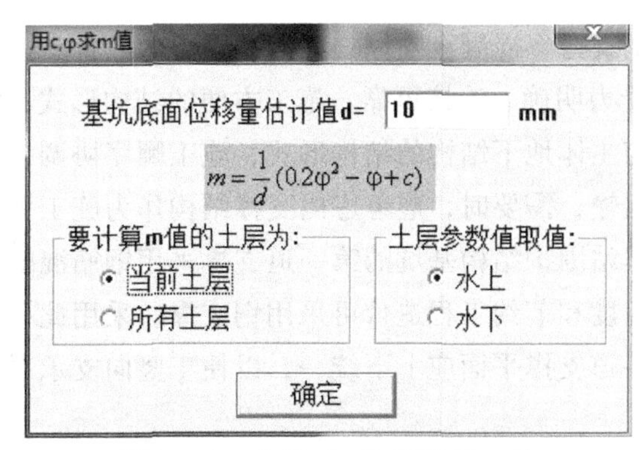

图 5.2.6　土层“m”值计算工具

5.2.3 支锚信息

进入“支锚信息”设置界面（图 5.2.7），可以对基坑支护体系的内撑、锚杆或锚索等信息和参数进行设置。由于内撑在地铁车站基坑中使用较为常见，此处主要针对**内撑的参数设置（围护结构计算的重要内容）**进行说明。

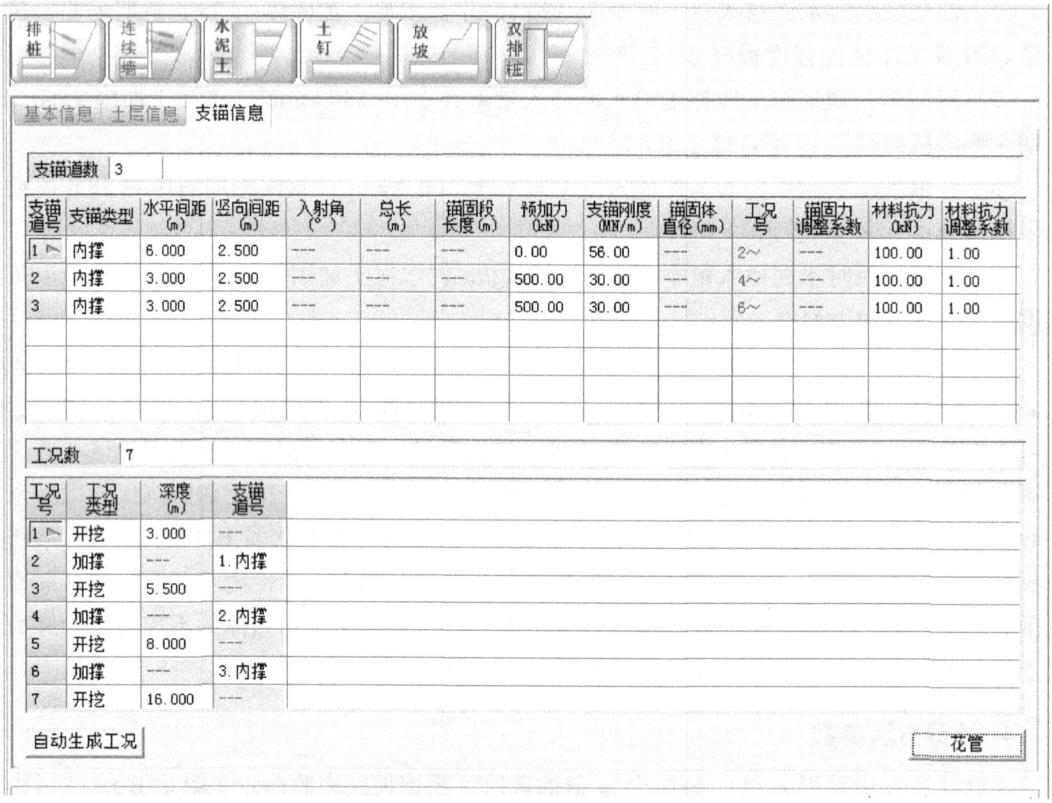

排桩 连续墙 水泥土 土钉 放坡 双排桩

基本信息 土层信息 支锚信息

支锚道数 3

支锚道号	支锚类型	水平间距(m)	竖向间距(m)	入射角(°)	总长(m)	锚固段长度(m)	预加力(kN)	支锚刚度(MN/m)	锚固体直径(mm)	工况号	锚固力调整系数	材料抗力(kN)	材料抗力调整系数
1	内撑	6.000	2.500	---	---	---	0.00	56.00	---	2~	---	100.00	1.00
2	内撑	3.000	2.500	---	---	---	500.00	30.00	---	4~	---	100.00	1.00
3	内撑	3.000	2.500	---	---	---	500.00	30.00	---	6~	---	100.00	1.00

工况数 7

工况号	工况类型	深度(m)	支锚道号
1	开挖	3.000	---
2	加撑	---	1. 内撑
3	开挖	5.500	---
4	加撑	---	2. 内撑
5	开挖	8.000	---
6	加撑	---	3. 内撑
7	开挖	16.000	---

自动生成工况 花管

图 5.2.7 “支锚信息”设置界面

1. 内撑的结构选型

内支撑结构可选用钢支撑、混凝土支撑、钢与混凝土的混合支撑。内支撑结构选型应符合下列原则[11]：宜采用受力明确、连接可靠、施工方便的结构形式；宜采用对称平衡性、整体性强的结构形式；应与主体地下结构的结构形式、施工顺序协调，应便于主体结构施工；应利于基坑土方开挖和运输；需要时，应考虑内支撑结构作为施工平台。

一般情况下，地铁车站围护结构基坑的第一道支撑采用钢筋混凝土支撑，第二及以下各道支撑系统为加快施工速度和节约工程造价可采用钢支撑。采用此种组合形式的支撑时，应注意第一道支撑与其下各道支撑平面应上下统一，以便于竖向支承系统的共用以及基坑土方的开挖施工。

2. 内撑的竖向布置

内撑的竖向布置应遵循以下原则及要求：

（1）内撑应避开主体地下结构底板和楼板的位置，并应满足主体地下结构施工对墙、柱钢筋连接长度的要求；当内撑下方的主体结构楼板在支撑拆除前施工时，内撑底面与下方主体结构楼板间的净距不宜小于 700 mm；最下一道内撑至坑底的净高不宜小于 3 m；采用多层水平支撑时，各层水平支撑宜布置在同一竖向平面内，层高净高不宜小于 3 m[11]。

（2）内撑的设置道数不宜过多，一般的地铁车站基坑大约 3、4 道即可，在一些位于软弱地层的基坑，如果设置 3、4 道内撑后仍然不能满足要求，则应设置倒撑（即在主体结构底板及底部侧墙修建完毕后，支撑在底板侧墙上），再拆除上一道横撑；与新浇筑的主体结构相邻的内撑应在主体结构强度达到 70%以上时方可拆除。

内撑的竖向间距对计算结果有重要影响，需要试算几次取合理间距，以优化设计。

3. 内撑的水平布置

内撑在平面方向上的布置应遵守如下原则和要求：

（1）内撑的布置应满足主体结构的施工要求，宜避开地下主体结构的墙、柱；相邻支撑的水平间距应满足土方开挖的施工要求；采用机械挖土时，应满足挖土机械作业的空间要求，且不宜小于 4 m[11]。

（2）水平支撑应设置与挡土构件连接的腰梁；当支撑设置在挡土构件顶部所在平面时，应与挡土构件的冠梁连接；在腰梁或冠梁上支撑点的间距，对钢腰梁不宜大于 4 m，对混凝土腰梁不宜大于 9 m[11]。

根据地铁基坑工程经验，第一道支撑的水平间距一般为 9 m 或 6 m，第二道支撑及以下的支撑水平间距一般为 3 m。

4. 内撑的预加力

初轮计算中不对支撑施加预加轴向力，计算结果通过各项稳定性验算后取支撑轴力计算结果的 50%～80%作为设计预加轴向力值进行第二轮计算[11]。当支撑为混凝土撑时则不在第二轮计算中施加预加轴向力，其余钢支撑应按规定施加预加轴力，当有倒撑时倒撑的预加轴向力不宜取太大，40%即可。正式设计预加轴向力值以最终一轮的计算结果为准，并应根据计算结果验算支撑稳定性，轴力如果在 3 000 kN 以内，一般没有太大问题（12 m 宽站台车站基坑）。

5. 内撑的构造规定

内撑的材料、规格、配筋等参数，还应满足如下要求[11]：

（1）混凝土支撑的构造应符合下列规定：混凝土的强度等级不应低于 C25；**支撑构件的截面高度不宜小于其竖向平面内计算长度的** 1/20；腰梁的截面高度（水平方向）不宜小于其水平方向计算跨度的 1/10，截面宽度不应小于支撑的截面高度；支撑构件的纵向钢筋直径不宜小于 16 mm，沿截面周边的间距不宜大于 200 mm；箍筋的直径不宜小于 8 mm，间距不宜大于 250 mm。由于混凝土支撑往往要作为施工人员的临时通道，因此其宽度一般不宜太小。

（2）钢支撑的构造应符合下列规定：钢支撑构件可采用钢管、型钢及其组合截面；钢支撑受压杆件的长细比（**长细比是指杆件的计算长度与杆件截面的回转半径之比**）不应大于 150，受拉杆件长细比不应大于 200；钢支撑连接宜采用螺栓连接，必要时可采用焊接连接；常用的钢支撑尺寸为外径 609 mm，壁厚为 12 mm、16 mm（规格参数见附录 B）。

6. 内撑的参数计算

在内撑的参数中，最重要的有支锚刚度 k_R 和材料抗力 T。

1）支锚刚度 k_R

由《建筑基坑支护技术规程》第 4.1.10 条可知[11]，支撑式支挡结构的弹性支点刚度系数（1999 版规程中为水平刚度系数 k_T）宜通过对内支撑结构整体进行线弹性结构分析得出的支点力与水平位移的关系确定。对水平对撑，当支撑腰梁或冠梁的挠度可忽略不计时，计算宽度内弹性支点刚度系数（k_R）可按下式计算（与 1999 版规程中的 k_T 计算公式稍有差别）：

$$k_R = \frac{\alpha_R E A b_a}{\lambda l_0 s} \tag{5.2.2}$$

式中 λ——支撑不动点调整系数：**支撑两对边基坑的土性、深度、周边荷载等条件相近，且分层对称开挖时，取λ = 0.5**（注：即 1999 版规程 k_T 计算公式中的系数为 2）；支撑两对边基坑的土性、深度、周边荷载等条件或开挖时间有差异时，对土压力较大或先开挖的一侧，取λ = 0.5 ~ 1.0，且差异大时取大值，反之取小值；对土压力较小或后开挖的一侧，取（1 − λ）；当基坑一侧取λ = 1 时，基坑另一侧应按固定支座考虑；对竖向斜撑构件，取λ = 1。

α_R——支撑松弛系数，**对混凝土支撑和预加轴向压力的钢支撑**，取α_R = 1.0；对不预加支撑轴向压力的钢支撑，取 α_R = 0.8 ~ 1.0。

E——支撑材料的弹性模量（kPa）。

A——支撑的截面面积（m^2）。

b_a——挡土结构计算宽度（m），**对单根支护桩取排桩间距，对单幅地下连续墙取包括接头的单幅墙宽度（理正深基坑中取计算值为单位宽度，即 1 m）**。

l_0——受压支撑构件的计算长度（m）。

s——支撑水平间距（m）（理正深基坑 7.0 以前的版本中取计算值为 1，避免软件重复计算）。

理正深基坑软件 7.0 中支锚刚度计算工具的界面如图 5.2.8 所示。

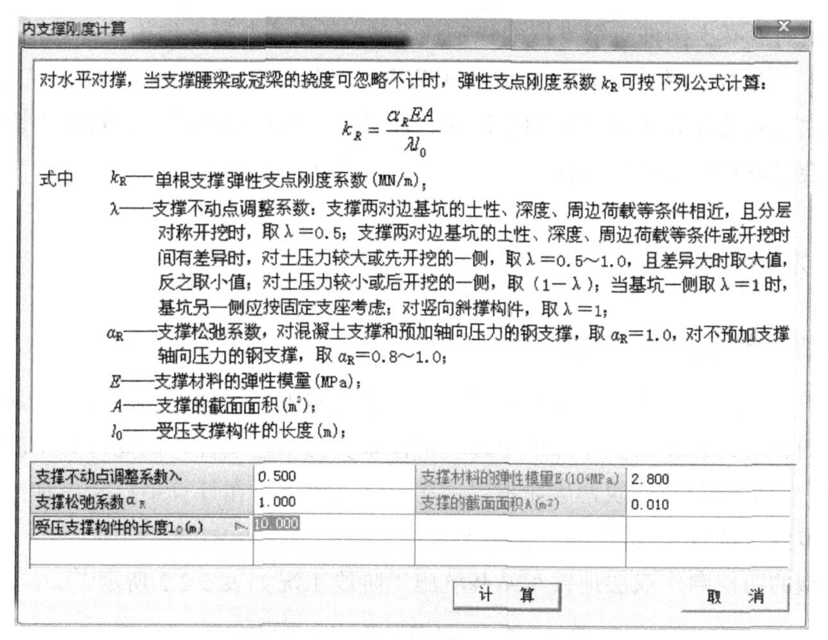

图 5.2.8 “支锚刚度”计算工具

支撑构件的受压计算长度 l_0 应按下列规定确定[11]：

（1）水平支撑在竖向平面内的受压计算长度，不设置立柱时，应取支撑的实际长度；设置立柱时，应取相邻立柱的中心间距。

（2）水平支撑在水平平面内的受压计算长度，对无水平支撑杆件交汇的支撑，应取支撑的实际长度；对有水平支撑杆件交汇的支撑，应取与支撑相交的相邻水平支撑杆件的中心间距；当水平支撑杆件的交汇点不在同一水平面内时，水平平面内的受压计算长度宜取与支撑相交的相邻水平支撑杆件中心间距的 1.5 倍。

2）材料抗力 T

在理正深基坑软件的单元计算中，需要用户根据结构形式自己确定内撑的抗力大小，可参照下式估算（见理正深基坑软件帮助手册）：

混凝土支撑

$$T = \xi\varphi A f_c \tag{5.2.3-1}$$

钢管支撑

$$T = \xi\varphi A f_y \tag{5.2.3-2}$$

式中 T——内撑的材料抗力（kN）；

A——内撑面积（mm^2）；

f_c——混凝土抗压强度设计值（N/mm^2）；

f_y——钢材抗压强度设计值（N/mm^2）；

φ——与内撑长细比有关的稳定系数；

ξ——与工程形式有关的调整系数。

其中，钢筋混凝土构件、钢支撑的稳定性系数φ可按《混凝土结构设计规范》[21]、《钢结构设计规范》[22]计算，具体见附录 B 中的相关表格及计算公式。调整系数ξ一般取为 1，不做调整，并注意此处计算T值时不用乘以ξ，而是在支锚信息中的“材料抗力调整系数”处填写，否则会造成理正深基坑软件重复计算（与s的处理类似）。

5.2.4 工况设置

1. 施工阶段划分及工况考虑

基坑支护结构的设计需要反映施工过程中各种基本因素如加撑、拆撑、预加轴力等对围护结构受力的影响，并在分步计算中考虑结构体系受力的连续性，因此计算工况要反映整体的施工过程，包括开挖和回筑两大阶段[6]。基于以上要求，在计算中应考虑加撑、开挖、加刚性铰（模拟浇筑楼板）、拆撑等几类工况。

一个典型的明挖顺作双层地铁车站基坑施工阶段工况如表 5.2.2 所示[16]。

表 5.2.2 地铁车站施工阶段划分

<table>
<tr><th colspan="2">施工阶段</th><th>工　况</th></tr>
<tr><td rowspan="4">开挖阶段</td><td>第 1 阶段</td><td>基坑开挖至第 1 道支撑底部以下 500 mm</td></tr>
<tr><td>第 2 阶段</td><td>设置第 1 道支撑后，基坑继续开挖至第 2 道支撑底部以下 500 mm</td></tr>
<tr><td>第 3 阶段</td><td>设置第 2 道支撑后，基坑继续开挖至第 3 道支撑底部以下 500 mm</td></tr>
<tr><td>第 4 阶段</td><td>设置第 3 道支撑后，基坑继续开挖至基坑底</td></tr>
<tr><td rowspan="4">回筑阶段</td><td>第 5 阶段</td><td>灌注底板，强度达到 70%后，拆除第 3 道支撑，中板、下立柱、下层内衬均已灌注，尚未初凝</td></tr>
<tr><td>第 6 阶段</td><td>中板、下立柱及内衬强度达到 70%，顶板、上层立柱及内衬均已灌注，但未初凝，拆除第 2 道支撑</td></tr>
<tr><td>第 7 阶段</td><td>顶板、上层立柱及内衬强度达 70%，拆除第 1 道支撑</td></tr>
<tr><td>第 8 阶段</td><td>覆土，拆除所有脚手架</td></tr>
</table>

2. 计算工况参数设置

计算工况的设置除了设定足够的工况数量外，还需要对工况类型、施作深度进行设定。计算工况参数设置中的几个要点或注意事项如下：

（1）应体现“先撑后挖、分层开挖”的原则，开挖阶段应先施作支撑，随后再进行紧邻土层的开挖。

（2）地铁车站楼板的回筑用加设刚性铰（刚度无限大）的方式来模拟，以限制加铰处（底板、中板和顶板中心位置）支护结构的位移，之后进行相邻支撑的拆除。

（3）加撑、施作刚性铰的位置为横撑、楼板的中心部位，在输入该类工况深度参数时应注意，尤其是第一道支撑的施作位置应考虑跟冠梁的结合部位的高度要求。

（4）开挖工况中每次的开挖深度在下一排预施作横撑的底部边缘（不是横撑中心位置）以下 500 mm。

（5）钢筋混凝土支撑底模也可采用土模法施工，即在挖好的原状土面上浇捣 100 mm 左右素混凝土垫层，之后架设两侧模板在垫层上浇筑支撑混凝土（中间设隔离层防止与垫层黏结）[10]，此类情况下可将开挖深度设置为混凝土支撑底部边缘以下 100 mm。

5.3 计算过程及结果查询

5.3.1 计算配置参数

计算配置参数设置界面（图 5.3.1）包括系数配置、参数录入及计算项目。不同支护类型的设计内容差别较大，设计界面也有所不同。以地下连续墙为例，一些主要计算配置参数介绍如下：

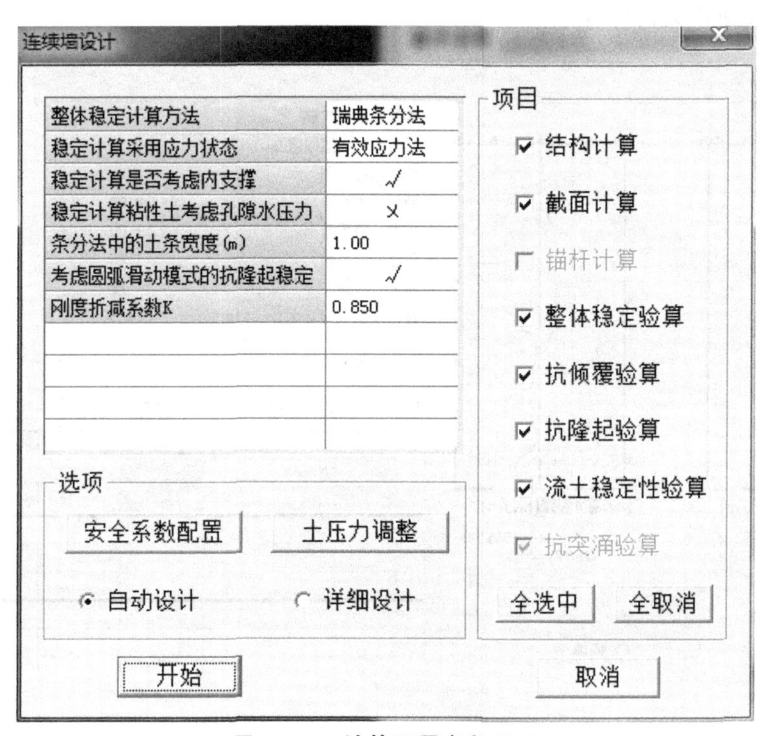

图 5.3.1 计算配置参数界面

（1）整体稳定性计算方法：常用的方法较多，目前工程实用的分析方法是比较原始的瑞典圆弧滑动条分法（瑞典条分法），由于该方法忽略了条间力，计算的安全系数偏小[11]。

（2）稳定计算采用应力状态：根据有效应力原理，在边坡稳定分析中，只要是能够确定土中的孔隙水压力，就应当用有效应力指标计算，因此此处选择“有效应力法”，同时不勾选“稳定计算粘性土考虑孔隙水压力”选项。这两个选项的组合与《建筑基坑支护技术规程》中的 4.2.3 和 6.1.3 条规定对应。

（3）稳定计算是否考虑内撑：在支护结构的抗倾覆验算中，如果不计入内撑轴力的贡献，则会造成该项验算结果偏低。

（4）刚度折减系数：该系数在《建筑基坑支护技术规程》中并未规定，是该软件开放的一个经验系数，由用户自主设定（默认为 0.85），用于凭经验调整内力设计值大小。如不做调整，可修改为 1。

该环节的其他选项和参数设置较为简单，具体请参阅理正深基坑软件帮助手册。

5.3.2 配筋设计参数

选中图 5.3.1 中的“详细设计”选项，并选择完计算项目，就可以点击“开始”进行计算，后续步骤中可以进行截面内力查看及配筋设计参数的交互输入（图 5.3.2），用户可以根据规范的要求或自己的需求，自定义配筋（包括冠梁）的一些参数。围护结构（此处以地下连续墙为例）的选筋交互界面如图 5.3.3 所示。

以下仅简述混凝土灌注桩和地下连续墙的配筋及相关构造要求[11]，其他类型的支护结构的相关要求请查阅相关设计规范。

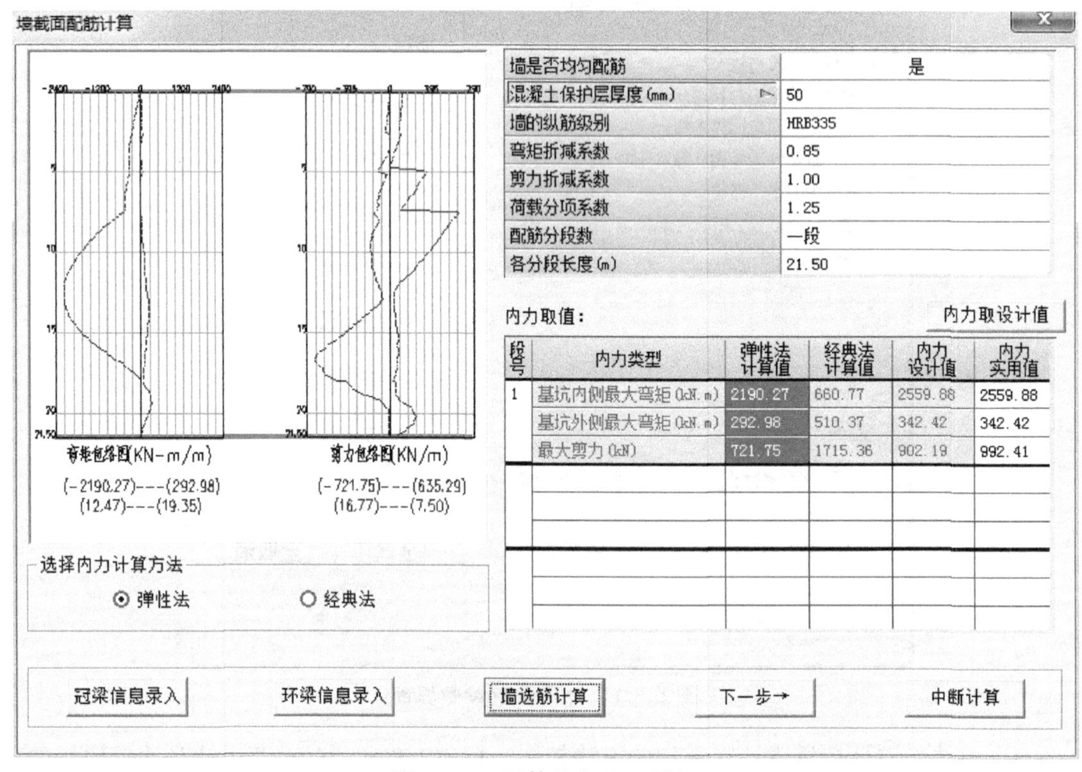

图 5.3.2　配筋信息交互界面

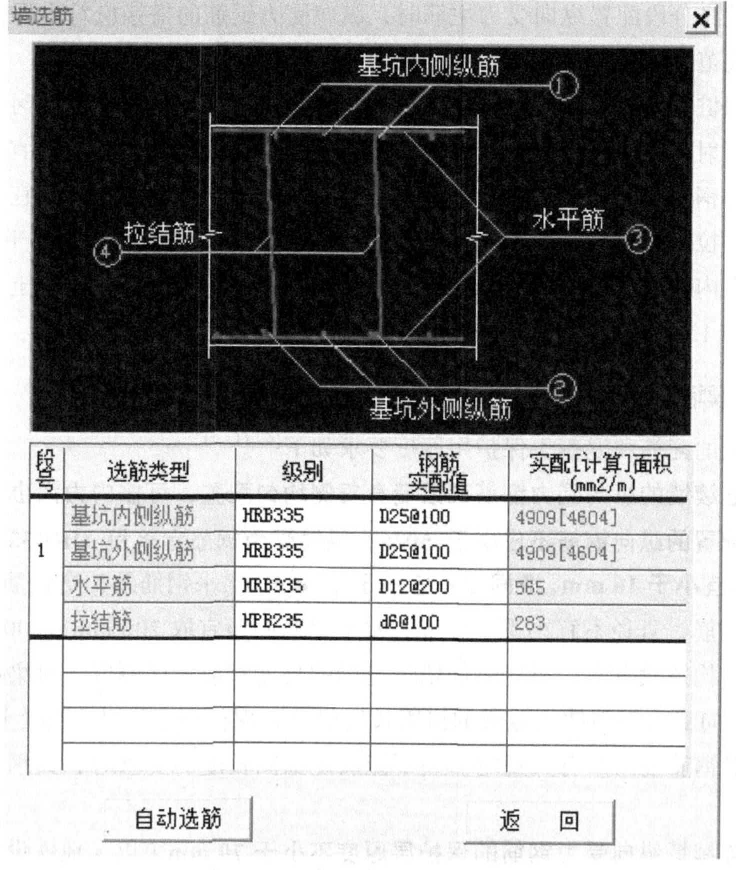

段号	选筋类型	级别	钢筋实配值	实配[计算]面积(mm2/m)
1	基坑内侧纵筋	HRB335	D25@100	4909[4604]
	基坑外侧纵筋	HRB335	D25@100	4909[4604]
	水平筋	HRB335	D12@200	565
	拉结筋	HPB235	d6@100	283

图 5.3.3 连续墙选筋交互界面

1. 混凝土灌注桩

混凝土灌注桩的桩身钢筋配置和混凝土保护层厚度应符合下列规定[6, 11, 21]：

（1）**支护桩的纵向受力钢筋宜选用 HRB400、HRB335 级钢筋，单桩的纵向受力钢筋不宜少于 8 根，净间距不应小于 60 mm**；支护桩顶部设置钢筋混凝土构造冠梁时，纵向钢筋锚入冠梁的长度宜取冠梁厚度；冠梁按结构受力构件设置时，桩身纵向受力钢筋伸入冠梁的锚固长度应符合现行国家标准《混凝土结构设计规范》（GB 50010）对钢筋锚固的有关规定；当不能满足锚固长度的要求时，其钢筋末端可采取机械锚固措施。

（2）箍筋可采用螺旋式箍筋，箍筋直径不应小于纵向受力钢筋最大直径的 1/4，且不应小于 6 mm；箍筋间距宜取 100 mm ~ 200 mm，且不应大于 400 mm 及桩的直径。

（3）沿桩身配置的加强箍筋应满足钢筋笼起吊安装要求，宜选用 HRB335 级钢筋，其间距宜取 1 000 mm ~ 2 000 mm。

（4）**混凝土灌注桩桩身的纵向受力钢筋的保护层厚度不应小于 70 mm**（以《地铁设计规范》为准）。

（5）当采用沿截面周边非均匀配置纵向钢筋时，受压区的纵向钢筋根数不应少于 5 根；当施工方法不能保证钢筋的方向时，不应沿截面周边非均匀配置纵向钢筋。

（6）当沿桩身分段配置纵向受力主筋时，纵向受力钢筋的搭接应符合现行国家标准《混凝土结构设计规范》（GB 50010）的相关规定。

（7）**排桩的桩间土应采取防护措施**。桩间土防护措施宜采用内置钢筋网或钢丝网的喷射混凝土面层。喷射混凝土面层的厚度不宜小于 50 mm，混凝土强度等级不宜低于 C20，混凝土面层内配置的钢筋网的纵横向间距不宜大于 200 mm。钢筋网或钢丝网宜采用横向拉筋与两侧桩体连接，拉筋直径不宜小于 12 mm，拉筋锚固在桩内的长度不宜小于 100 mm。钢筋网宜采用桩间土内打入直径不小于 12 mm 的钢筋钉固定，钢筋钉打入桩间土中的长度不宜小于排桩净间距的 1.5 倍且不应小于 500 mm。

2. 地下连续墙

地下连续墙的配筋和混凝土保护层厚度要求如下[6, 11, 21]：

（1）**地下连续墙的纵向受力钢筋应沿墙身每侧均匀配置，可按内力大小沿墙体纵向分段配置，且通长配置的纵向钢筋不应小于 50%；纵向受力钢筋宜采用 HRB335 级或 HRB400 级钢筋，直径不宜小于 16 mm，净间距不宜小于 75 mm**。水平钢筋及构造钢筋宜选用 HRB335 或 HRB400 级钢筋，直径不宜小于 12 mm，水平钢筋间距宜取 200 mm ~ 400 mm。

（2）冠梁按构造设置时，纵向钢筋锚入冠梁的长度宜取冠梁厚度。冠梁按结构受力构件设置时，墙身纵向受力钢筋伸入冠梁的锚固长度应符合现行国家标准《混凝土结构设计规范》（GB 50010）对钢筋锚固的有关规定。当不能满足锚固长度的要求时，其钢筋末端可采取机械锚固措施。

（3）**地下连续墙纵向受力钢筋的保护层厚度不小于 70 mm**（以《地铁设计规范》为准）。

5.3.3 计算结果查询

计算结束后，在理正深基坑软件中可直接查询计算结果（图 5.3.4），内力、位移包络图、地表沉降曲线都会在自动生成的计算报告中给出。可以将计算报告中的相关内容根据需要整理到设计说明文本中，同时，一些计算和验算简图也可以另存为 DXF 文件，并导入到 AutoCAD 中进行编辑后插入到设计说明文本中。

1. 支护结构位移及内力曲线图

支护结构的位移、内力曲线包络图（示例）如图 5.3.5 所示，图中实线和虚线分别为弹性法和经典法计算结果，图形下方的两行标注分别为对应项目的弹性法和经典法计算结果的最小值和最大值（默认输出结果为计算值）。此处需要查验支护结构的最大水平位移是否满足基坑安全等级控制要求（表 4.2.2）。

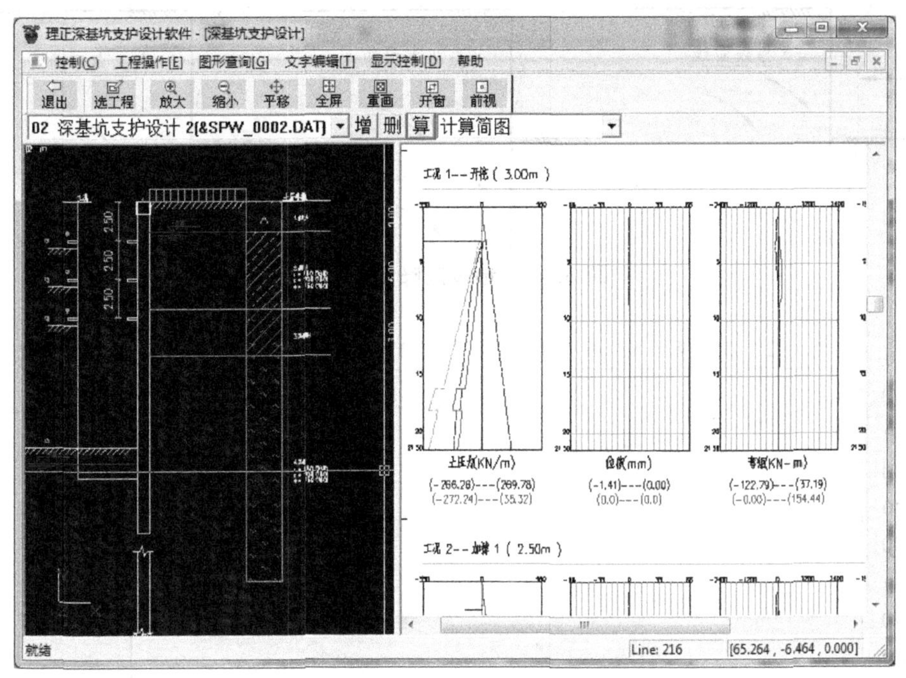

图 5.3.4 理正深基计算结果查询界面

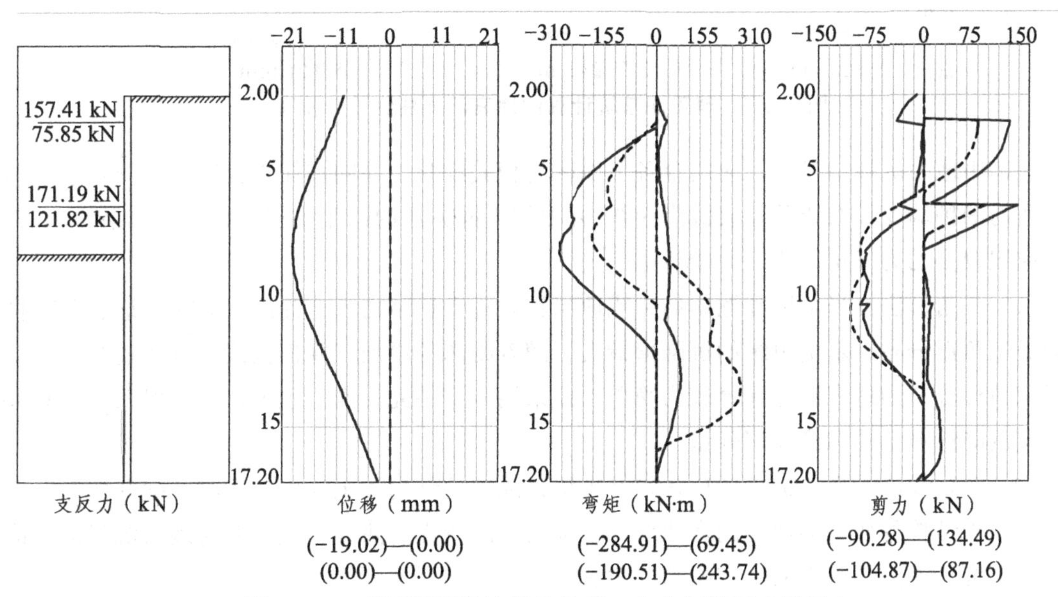

图 5.3.5 理正深基坑计算的位移、内力包络图（示例）

2. 地表沉降曲线图

理正深基坑计算给出了 3 种典型地表沉降（图 5.3.6[10]）拟合曲线结果，如图 5.3.7 所示。对该曲线图，应选取适宜的类型与设计站点的基坑地表沉降控制标准进行对比（表 4.2.2），查验最大沉降量是否满足要求。

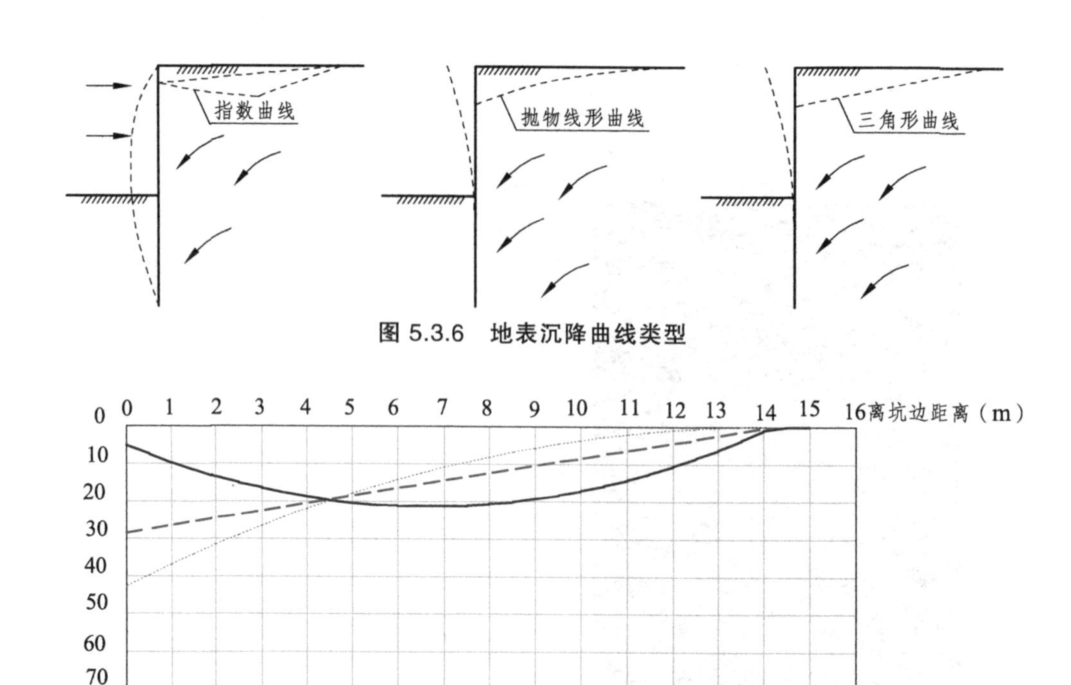

图 5.3.6　地表沉降曲线类型

图 5.3.7　理正深基坑计算的地表沉降曲线（示例）

在选用地表沉降结果时，应结合各个地区的相关经验，并同具体工程实际紧密联系，选择合适的围护墙变形曲线及地表沉降曲线，并根据不同方法的适用土层进行对应结果的选取，其中应用较多的为三角形法、抛物线法[23]。

（1）三角形法。当基坑开挖初期，或地层较软且支护结构入土深度不大时，地表沉降将近似呈三角形分布，基坑边缘的沉降值最大，随着距离的增加沉降值按线性分布逐渐减小。考虑三角形分布的地表沉降计算较为简单，仅采用一个一元一次方程即可，一般采用经验方法确定沉降计算范围和最大沉降量。

（2）抛物线法。当支护结构插入较好土层，或支护结构入土深度较大时，随开挖深度的增加，支护结构的变形类似梁的弯曲变形，地表沉降量亦呈曲线形式。此时地表沉降最大值不是在墙旁，而是位于离墙一定距离的位置上。

3. 其他结果

应对软件生成的计算报告书中的其他一些内容进行查验，如稳定性分析验算结果（对照表 4.3.3 的基坑验算安全系数要求）、配筋计算结果是否大于最小钢筋面积且合理，随后将结果整理至毕业设计说明文本及绘制相应的设计图纸。

5.3.4 设计参数调整思路

在围护结构的设计工作中，只要熟悉了相关计算原理和软件参数设置及计算方法，计算过程较快能完成。但是往往会遇到的问题是稳定性验算不易通过，学生无法有效地找出原因尽快地将程序调试通过验算。因此，此处简要地结合基坑变形的影响因素，提出一些调整支护结构设计参数的思路。

基坑的最终变形受多方面因素的制约，根据工程经验可以将影响基坑变形的因素分为三大类[9]，如表 5.3.1 所示。

表 5.3.1 影响基坑变形的主要因素

因素类别	要点
第一类——固有因素	（1）现场的水文地质条件，如土体强度、地下水位等； （2）工程周边的环境条件，如坑边构筑物、高层建筑和超载等
第二类——与设计相关的因素	（1）围护结构的特征：墙体刚度和嵌固深度、支撑刚度和间距等； （2）开挖尺寸：基坑的宽度和深度等； （3）支撑预应力：支撑预应力设计施加的大小； （4）地基加固：加固方法、加固形式和加固体尺寸等
第三类——与施工相关的因素	（1）施工方法：施工工法、开挖方法等； （2）超挖：超挖会使基坑发生较大的变形； （3）超前施工：导墙施工和降水等带来的变形； （4）楼板的建造：楼板、混凝土支撑的收缩开裂造成的刚度下降； （5）施工周期：较长的施工周期会增加基坑的变形； （6）工程事故：如漏水漏砂、基坑纵向滑坡等； （7）施工人员水平

在这所有的因素中固有条件对基坑变形的影响是显而易见的，地层条件和周边环境情况对基坑变形有直接的影响。但在计算中这类因素的参数也不易改变，因此应着重从后面两类的因素中进行调整。以下结合支护结构设计计算中较易调整和变化的一些因素，对程序调试的思路进行简要说明。

1. 与设计相关的因素

（1）墙体刚度及嵌固深度。在保证墙体有足够强度和刚度的条件下（如已经达到 1 m 墙厚时），恰当增加插入深度，可以提高抗隆起稳定性，也就可减少墙体位移。但对于有支撑的围护墙，按部分地区的工程实践经验，当插入深度 $> 0.9H$ 时，其效果不明显，此时不宜盲目加大嵌固深度[9]。同时嵌固深度也应根据地层条件进行合理设置，并应遵循工程经验和一般规律。有时增加冠梁的截面尺寸，也能在一定程度上增加围护结构的稳定性，但也作用有限。

（2）支撑的刚度、水平与垂直向间距。一般大型钢管支撑的刚度是足够的，如现在常用的 ϕ609 mm、长度为 20 m 的钢管支撑，承受 1 765 kN 压力时，其弹性压缩变形也只有约 6 mm[9]。但垂直向间距的大小对墙体位移影响很大，所以当墙厚已定时，加密支撑可有效控制位移。减少第一道支撑前的开挖深度以及减少开挖过程中最下一道支撑距坑底面的高度，对减少墙体位移尤有重要作用。开挖过程中，最下一道支撑距坑底面的高度越大，则插入坑底墙体被动压力区的被动土压力也相应加大，这必然会增大被动压力区的墙体及土体位移。有时也可施加倒撑，也能起到一定的控制作用。支撑竖向位置的调整，也可以根据计算结果中各工况下发生的位移或内力有较大增幅的位置去判断,及时调整该工况下支撑的竖向位置。支撑水平向间距变化的空间相对来说较小(会受到施工机械及作业的制约),作用也不如垂直向位置的调整直接。

（3）支撑预应力。及时施加支撑中的预应力，可以增加墙外侧主动压力区的土体水平应力，而减少开挖面以下墙内侧被动压力区的土体水平应力，从而增加墙内、外侧土体抗剪强度，提高坑底抗隆起的安全系数，有效地减少墙体变形和周围地层位移。但支撑中的预加轴力不宜超过规范的限值，否则不符合工程实际，应另外寻找其他措施。

（4）地基加固。在基坑内外进行地基加固以提高土的强度和刚性，对治理基坑周围地层位移问题的作用无疑是肯定的，但加固地基需要一定代价和施工条件。在坑外加固土体，用地和费用问题都较大，非特殊需要很少采用。一般在坑内进行地基加固以提高围护墙被动土压力区的土体强度和刚性，是比较常用的合理方法(在上海、苏州等淤泥质土较常见的城市，坑内地基加固的措施较为有效)。

2. 与施工相关的因素

（1）施工工法。一般基坑的常见施工工法包括顺作法、逆作法和半逆作法。顺作业法施工工序简单，施工技术要求低，挖土周期短。逆作法变形控制能力强，但施工技术复杂、工序多，主要适用于对变形控制要求为一级或宽大的基坑。半逆作法是在逆作法基础上发展起来的，结合部分顺作法优点的新型工法，具有控制变形能力强、整体工期短等优点。对于狭长形的地铁基坑变形控制要求，在 3‰H 以内的采用（半）逆作法施工和顺作法施工都可以满足要求，在地铁基坑中逆作法施工的变形控制能力并不显得那么突出。

（2）超挖。超挖对基坑变形的影响是十分显著的，它使基坑被动区土体处于设计考虑外的高应力水平状态，对于插入比较小的基坑超挖甚至会造成基坑的整体失稳。有人对上海地铁远程监控系统所发出的预警信息进行了分类统计，发现由于超挖所造成的围护结构大变形超过了 50%[9]。因此，在计算中应注意控制每次开挖的深度，以控制支护结构的变形和内力。

（3）地下水。如果基坑底部存在承压水，由于围护结构插入深度不够，或者是承压水降深不够，会导致坑底产生较大隆起[9]。严重者，当坑底上覆土体的自重荷载不足以抵抗坑内承压水头时，可能引发坑底突涌，因此对降水措施也应注意，可适当加大降水深度以控制由于地下水渗流引起的基坑失稳。

此处仅介绍了基本的设计参数调整措施，更多的经验还需要学生在实践中不断摸索和积累，另外每个基坑的具体条件和情况也有所差别，因此也要根据实际情况选取适宜的措施对设计参数进行不断的调整和试算，直至顺利通过全部验算。

第4篇　地铁车站主体结构设计

6 地铁车站主体结构设计理论与方法

6.1 主体结构设计概述

地铁车站主体结构（混凝土结构）设计是土木专业本科生基本功的重要体现，并且学生需要将所学专业知识密切结合现行相关规范（GB 50157**《地铁设计规范》**、GB 50010**《混凝土结构设计规范》**、GB 50009**《建筑结构荷载规范》**、GB 50153**《工程结构可靠性设计统一标准》**）的规定和要求进行设计，培养一定的工程思维方式，熟记规范并灵活运用，学会理论结合实际去解决工程问题，也能对学生即将从事实际工作奠定一定基础。因此本部分的设计内容是毕业设计的重点和关键，学生应引起重视。

地铁地下结构设计应以“结构为功能服务”为原则，满足城市规划、行车运营、环境保护、**抗震**、**防水**、防火、防护、**防腐蚀**及施工等要求，做到结构安全、耐久、技术先进、经济合理[6]。此外，在 2013 版的《地铁设计规范》中，重视了地铁地下结构的抗震设计和耐久性设计，因此在毕业设计中也应注意到规范中的变化和导向，对地铁车站的抗震和耐久性设计也进行考虑。其中耐久性设计也在地铁车站的防水设计中有所体现，以保证地铁车站主体结构达到设计使用年限为 100 年的要求。

随着相关规范和设计理念的不断更新，目前，工程结构设计已经逐步采用极限状态法进行设计，地铁车站主体结构的受力相对明确，因此也宜按极限状态法设计。学生对该方法的理念、荷载组合方法、荷载组合系数含义等应有深入的理解，才能正确进行结构的设计（毕业设计学生往往易出现对规范理解不够、各种极限状态的含义与作用不清、荷载组合系数使用错误等问题）。因此，本章将侧重讲解极限状态法的一些要点，学生也应在此指导下翻阅相关规范深入学习（请注意设计工作应以相关规范为首要准则）。

目前，明挖地下结构使用阶段的受力分析有两种方法，即考虑施工过程影响的分析方法和不考虑施工过程影响的分析方法[6]。前者视结构使用阶段的受力为施工阶段受力的继续，因此，这种分析方法可以考虑结构从施工开始到长期使用的整个受力过程中应力和变形的发展过程；后者则是把结构施工阶段的受力与使用阶段的受力截然分开，分别进行计算，两者间的应力和变形不存在任何联系。计算经验表明：是否考虑施工过程对框架结构使用阶段受力的影响，对计算结果有较大影响。考虑施工过程影响的分析方法虽然计算较繁杂，但能较好地反映使用阶段的结构受力对施工阶段受力的继承关系，以及结构实际的受力过程，且配筋一般较为经济。故对量大面广的地铁工程，在施工图设计阶段宜采用这种分析方法。不考虑施工过程影响的分析方法可作为初步设计阶段选择结构断面的参考。限于毕业设计的深度和工作时间，对车站主体结构的设计内容可进行一定的简化，**仅对车站标准断面和非标准断面、纵梁考虑正常使用阶段进行结构内力计算并进行配筋（考虑地震作用验算）**，车站其他构件的内力计算和配筋、车站主体结构与围护结构结合体系在各施工阶段的变化和内力联系暂不涉及。

因此，毕业设计中车站主体结构设计内容应包括：根据设计原则和技术标准拟定结构尺寸及材料、确定荷载种类并进行荷载组合及计算、确定计算模型和计算图示、采用数值计算软件对车站正常使用阶段的结构内力进行计算（标准断面及非标准断面、纵梁）、进行主要部件的配筋计算及验算、进行车站抗浮验算、绘制车站结构截面配筋图。学生应按照此内容要求，把计算过程及配筋结果整理到毕业设计正文中，并绘制相应的主体结构配筋图纸。其中，为提高毕业设计的工作效率且适应目前日益广泛使用的数值计算方法，**主体结构的内力及变形分析可采用 ANSYS 建模计算**，也可选择其他适宜的结构计算软件（SAP84、SAP2000 等）进行。

6.2 极限状态法原理及要点

极限状态法是指不使结构超越某种规定的极限状态的设计方法，它正在取代以往的容许应力或单一安全系数等经验方法。《工程结构可靠性设计统一标准》规定：**工程结构设计宜采用以概率理论为基础、以分项系数表达的极限状态设计方法**，这种方法适用于整个结构、组成结构的构件以及地基基础的设计，适用于结构施工阶段和使用阶段的设计，适用于既有结构的可靠性评定[17]。

6.2.1 极限状态法基本概念

极限状态可分为**承载能力极限状态**和**正常使用极限状态**，并应符合下列要求[17]：

1. 承载能力极限状态

承载能力极限状态可理解为结构或结构构件发挥允许的最大承载能力的状态。当结构或结构构件出现下列状态之一时，应认为超过了承载能力极限状态：

（1）结构构件或连接因超过材料强度而破坏，或因过度变形而不适于继续承载。

（2）整个结构或其一部分作为刚体失去平衡。

（3）结构转变为机动体系。

（4）结构或结构构件丧失稳定。

（5）结构因局部破坏而发生连续倒塌。

（6）地基丧失承载力而破坏。

（7）结构或结构构件疲劳破坏。

2. 正常使用极限状态

正常使用极限状态可理解为结构或构件达到使用功能上允许的某个限值的状态。当结构或结构构件出现下列状态之一时，应认为超过了正常使用极限状态：

（1）影响正常使用或外观的变形。

（2）影响正常使用或耐久性能的局部破坏。

（3）影响正常使用的振动。

（4）影响正常使用的其他特定状态。

结构设计时应对结构的不同极限状态分别进行计算或验算，当某一极限状态的计算或验算起控制作用时，可仅对该极限状态进行计算或验算。

3. 工程结构设计状况

工程结构设计时分为如表 6.2.1 所示的 4 种设计状况，对不同的设计状况应采用相应的结构体系、可靠度水平、基本变量和作用组合等，分别进行不同的极限状态设计[17]。

表 6.2.1　工程结构设计状况分类

序号	设计状况	适用情况	极限状态设计
1	持久设计状况	结构使用时的正常情况	应“承载”，尚应“正常”
2	短暂设计状况	结构出现的临时情况（施工、维修）	应“承载”，按需要“正常”
3	偶然设计状况	结构出现的异常情况（火灾、爆炸、撞击）	应“承载”，可不“正常”
4	地震设计状况	结构遭受地震时的情况	应“承载”

4. 极限状态方程

当采用结构的作用效应 S 和结构的抗力 R 作为综合变量时，结构按极限状态设计应符合下列要求：

$$R - S \geqslant 0 \tag{6.2.1}$$

结构构件宜根据规定的可靠指标，采用由作用的代表值、材料性能的标准值、几何参数的标准值和各相应的分项系数构成的极限状态设计表达式进行设计[17]。

6.2.2　结构上的作用及组合

1. 作用分类

结构上的作用可按表 6.2.2 所列性质分类[17]。

表 6.2.2　工程结构作用分类

序号	分类方法	作用种类
1	随时间的变化	永久作用、可变作用、偶然作用
2	随空间的变化	固定作用、自由作用
3	结构的反应特点	静态作用、动态作用
4	有无限值	有界作用、无界作用
5	其他	其他作用

2. **作用代表值**

工程结构按不同极限状态设计时，在相应的作用组合中对可能同时出现的各种作用，应采用不同的作用代表值[17]。对可变作用，其代表值包括标准值、组合值、频遇值和准永久值。组合值、频遇值和准永久值可通过对可变作用的标准值分别乘以不大于 1 的组合值系数 ψ_c、频遇值系数 ψ_f 和准永久值系数 ψ_q 等折减系数来表示。对偶然作用，应采用偶然作用的设计值；对地震作用，应采用地震作用的标准值。

3. **作用组合**

工程结构设计时，应考虑结构上可能出现的各种作用（包括直接作用、间接作用）。根据不同的极限状态及设计状况，在进行设计时应按表 6.2.3 的要求选用作用（荷载）组合[17]。

表 6.2.3　作用（荷载）组合及适用设计状况

序号	极限状态	组合	适用设计状况
1	承载能力极限状态	**基本组合**	**持久设计状况或短暂设计状况**
2		偶然组合	偶然设计状况
3		**地震组合**	**地震设计状况**
4	正常使用极限状态	标准组合	不可逆正常使用极限状态
5		频遇组合	可逆正常使用极限状态
6		**准永久组合**	**长期效应是决定性因素的正常使用极限状态**

对每种作用组合，工程结构设计均应采用其最不利的效应设计值进行。同时施加在结构上的各单个作用对结构的共同影响，应通过作用组合（荷载组合）来考虑；对不可能同时出现的各种作用，不应考虑其组合。

6.2.3　分项系数设计方法

1. **一般规定**

结构构件极限状态设计表达式中所包含的各种分项系数，宜根据有关基本变量的概率分布类型和统计参数及规定的可靠指标，通过计算分析，并结合工程经验，经优化确定。基本变量的设计值可按下列规定确定[17]：

（1）作用的设计值 F_d 可按下式确定：

$$F_d = \gamma_F F_r \tag{6.2.2-1}$$

式中　F_r——作用的代表值；

γ_F——作用的分项系数。

（2）材料性能的设计值 f_d 可按下式确定：

$$f_d = \frac{f_k}{\gamma_M} \tag{6.2.2-2}$$

式中　f_k——材料性能的标准值；

γ_M——材料性能的分项系数，其值按有关的结构设计标准的规定采用，对正常使用极限状态，除各种材料的结构设计规范有专门规定外，应取为1.0。

（3）几何参数的设计值 a_d 可采用几何参数的标准值 a_k。当几何参数的变异性对结构性能有明显影响时，几何参数的设计值可按下式确定：

$$a_d = a_k \pm \Delta_a \tag{6.2.2-3}$$

式中　Δ_a——几何参数的附加量。

2. **承载能力极限状态**

结构或构件按承载能力极限状态设计时，应符合下列要求[17]：

（1）结构或结构构件（包括基础等）的破坏或过度变形的承载能力极限状态设计，应符合下式要求：

$$\gamma_0 S_d \leqslant R_d \tag{6.2.3}$$

式中　γ_0——结构重要性系数；

S_d——作用基本组合的效应（轴力、弯矩等）设计值；

R_d——结构或结构构件的抗力设计值。

此处要注意：**结构重要性系数 γ_0 往往在实际的计算过程中容易被学生忽略！地铁工程设计使用年限一般为100年，因此结构重要性系数应取值为1.1[18]，当对偶然设计状况和地震设计状况进行计算时，结构重要性系数应取为1.0[17]**。因此，在进行了荷载组合之后（荷载标准值乘以荷载分项系数后），还需乘以结构重要性系数，再加载到结构模型上进行内力的计算。混凝土和钢筋的强度值也有标准值和设计值两类，**进行结构的承载能力极限状态计算时，应根据规范的要求选用设计值（而不是标准值）！**

（2）**对持久设计状况和短暂设计状况，应采用作用的基本组合。**

基本组合的效应设计值可按下式确定：

$$S_d = S\left(\sum_{i\geqslant 1}\gamma_{G_i} G_{ik} + \gamma_P P + \gamma_{Q_1}\gamma_{L1} Q_{1k} + \sum_{j>1}\gamma_{Q_j}\psi_{cj}\gamma_{Lj} Q_{jk}\right) \tag{6.2.4-1}$$

式中　$S(\cdot)$——作用组合的效应函数；

G_{ik}——第 i 个永久作用的标准值；

P——预应力作用的有关代表值；

Q_{1k}——第1个可变作用（主导可变作用）的标准值；

Q_{jk}——第 j 个可变作用的标准值；

γ_{G_i}——第 i 个永久作用的分项系数；

γ_P——预应力作用的分项系数；

γ_{Q_1}——第1个可变作用（主导可变作用）的分项系数；

γ_{Q_j}——第 j 个可变作用的分项系数；

γ_{L1}、γ_{Lj}——第 1 个和第 j 个考虑结构设计使用年限的荷载调整系数，对设计使用年限与设计基准期相同的结构，应取 γ_L=1.0。

ψ_{cj}——第 j 个可变作用的组合值系数。

注：1. 在作用组合的效应函数 $S(\cdot)$ 中，符号"Σ"和"+"均表示组合，即同时考虑所有作用对结构的共同影响，而不表示代数相加。

2. 当永久作用效应或预应力作用效应对结构构件承载力起有利作用时，式中永久作用分项系数 γ_G 和预应力作用分项系数 γ_P 的取值不应大于 1.0。

当作用与作用效应按线性关系考虑时，基本组合的效应设计值可按下式计算：

$$S_d = \sum_{i\geqslant 1}\gamma_{Gi}S_{G_{ik}} + \gamma_P S_P + \gamma_{Q1}\gamma_{L1}S_{Q_{1k}} + \sum_{j>1}\gamma_{Q_j}\psi_{cj}\gamma_{Lj}S_{Q_{jk}} \tag{6.2.4-2}$$

式中 $S_{G_{ik}}$——第 i 个永久作用标准值的效应；

S_P——预应力作用有关代表值的效应；

$S_{Q_{1k}}$——第 1 个可变作用（主导可变作用）标准值的效应；

$S_{Q_{jk}}$——第 j 个可变作用标准值的效应。

注：1. 对持久设计状况和短暂设计状况，也可根据需要分别给出作用组合的效应设计值；

2. 可根据需要从作用的分项系数中将反映作用效应模型不定性的系数 γ_{Sd} 分离出来。

在毕业设计中，应基于式（6.2.4-2）进行承载能力极限状态下的荷载组合，因此务必理解该式的意义，才能正确取用各项荷载系数。

（3）对偶然设计状况，应采用作用的偶然组合。

偶然组合的效应设计值可按下式确定：

$$S_d = S[\sum_{i\geqslant 1}G_{ik} + P + A_d + (\psi_{f1}\text{或}\psi_{q1})Q_{1k} + \sum_{j>1}\psi_{qj}Q_{jk}] \tag{6.2.5-1}$$

式中 A_d——偶然作用的设计值；

ψ_{f1}——第 1 个可变作用的频遇值系数；

ψ_{q1}、ψ_{qj}——第 1 个和第 j 个可变作用的准永久值系数。

当作用与作用效应按线性关系考虑时，偶然组合的效应设计值可按下式计算：

$$S_d = \sum_{i\geqslant 1}S_{ik} + S_P + S_{A_d} + (\psi_{f1}\text{或}\psi_{q1})S_{Q_{1k}} + \sum_{j>1}\psi_{qj}S_{Q_{jk}} \tag{6.2.5-2}$$

式中 S_{A_d}——偶然作用设计值的效应。

（4）对地震设计状况，应采用作用的地震组合。

地震组合的效应设计值，宜根据重现期为 475 年的地震作用（基本烈度）确定，其效应设计值应符合下列规定：

地震组合的效应设计值宜按下式确定：

$$S_d = S(\sum_{i\geq1} G_{ik} + P + \gamma_1 A_{Ek} + \sum_{j\geq1} \psi_{qj} Q_{jk}) \tag{6.2.6-1}$$

式中 γ_1——地震作用重要性系数；

A_{Ek}——根据重现期为 475 年的地震作用（基本烈度）确定的地震作用的标准值。

当作用与作用效应按线性关系考虑时，地震组合效应设计值可按下式计算：

$$S_d = \sum_{i\geq1} S_{G_{ik}} + S_P + \gamma_1 S_{A_{Ek}} + \sum_{j\geq1} \psi_{qj} S_{Q_{jk}} \tag{6.2.6-2}$$

式中 $S_{A_{Ek}}$——地震作用标准值的效应。

注：当按线弹性分析计算地震作用效应时，应将计算结果除以结构性能系数以考虑结构延性的影响，结构性能系数应按有关的抗震设计规范的规定采用。

3. **正常使用极限状态**

结构或构件按正常使用极限状态设计时，应符合下列要求[17]：

（1）结构或构件按正常使用极限状态设计时，应符合下式要求：

$$S_d \leqslant C \tag{6.2.7}$$

式中 S_d——作用组合的效应（如变形、裂缝等）设计值；

C——设计对变形、裂缝等规定的相应限值。

按正常使用极限状态设计时，可根据不同情况采用作用的标准组合、频遇组合或准永久组合。

（2）标准组合的效应设计值可按下式确定：

$$S_d = S(\sum_{i\geq1} G_{ik} + P + Q_{1k} + \sum_{j>1} \psi_{cj} Q_{jk}) \tag{6.2.8-1}$$

当作用与作用效应按线性关系考虑时，标准组合的效应设计值可按下式计算：

$$S_d = \sum_{i\geq1} S_{G_{ik}} + S_P + S_{Q_{1k}} + \sum_{j>1} \psi_{cj} S_{Q_{jk}} \tag{6.2.8-2}$$

（3）频遇组合的效应设计值可按下式确定：

$$S_d = S(\sum_{i\geq1} G_{ik} + P + \psi_{f1} Q_{1k} + \sum_{j>1} \psi_{qj} Q_{jk}) \tag{6.2.9-1}$$

当作用与作用效应按线性关系考虑时，频遇组合的效应设计值可按下式计算：

$$S_d = \sum_{i\geq1} S_{G_{ik}} + S_P + \psi_{f1} S_{Q_{1k}} + \sum_{j>1} \psi_{qj} S_{Q_{jk}} \tag{6.2.9-2}$$

（4）准永久组合的效应设计值可按下式确定：

$$S_d = S(\sum_{i\geq1} G_{ik} + P + \sum_{j\geq1} \psi_{qj} Q_{jk}) \tag{6.2.10-1}$$

当作用与作用效应按线性关系考虑时，准永久组合的效应设计值可按下式计算：

$$S_{\mathrm{d}}=\sum_{i\geqslant1}S_{\mathrm{G}_{ik}}+S_{\mathrm{P}}+\sum_{j\geqslant1}\psi_{\mathrm{q}j}S_{\mathrm{Q}_{jk}} \tag{6.2.10-2}$$

注：标准组合宜用于不可逆正常使用极限状态；频遇组合宜用于可逆正常使用极限状态；准永久组合宜用在当长期效应是决定性因素时的正常使用极限状态。

4. 极限状态作用组合分析

当工程结构按不同极限状态设计时，在相应的作用组合中对可能出现的各种作用，应采用不同的作用设计值（表 6.2.4）。

表 6.2.4　作用组合分析

序号	极限状态	组合	永久作用	主导作用	伴随可变作用	公式
1	承载能力极限状态	**基本组合**	$\gamma_{\mathrm{G}_i}G_{ik}$	$\gamma_{\mathrm{Q}_1}\gamma_{\mathrm{L}1}Q_{1\mathrm{k}}$	$\gamma_{\mathrm{Q}_j}\psi_{\mathrm{c}j}\gamma_{\mathrm{L}j}Q_{j\mathrm{k}}$	（6.2.4-1）
2		偶然组合	G_{ik}	A_{d}	$(\psi_{\mathrm{f1}}或\psi_{\mathrm{q1}})Q_{1\mathrm{k}}$和$\psi_{\mathrm{q}j}Q_{j\mathrm{k}}$	（6.2.5-1）
3		**地震组合**	G_{ik}	$\gamma_1 A_{\mathrm{Ek}}$	$\psi_{\mathrm{q}j}Q_{j\mathrm{k}}$	（6.2.6-1）
4	正常使用极限状态	标准组合	G_{ik}	$Q_{1\mathrm{k}}$	$\psi_{\mathrm{c}j}Q_{j\mathrm{k}}$	（6.2.8-1）
5		频遇组合	G_{ik}	$\psi_{\mathrm{f1}}Q_{1\mathrm{k}}$	$\psi_{\mathrm{q}j}Q_{j\mathrm{k}}$	（6.2.9-1）
6		**准永久组合**	G_{ik}	—	$\psi_{\mathrm{q}j}Q_{j\mathrm{k}}$	（6.2.10-1）

6.3　荷载种类及组合

在开始计算车站主体结构内力前，应对作用在车站结构上的荷载种类、取值有清楚的认识，并按照本章 6.2 节所述的极限状态法中的相关要求选择合理的组合。

6.3.1　荷载种类及参数

1. 地铁车站荷载分类及取值

作用在地下结构上的荷载，可按表 6.3.1 进行分类，根据规范要求及工程经验，常见作用在地铁车站主体结构上的荷载参数如表 6.3.2 所示[6]。

2. 荷载取值说明

结合规范要求及工程设计实际，对一些荷载参数取值进行说明：

（1）当轨道铺设在结构底板上时，一般说来，地铁车辆荷载对结构应力影响不大（或对车站结构受力有利），可略去不计地铁车辆荷载及其动力作用的影响[6]。

表 6.3.1 地下结构荷载分类表

荷载分类		荷载名称
永久荷载		结构自重
		地层压力
		结构上部和破坏棱体范围的设施及建筑物压力
		水压力及浮力
		混凝土收缩及徐变影响
		预加应力
		设备重量
		地基下沉影响
可变荷载	基本可变荷载	地面车辆荷载及其动力作用
		地面车辆荷载引起的侧向土压力
		地铁车辆荷载及其动力作用
		人群荷载
	其他可变荷载	温度变化影响
		施工荷载
偶然荷载		地震影响
		沉船、抛锚或河道疏浚产生的撞击力等灾害性荷载
		人防荷载

注：1. 设计中要求考虑的其他荷载，可根据其性质分别列入上述三类荷载中；

2. 表中所列荷载本节未加说明者，可按国家有关规范或根据实际情况确定。

表 6.3.2 地铁车站结构计算常用荷载参数

荷载种类	荷载取值
地面超载	地面车辆及施工堆载引起的荷载取 20 kPa，盾构井处不应小于 30 kPa
覆土荷载	根据地质报告的土层力学参数和最大厚度计算
侧向土压力	施工阶段：主动及被动土压力；**使用阶段：静止土压力**
人群荷载	楼面人群荷载 4 kPa
设备荷载	8 kPa，超过 8 kPa 按设备实际重量和运输路线考虑
地下水及浮力	考虑地下水位的最不利组合（最高或最低水位）
中板铺装层荷载	折算为 5 kPa
吊顶及设备管线荷载[24]	折算为 2 kPa（0.6 kPa +1.4 kPa）
地震设防烈度	按当地地震设防等级考虑
人防荷载	按人防设防等级考虑

（2）在直接承受地铁车辆荷载的楼板等构件时，地铁车辆竖向荷载应按其实际轴重和排列计算，并考虑动力作用的影响，同时尚应用线路通过的重型设备运输车辆的荷载进行验算[6]。

（3）地面车辆荷载及其冲力一般可简化为与结构埋深有关的均布荷载，但覆土较浅时应按实际情况计算。在道路下方的浅埋暗挖隧道，地面车辆荷载可按 10 kPa 的均布荷载取值，并不计动力作用的影响[6]。毕业设计中可不进行地面车辆荷载分布的计算，视为统一包含在地面超载中。

（4）作用在地下结构上的水压力，原则上应采用孔隙水压力，但孔隙水压力的确定比较困难，从实用和偏于安全考虑，设计水压力一般都按静水压力计算。作用在地下结构上的水压力，**在使用阶段无论砂性土或黏性土，都应根据水土分算的原则确定**[6]，并应根据设防水位以及可能发生的地下水最高水位和最低水位两种情况，计算水压力和浮力对结构的作用，考虑地下水位在使用期的变化可能的不利组合。

（5）竖向地层压力按下列规定计算：明、盖挖法施工的结构宜按计算截面以上全部土柱重量计算，竖向荷载计算应考虑地面及邻近的任何其他荷载对竖向压力的影响。水平地层压力的计算：明挖结构长期使用阶段或逆作法结构承受的土压力宜按静止土压力计算（水平侧压力），荷载计算应计及地面荷载和破坏棱体范围的建筑物，以及施工机械等引起的附加水平侧压力[6]。

3. 荷载种类的选取

荷载的选择和取值跟地铁车站的阶段（设计状况）有很大关系，如施工阶段和使用阶段的荷载选择应该是不同的，而且也跟车站的形式与部位、施工期间结构体系的变化、不同阶段对应荷载的形式都有关系，往往要选取几种代表性的设计状况进行计算和验算。比如，结构设计中应考虑下列施工荷载之一或可能发生的几种情况的组合：设备运输及吊装荷载；施工机具荷载；地面堆载、材料堆载；盾构法施工时千斤顶的顶力；盾构过车站的设备荷载；注浆所引起的附加荷载[6]。

作为毕业设计来说，深度仅仅达到地铁车站的初步设计水平，且内容上还做了一定的简化，因此**仅要求对地铁车站的运营阶段进行计算**，选取运营阶段典型的荷载进行组合即可。同时，许多地铁车站计算实例表明，人防设计状况往往不起到控制作用[10，25]（但当车站顶板覆土厚度小于 3 m 时应核实人防工况[26]），另外，人防设计通常较为复杂（一般由专业的人防设计院进行），鉴于以上现状和毕业设计的主要目的和重心，可根据情况和需要决定是否将人防设计状况列入毕业设计中。

6.3.2 极限状态及荷载组合

在进行地铁车站荷载组合及确定组合系数时，要注意与《地铁设计规范》的条文要求相符，并遵循其他一些相关规范（如 GB 50010《混凝土结构设计规范》、GB 50009《建筑结构荷载规范》、GB 50153《工程结构可靠性设计统一标准》）的规定。

1. 极限状态选择

根据《建筑结构荷载规范》3.2.1 条[18]，应按承载能力极限状态和正常使用极限状态分别进行荷载（效应）组合，并取各自的最不利效应组合进行设计；另外，地下结构也应根据相应规范的要求进行抗震验算[27]。

根据《混凝土结构设计规范》3.3 节及 3.4 节[21]，进行地铁车站主体结构计算时，需要**采用承载能力极限状态进行配筋计算，之后再按正常使用极限状态对其裂缝宽度进行验算**。因此，需要分别计算两种极限状态下的弯矩、轴力、剪力值，分别用于配筋计算和裂缝宽度验算（**而不是只用一种极限状态下的结构内力去完成配筋和裂缝宽度验算！**）。在完成了配筋及裂缝宽度验算后，进行地下车站的抗震验算，因此**需要计算地震组合下的结构内力、变形**，以对结构的安全性和配筋结果进行验算。

2. 基本组合

根据《建筑结构荷载规范》3.2.2 条，**承载能力极限状态应按效应的基本组合**或偶然组合（**此处仅考虑基本组合情况**）**进行荷载组合**，其计算公式见式（6.2.3）[18]。

地铁设计使用年限为 100 年，安全等级为一级，此处**结构重要性系数 γ_0 对持久设计状况和短暂设计状况取值为** 1.1（**毕业设计中可考虑为持久设计状况，即地铁已投入运营阶段**），**对偶然设计状况和地震设计状况取值为 1.0**（见《工程结构可靠性设计统一标准》表 A.1.7[17]）。

根据《建筑结构荷载规范》第 3.2.3 条，当进行承载能力极限状态计算时，考虑基本组合的情况下，由永久荷载效应（此处考虑运营阶段车站结构自重、所受土压、水压等因素）控制的组合应采取下式计算[将式（6.2.4-2）进行了一定变换][18]：

$$S_d=\sum_{j=1}^{m}\gamma_{G_j}S_{G_{jk}}+\sum_{i=1}^{n}\gamma_{Q_i}\gamma_{Li}\psi_{ci}S_{Q_{ik}} \tag{6.3.1}$$

上式中各项分项系数的取值可见《建筑结构荷载规范》[18]、《工程结构可靠性设计统一标准》[17]相关条款的规定：

（1）γ_{G_j} 为第 j 个永久荷载的分项系数，当永久荷载效应对结构不利时，对由可变荷载效应控制的组合应取 1.2，**对由永久荷载效应控制的组合应取 1.35**；当永久荷载效应对结构有利时不应大于 1.0（文献[18]第 3.2.4 条）。

（2）γ_{Q_i} 为第 i 个可变荷载的分项系数，对标准值大于 4 kN/m^2 的工业房屋楼面结构的活荷载，应取 1.3；**其他情况，应取 1.4**（文献[18]第 3.2.4 条）。

（3）γ_{L_i} 为第 i 个可变荷载考虑设计使用年限的调整系数，对于荷载标准值可控制的活荷载，**设计使用年限调整系数取 1.0**（见文献[17]表 A.1.9）。

（4）ψ_{ci} 为第 i 个可变荷载 Q_i 的组合值系数，由于本设计中考虑的可变荷载主要为作用在楼板上的均布活载（**人群荷载**），因此可按文献[18]表 5.1.1 第 4 项（车站类别），**取组合值系数为 0.7**。

3. 准永久组合

根据《混凝土结构设计规范》第 3.4.1 条及 3.4.4 条，对允许出现裂缝的钢筋混凝土结构，

应按准永久组合的正常使用极限状态进行受力裂缝宽度验算[21]，其验算表达式见式（6.2.7）。注意此公式中没有结构重要性系数，即直接将所计算得到的裂缝宽度值 S_d 与规定的裂缝宽度限值 C 进行比较。

根据《建筑结构荷载规范》第 3.2.10 条，荷载准永久组合的效应设计值 S_d 应按下式进行计算[将式（6.2.10-2）进行了一定变换][18]：

$$S_\mathrm{d}=\sum_{j=1}^{m}S_{\mathrm{G}_{jk}}+\sum_{i=1}^{n}\psi_{\mathrm{q}i}S_{\mathrm{Q}_{ik}} \tag{6.3.2}$$

式中，$\psi_{\mathrm{q}i}$ 为第 i 个可变荷载的准永久值系数，由于本设计中考虑的可变荷载为作用在楼板上的均布活载（**人群荷载**），因此可按参考文献[18]表 5.1.1 第 4 项（车站类别），**取准永久值系数为 0.5**。

4. 地震组合

根据《工程结构可靠性设计统一标准》第 8.2.6 条[17]，参照式（6.3.1）、式（6.3.2）的形式将式（6.2.6-2）进行变化可得：

$$S_\mathrm{d}=\sum_{j=1}^{m}S_{\mathrm{G}_{jk}}+\gamma_1 S_{\mathrm{A_{EK}}}+\sum_{i=1}^{n}\psi_{\mathrm{q}i}S_{\mathrm{Q}_{ik}} \tag{6.3.3}$$

式中，$\psi_{\mathrm{q}i}$ 的取值同式（6.3.2），**取准永久值系数为 0.5**；根据《建筑抗震设计规范》第 5.4.1 条，γ_1 可分为 γ_Eh、γ_Ev，因毕业设计中仅考虑水平地震作用，因此 $\gamma_\mathrm{Eh}=1.3$、$\gamma_\mathrm{Ev}=0$，**即 $\gamma_1=\gamma_\mathrm{Eh}=1.3$**[27]。

5. 荷载组合系数

通过对以上规范条文的要求和取值的规定分析，可得出毕业设计中所应进行的组合与分项系数取值如表 6.3.3 所示。根据表 6.3.3 所示的分项系数取值，可得出正常使用阶段下地铁车站结构计算荷载组合，如表 6.3.4 所示。考虑的工况不同、规范之间的协调性问题等因素，也可能会导致在实际设计中荷载组合的系数取值存在一定差异。

表 6.3.3 地铁车站结构计算各组合下的分项系数参数

极限状态	组合种类	结构重要性系数 γ_0	永久荷载	可变荷载				地震荷载
			分项系数 γ_{G_j}	分项系数 γ_{Q_i}	调整系数 γ_{L_i}	组合值系数 $\psi_{\mathrm{c}i}$	准永久值系数 $\psi_{\mathrm{q}i}$	作用系数 γ_Eh
承载能力极限状态	基本	1.1	1.35	1.4	1.0	0.7	—	—
	地震	1.0	1.0/1.2	—	—	—	0.5	1.3
正常使用极限状态	准永久	1.0	1.0	—	—	—	0.5	—

表 6.3.4　地铁车站结构计算荷载组合

<table>
<tr><td colspan="2" rowspan="2">状态及组合
荷载种类</td><td>承载能力极限状态</td><td>正常使用极限状态</td><td>承载能力极限状态</td></tr>
<tr><td>基本组合</td><td>准永久组合</td><td>地震组合</td></tr>
<tr><td rowspan="6">永久荷载</td><td>结构自重</td><td rowspan="6">1.1×1.35</td><td rowspan="6">1.0</td><td rowspan="6">1.0（有利）
1.2（不利）</td></tr>
<tr><td>覆土荷载</td></tr>
<tr><td>侧土压力</td></tr>
<tr><td>侧水压力</td></tr>
<tr><td>浮力</td></tr>
<tr><td>设备荷载</td></tr>
<tr><td rowspan="3">可变荷载</td><td>人群荷载</td><td rowspan="3">1.1×1.4×1.0×0.7</td><td rowspan="3">0.5</td><td rowspan="3">0.5</td></tr>
<tr><td>地面超载</td></tr>
<tr><td>地面超载引起的侧土压力</td></tr>
<tr><td>偶然荷载</td><td>地震影响</td><td>0</td><td>0</td><td>1.3</td></tr>
<tr><td colspan="2">备注</td><td>用于配筋计算</td><td>用于抗裂验算</td><td>用于抗震验算</td></tr>
</table>

根据以上荷载组合表，可进行各项荷载的计算，并乘以相应的分项系数，得出不同极限状态下的结构荷载，分别作用到结构计算模型上，得出不同极限状态条件下的结构内力，之后根据基本组合下的结构内力计算结果进行配筋计算、用准永久组合下的结构内力计算结果进行抗裂验算，最后需要对地震组合下的结构内力、变形进行验算。

6.4　主体结构计算理论与方法

6.4.1　明挖结构计算方法

作用在明挖结构底板上的地基反力的大小及分布规律，依结构与基底地层相对刚度的不同而变化。当地层刚度相对较软时，多接近于均匀分布；在坚硬地层中，多集中分布在侧墙及柱的附近；介于二者之间时，地基反力则呈马鞍形分布。为了反映底板反力这一分布特点，**可采用底板支承在弹性地基上的框架模型来计算**[6]。

计算中应注意两点：

（1）底板的计算弹簧反力不应大于地基的承载力，所以对于软弱地层，需通过多次计算才能取得较为接近实际的反力分布。

（2）在水反力的作用下，底板弹簧不能受拉。

当围护墙作为主体结构使用时，可在底板以下的围护墙上设置分布水平弹簧，并在墙底假定设置集中竖向弹簧，以分别模拟地层对墙体水平变位及竖向变位的约束作用，此时计算所得的墙趾竖向反力不应大于围护墙的垂直承载力。

如前所述，明挖结构使用阶段的受力分析目前有两种方法，即所谓考虑施工过程影响的分析方法和不考虑施工过程影响的分析方法，其中**不考虑施工过程影响的分析方法可作为初**

步设计阶段选择结构断面的参考。因此，在毕业设计中采用不考虑施工过程影响的分析方法及使用阶段结构的内力和变形对施工阶段的继承，**按弹性地基上的框架模型考虑围护结构与主体结构的共同工作，按长期使用工况（水土分算、土压力作用在围护结构上、水压力作用在主体结构侧墙上）作用在结构上的荷载计算**。

遇下列情况时应对地下结构纵向强度和变形进行分析[6]（**毕业设计中可不作要求**）：

（1）覆土荷载沿其纵向有较大变化时。

（2）结构直接承受建、构筑物等较大局部荷载时。

（3）地基或基础有显著差异，沿纵向产生不均匀沉降时。

（4）沉管隧道。

（5）地震作用下的小曲线半径的隧道、刚度突变的结构和液化对稳定有影响的结构。

当温度变形缝的间距较大时，应考虑温度变化和混凝土收缩对结构纵向的影响。空间受力作用明显的区段，宜按空间结构进行分析。

6.4.2 明挖结构计算图示

由于围护结构与主体结构之间的结合形式不同，因此应根据所设计的车站围护结构形式采取不同计算图示。此处需要注意的是，《地铁设计规范》中虽然说明了明挖车站结构的计算方法，但并未明确各种结构形式的具体计算图示，而目前国内许多地铁设计单位由于各自使用的计算软件或计算习惯不同，所以实际采用的计算图示有一定差异（体现在土弹簧的设置方向及设置范围、是否考虑围护结构、围护结构在模型中的设置高度等方面）。

此处给出一个较为常见的复合墙形式明挖地铁车站的计算图示（图 6.4.1），毕业设计中可采用此图示进行复合墙形式车站的结构计算，其他形式的明挖车站结构计算图示应在此基础上进行相应的修正。也可以根据该计算图示，结合所采用的计算软件的特点，局部做合理调整和变化用于主体结构的计算。

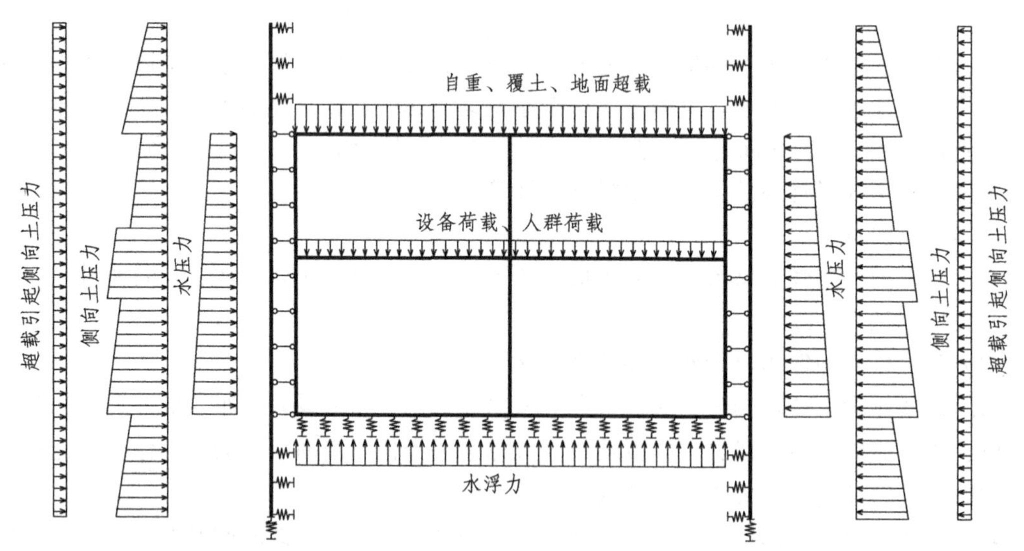

图 6.4.1 复合墙结构明挖地铁车站结构计算图示（使用阶段）

对该计算图示的几点说明如下：

（1）采用复合墙形式时，也应考虑在使用期内围护结构的材料劣化影响，一般情况下**围护结构可按刚度折减到 60%～70%后与内衬墙共同承载**[6]。

（2）围护结构底端处的约束，可通过水平弹簧和集中竖向弹簧进行约束，以分别模拟地层对墙体水平变位及竖向变位的约束作用。

（3）抗浮措施也应模拟进去，以获得结构考虑了抗浮措施以后的实际受力情况，抗浮桩方式应在主体结构底板中心点处限制竖直方向上的位移；压梁方式则应在主体结构顶板两侧限制其竖直方向上的位移。这两种方式，也会导致结构中内力分布有差异，如抗浮桩方式使得底板中心弯矩向下偏移较为明显。

（4）对弹簧的处理：结构底板、围护墙体与主体结构侧墙重合部位处的弹簧应设置成仅为受压的弹簧，因为结构与土仅为单面接触，一旦脱开肯定要取消弹簧，否则与实际不符。

（5）在垂直方向上由于水平侧向土压力在土层分界处可能存在数值上的不连续性，为较为准确地模拟和加载分层土压力，应在围护结构和主体结构对应的土层分界点处设置节点，以便进行侧压力的加载。

6.4.3 平面问题简化计算方法

地铁车站是通过顶板将竖向面荷载和集中荷载转化为线荷载传递给纵梁，通过纵梁再把线荷载转化成集中荷载和弯矩传递给柱，再由柱将荷载传递给底板纵梁，进而转化为底板的面荷载传递给地基，完成竖向荷载的传递[28, 29]。地铁车站一般为长通道结构，其横向尺寸远小于纵向尺寸，在现行的地铁车站设计中一般简化为平面问题求解。**目前通常采用两种简化方法：一种是参照工民建当中无梁楼板的设计方法，即等代框架法；另一种是刚度等效法**[30]。

1. 等代框架法

等代框架法就是取纵向一个柱跨 l 范围内的各层梁板、侧墙与立柱，组合为平面框架，忽略纵梁的作用，在求出各等代构件的内力后，将等代框架的计算弯矩以板带分配系数（见示例表 6.4.1）进行分配，确定各板带的内力（板带划分示意图见图 6.4.2）[30]。板带分为跨中板带和柱上板带，根据分配以后的内力结果分别进行配筋。

这种方法相对烦琐，在实际操作中（尤其是在初步设计阶段）往往没有考虑板带的划分，而是按柱跨内同一构件中的内力沿纵向为等值来考虑以简化计算。在配筋计算时，需要将计算所得到的**板、墙内力值除以柱跨 l，换算得到单位长度的板、墙内力值**。但是**柱子的内力值不除以 l，而直接用于配筋计算**（一个柱跨长度内的荷载全部由单根柱子承受）。

表 6.4.1　等代框架梁弯矩分配系数（示例）

截面		柱上板带	跨中板带
内跨	支座截面负弯矩 跨中截面正弯矩	0.75 0.55	0.25 0.45
边跨	第一支座截面负弯矩 跨中正弯矩 边支座截面负弯矩	0.75 0.55 0.90	0.25 0.45 0.10

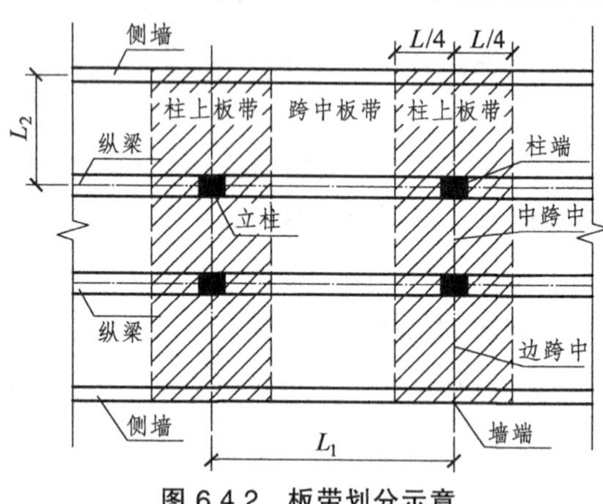

图 6.4.2　板带划分示意

2. **刚度等效法**

另外一种应用较多的方法是刚度等效法。由于地铁车站的长度远大于其宽度，刚度等效法将其作为平面应变问题来考虑，故框架结构沿纵向取一延米进行计算。由于中立柱在纵向上的不连续性，将柱按照刚度等效的原则换算为“中隔墙”进行计算。然后以等效的墙厚代替柱来进行平面框架有限元计算，所求得的“墙”内力即为柱的内力，并以此来进行配筋及强度验算[30]。采用此方法时，**对板、墙直接以计算所得的内力值进行配筋，而对柱子则要将柱的计算内力值乘以柱跨 *l* 之后再进行配筋**。

抗压刚度等效原则即换算截面应和原截面面积相等，比如假定柱的截面为圆形，则等效的墙厚可按下式求出[31]：

$$\frac{\pi d^2}{4}=bl \Rightarrow b=\frac{\pi d^2}{4l} \tag{6.4.1}$$

式中　d——柱的直径；

l——柱距；

b——等效墙厚。

基于刚度等效的原理，式（6.4.1）也可用于将围护结构的灌注桩等效为墙进行建模计算。

3. **平面简化方法的局限性**

这两种简化计算方法目前虽然得到了广泛的应用，但它们的问题在于：将纵梁和板、柱分离开来进行计算，使得整个结构的变形协调条件不能得到满足，导致板、纵梁内力与实际不符。

第一种方法在考虑弯矩分配系数时，该弯矩分配系数是针对无梁板结构的，而工民建等规范中并无与上述地铁结构相适应的条文可供参考（注：经过文献[30]的建模对比，两者实际弯矩结果差别较大）。

第二种方法把柱等效为墙，其不足在于等效过程不能同时满足竖向受压变形刚度和平面内受弯刚度相等。人为地强制性等效破坏了结构的总体变形协调条件，其结论必然存在一定的差异[29]。另外，平面简化不能反映车站的交叉节点和侧墙开洞处的实际几何特性和受力状态，其计算结果的准确性不能满足结构设计的要求，作为设计依据时应慎重考虑[29]。

综上所述，平面简化计算方法只能说是一种近似的计算方法。由于影响板带内力分布的因素较多，而结构形式又复杂多变，在目前尚无针对类似结构的规范颁布之前，有条件时宜采用空间计算分析方法。在本科毕业设计中，不涉及过于复杂的计算，仍然按照平面简化方法进行车站主体结构的计算，**建议采用刚度等效法进行建模计算**。

6.4.4 明挖结构计算要点

明挖地铁车站目前计算模型多采用“荷载-结构”模型，相关计算软件种类较多，包括SAP84、SAP2000 等软件。**此处仅结合数值计算建模说明明挖地铁车站平面计算模型的设置要点**，具体的建模过程可参见不同计算软件的教程及资料。

1. 平面计算基本假定

（1）将组成结构的各段梁柱分成梁单元，各单元之间以节点相连，单元长度取纵向 1 m 计算[32]（即采用等效刚度法）。

（2）用布置于各节点上的弹簧单元来模拟地层与车站主体结构的相互约束，底板弹簧刚度大小取所在土层垂直基床系数与相邻两弹簧之间的距离的乘积，侧墙弹簧刚度大小取所在土层水平基床系数与相邻两弹簧之间距离的乘积[30]；假定**弹簧不承受拉力（需要反复试算调整）**，弹簧受压时的反力即为围岩对底板的弹性抗力[32]。

（3）对于采用复合墙形式的支护结构，支护结构与内衬结构之间的传力采用受压链杆（二力杆）模拟。受压链杆仅传递压力，不承受弯矩、剪力与拉力，**当受压链杆受拉时应取消此杆重新计算**。此外，根据计算经验，压杆的弹性模量数量级取为 $10^{15}\sim10^{17}$ 时能较好地保证围护结构与主体结构的变形的协调和连续性。

（4）**开挖与回筑阶段迎土面采用主动土压力，使用阶段为静止土压力。**

2. 纵梁计算方法

纵梁的平面计算方法目前有两种：按多跨连续梁[32]或多跨连续框架计算[33，34]，两种计算方法的结果（弯矩图）示例如图 6.4.3 所示。

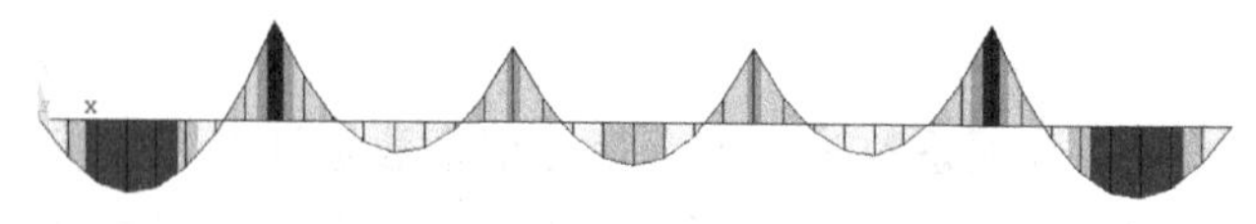

（a）多跨连续梁模型弯矩图

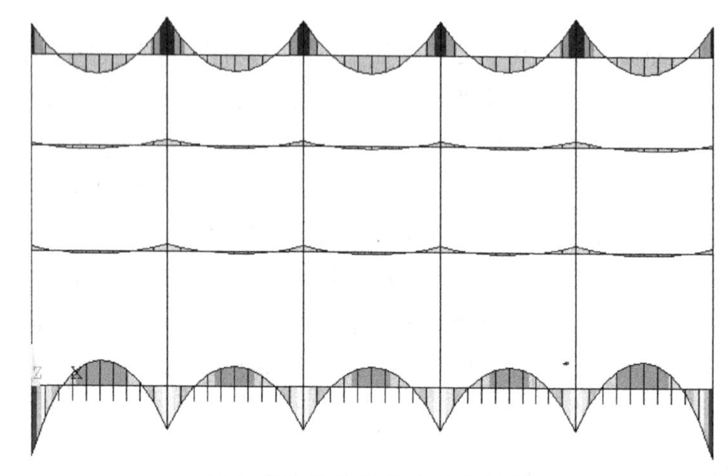

（b）多跨连续框架模型弯矩图

图 6.4.3　纵梁平面计算模型

（1）纵梁荷载计算方法：当采用等效刚度法时，可将计算所得的柱子最大轴力除以纵向框架的跨长作为均布荷载；**常见的方法是取纵梁两侧各半跨板上所受的荷载（包括板重）作用到梁上**，其中底梁采用倒梁法（假定底梁所受地基反力为均匀分布，与竖向作用在地基上的荷载等值）进行受力分析。

（2）纵梁建模跨长：纵梁可取 5 跨或全长进行计算，如果取 5 跨计算时，计算配筋的内力值应取为中跨的内力值（边跨的内力值可能失真）。

3. 节点刚域及弯矩调幅

当框架构件截面相对其跨度较大时，梁柱连接处会形成相对刚性的节点区域，节点中的实际内力分布见图 6.4.4[35]，此时应考虑截面尺寸的影响。一般采用两端带有刚域的杆件对刚架计算简图进行修正。影响构件刚域长度的因素包括梁柱刚度比、梁的高跨比、柱的线刚度以及节点形式等。

节点刚域使得构件局部刚度加大，因此对结构的刚度有一定影响，同时对构件内力设计值选用也有一定影响，尤其是在构件截面尺寸较大时。为充分发挥钢筋混凝土结构的塑性承载能力并使得配筋经济，在实际的设计中应进行适度的调幅（对支座弯矩），将负弯矩区计算理论值削峰或调幅后进行配筋计算，正弯矩区计算理论值调幅后进行配筋计算。在相关的设计规范中对弯矩调幅进行了一定的说明[21]，但对本科生来说，对相关概念的理解和对设计方法的掌握相对难度较大，此处不做深入的要求，可按弹性方法分析地铁车站结构内力。

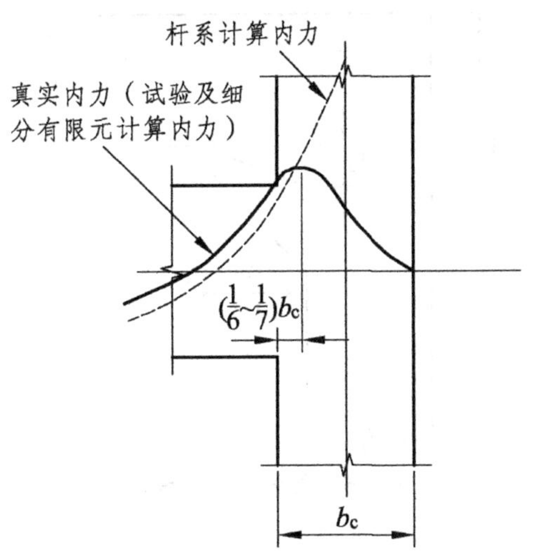

图 6.4.4　框架节点处的真实弯矩图

此处需要注意的是，在毕业设计中需要对框架结构的角隅（斜托）部位和梁柱交叉节点处选取正确的弯矩和剪力值进行配筋。《地下结构设计原理与方法》中对此进行了说明（图 6.4.5）[36]，计算配筋的弯矩、剪力如图 6.4.5（b）、图 6.4.5（c）所示，其中根据剪力配筋的计算公式如下：

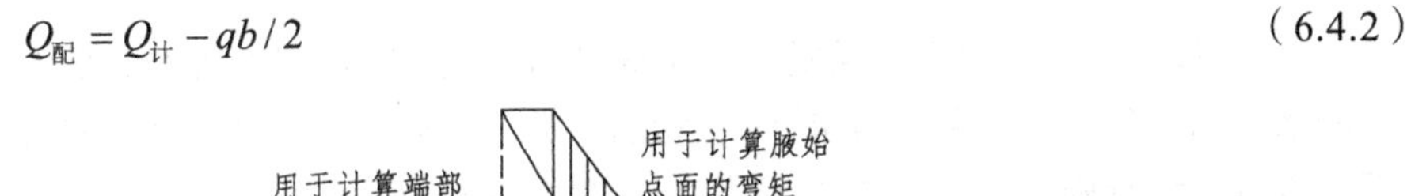

$$Q_{配} = Q_{计} - qb/2 \tag{6.4.2}$$

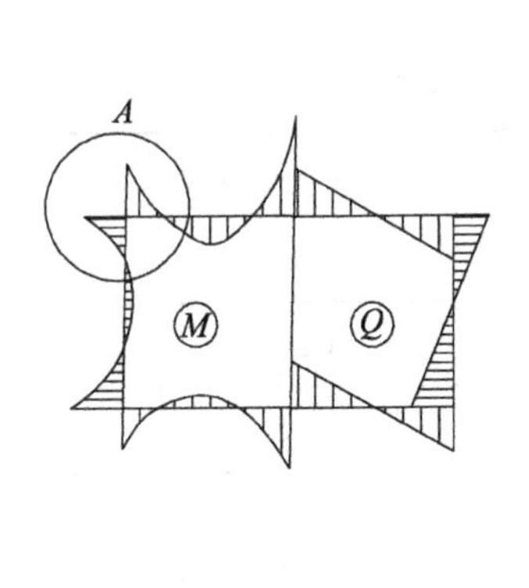

（a）内力图

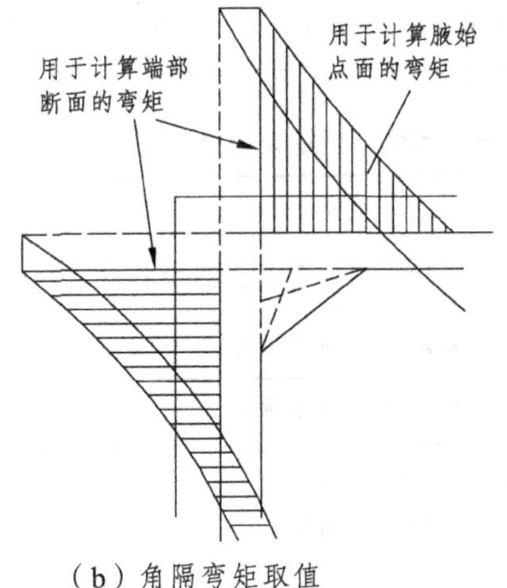

（b）角隔弯矩取值

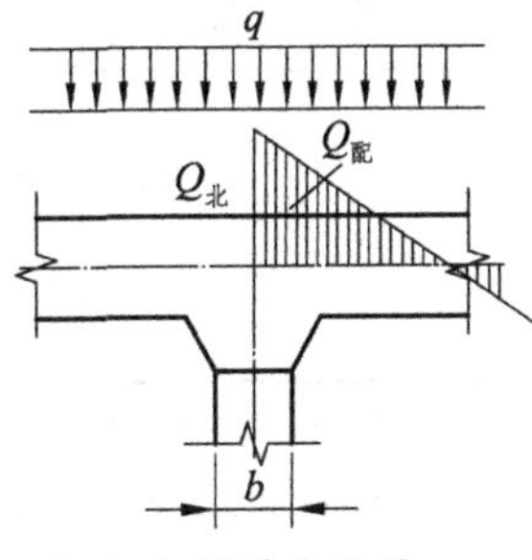

（c）角隔剪力取值

图 6.4.5　计算配筋弯矩和剪力

在设有支托（斜托）的框架结构中，进行截面强度验算时，杆件两端的截面计算高度采用 $d+S/3$（图 6.4.6），其中 d 为截面的高度，S 为平行于构件轴线方向的支托长度。同时，$d+S/3$ 的值不得超过杆件端截面的高度 d_1，即

$$d+S/3 \leqslant d_1 \tag{6.4.3}$$

框架的顶板、底框、侧墙均按偏心受压构件验算截面强度（配筋）[36]。

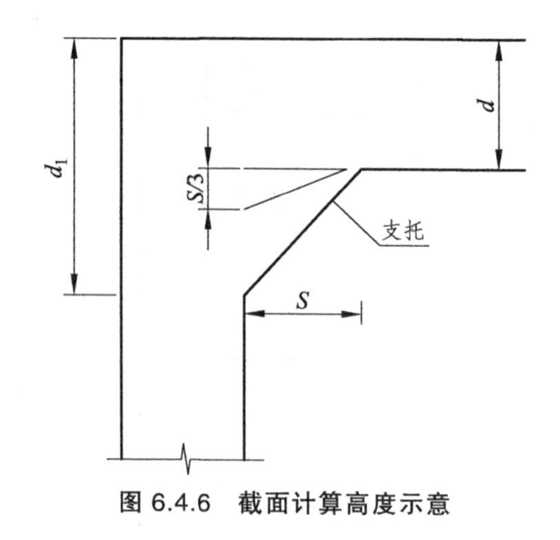

图 6.4.6 截面计算高度示意

6.5 构件配筋及裂缝控制验算

6.5.1 一般规定

1. 材料参数要求

《地铁设计规范》规定，混凝土的原材料和配比、最低强度等级、最大水胶比和单方混凝土的水泥用量等应符合耐久性要求，满足抗裂、抗渗、抗冻和抗侵蚀的需要。一般环境条件下的混凝土设计强度等级不得低于表 6.5.1 的规定[6]。

表 6.5.1 一般环境条件下明挖地下结构混凝土的最低设计强度等级

施工方法	结构类型	混凝土设计强度等级
明 挖 法	整体式钢筋混凝土结构	C35
	装配式钢筋混凝土结构	C35
	作为永久结构的地下连续墙和灌注桩	C35

注：一般环境条件指现行国家标准《混凝土结构设计规范》环境类别中的一类和二 a 类。

普通钢筋混凝土和喷锚支护结构中的钢筋及预应力混凝土结构中的非预应力钢筋应按下列规定选用[6]：

（1）纵向受力钢筋宜采用 HRB400、HRB500、HRBF400、HRBF500 钢筋，也可采用 HPB300、**HRB335**、RRB400 钢筋。

（2）梁、柱纵向受力钢筋应采用 **HRB400**、HRB500、HRBF400、HRBF500 钢筋。

（3）箍筋宜采用 HRB400、HRBF400、HPB300、HRB500、HRBF500 钢筋，也可采用 **HRB335**、HRBF335 钢筋。

2. 最大计算裂缝宽度允许值

处于一般环境中的普通钢筋混凝土地下结构，按荷载准永久组合并考虑长期作用影响计算时，构件的最大计算裂缝宽度允许值，可按表 6.5.2 中的数值进行控制；处于冻融环境或侵蚀环境等不利条件下的结构，其最大计算裂缝宽度允许值应根据具体情况另行确定[6]。

表 6.5.2　最大计算裂缝宽度允许值　　单位：mm

结构类型		允许值	附　注
盾构隧道管片		0.2	
其他结构	水中环境、土中缺氧环境	0.3	
	洞内干燥环境或洞内潮湿环境	0.3	环境相对湿度为 45%～80%
	干湿交替环境	0.2	

注：1. 当设计采用的最大裂缝宽度的计算式中的保护层的实际厚度超过 30 mm 时，可将保护层厚度的计算值取为 30 mm；
2. 厚度不小于 300 mm 的钢筋混凝土结构可不考虑干湿交替作用。

表 6.5.2 是根据耐久性要求提出的，考虑到地铁地下结构基本均设置了有利于保护混凝土结构的防水层，且结构的厚度也比较大，因此《地铁设计规范》（GB 50157—2013）对于干湿交替条件下的裂缝宽度进行了有条件放宽，即：厚度不小于 300 mm 的结构可不考虑干湿交替作用，最小裂缝宽度可按照洞内干燥环境或洞内潮湿环境条件下裂缝宽度（0.3 mm）控制。

通常情况下，地铁车站的钢筋混凝土裂缝宽度限值为迎水侧 0.2 mm，背水侧 0.3 mm。毕业设计中可以根据此标准进行裂缝宽度的控制，也可根据《地铁设计规范》（GB 50157—2013）的要求，适当放宽裂缝控制标准（0.3 mm），以减小配筋难度。

3. 保护层厚度

地铁车站主体结构的钢筋（包括分布钢筋）混凝土保护层厚度应根据结构类别、环境条件和耐久性要求等确定，净保护层最小厚度应符合表 6.5.3 的规定[6]。

表 6.5.3　一般环境作用下混凝土结构构件最小钢筋净保护层厚度　　单位：mm

结构类别	地下连续墙		灌注桩	明挖结构					钢筋混凝土管片		矿山法施工的结构		
				顶板		楼板	底板				初支或喷锚衬砌		二衬
	外侧	内侧		外侧	内侧		外侧	内侧	外侧	内侧	外侧	内侧	
保护层厚度	70	70	70	45	35	30	45	35	35	25	40	40	35

注：1. 顶进法和沉管法施工的隧道主筋的保护层厚度可采用明挖结构的数值；
2. 矿山法施工的结构当二衬的厚度大于 500 mm 时主筋的保护层厚度应采用 40 mm；
3. 当地下连续墙与内衬组成叠合墙时，其内侧钢筋的保护层厚度可采用 50 mm。

4. 配筋率要求

明挖法施工的地下结构周边构件和中楼板每侧暴露面上的分布钢筋的配筋率，不宜低于 0.2%，同时分布钢筋的间距也不宜大于 150 mm。当混凝土强度等级大于 C60 时，分布钢筋的最小配筋率宜增加 0.1%[6]。

《混凝土结构设计规范》中规定：钢筋混凝土结构构件中纵向受力钢筋的配筋率不应小于表 6.5.4 规定的数值[21]。

表 6.5.4　纵向受力钢筋的最小配筋百分率 ρ_{min}

受力类型			最小配筋百分率（%）
受压构件	全部纵向钢筋	强度等级 500 MPa	0.50
		强度等级 400 MPa	0.55
		强度等级 300 MPa、335 MPa	0.60
		一侧纵向钢筋	0.20
受弯构件、偏心受拉、轴心受拉构件一侧的受拉钢筋			0.20 和 $45f_t/f_y$ 中的较大值

根据工程设计经验，一般情况下地铁车站结构板、墙的配筋率为 0.3% ~ 0.8%（单筋）；梁的配筋率为 0.6% ~ 1.5%（单筋），但是考虑到实际配筋会做成双筋梁，所以梁的配筋率基本控制在 1.0% ~ 1.5%；柱的配筋率不宜大于 5%。一般地铁车站构件，最大配筋率约 2.4%，最小配筋率为 0.25%。

另外，在地铁车站设计中，为避免钢筋种类较多造成施工中混用或误用，通常应尽量采用统一规格的钢筋（但也应满足规范中关于钢筋间距的要求）；有时势必造成少量浪费，但设计必须要合理考虑施工的便利性。受力钢筋规格一般 18 mm 以下的不用，而且同一个断面中，受力钢筋不宜超过 3 种，直径相差宜大于 4 mm。

5. 配筋截面选取

配筋计算时候需要选取结构的危险截面处的内力值（M、N、V）进行配筋设计，一般情况下，地铁车站横断面的危险截面选取位置如图 6.5.1 所示，柱子则直接采用最大轴力进行配筋设计。

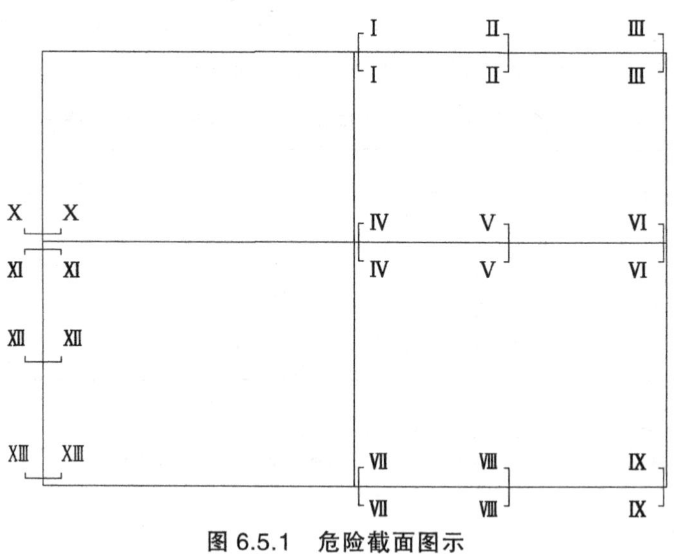

图 6.5.1　危险截面图示

危险截面的内力值提取后，用列表的方式汇总，注意需分别提取承载能力极限状态和正常使用极限状态下的内力计算结果。

6.5.2 配筋及构造规定

根据《混凝土结构设计规范》中相关条文的要求，普通混凝土构件（板、梁、柱、墙）的配筋构造仍然需要满足相应的要求[21]。以下结合毕业设计的需要，对相关的条文进行说明。当以下的条文中未对涉及的变量进行说明时，请参见文献[21]。

1. 板

1）基本规定

当长边与短边长度之比不小于 3.0 时，宜按沿短边方向受力的单向板计算，并应沿长边方向布置构造配筋。

板中受力钢筋的间距，当板厚不大于 150 mm 时不宜大于 200 mm；当板厚大于 150 mm 时不宜大于板厚的 1.5 倍，且不宜大于 250 mm。

2）构造配筋

当按单向板设计时，应在垂直于受力的方向布置分布钢筋，单位宽度上的配筋不宜小于单位宽度上的受力钢筋的 15%，且配筋率不宜小于 0.15%；分布钢筋直径不宜小于 6 mm，间距不宜大于 250 mm；当集中荷载较大时，分布钢筋的配筋面积尚应增加，且间距不宜大于 200 mm，如图 6.5.2 所示。

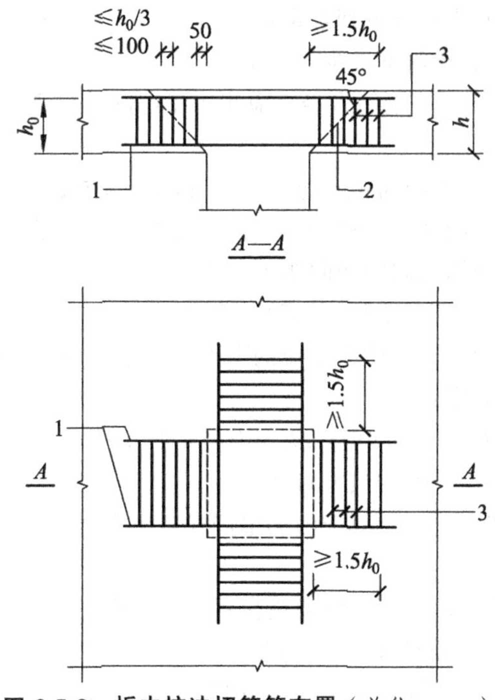

图 6.5.2 板中抗冲切箍筋布置（单位：mm）

1—架立钢筋；2—冲切破坏锥面；3—箍筋

3）板柱结构

（1）当混凝土板中配置抗冲切箍筋时，应符合以下构造要求：按计算所需的箍筋及相应的架立钢筋应配置在与 45°冲切破坏锥面相交的范围内，且从集中荷载作用面或者柱截面边缘向外的分布长度不应小于 $1.5h_0$（h_0 为截面有效高度）；箍筋直径不应小于 6 mm，且应做成封闭式，间距不应大于 $h_0/3$，且不应大于 100 mm。

（2）板柱节点可采用带柱帽或托板的结构形式。板柱节点的形状、尺寸应包容 45°的冲切破坏锥体，并应满足受冲切承载力的要求。柱帽的高度不应小于板的厚度 h；托板的厚度不应小于 $h/4$。柱帽或托板在平面两个方向上的尺寸均不宜小于同方向上柱截面宽度 b 与 $4h$ 的和（图 6.5.3）。

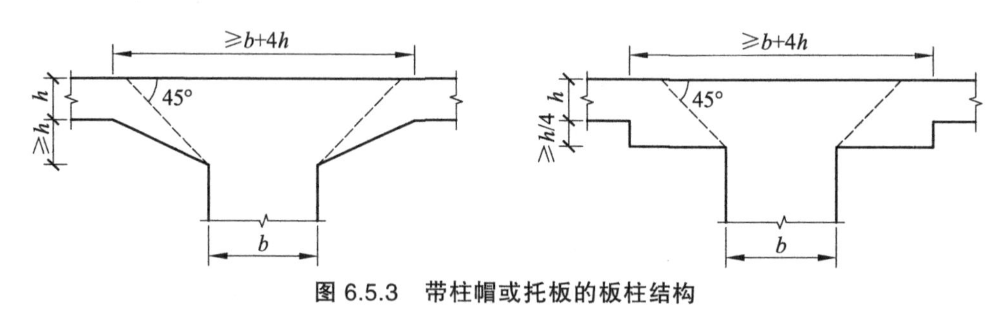

图 6.5.3　带柱帽或托板的板柱结构

2. 梁

1）纵向配筋

（1）梁的纵向受力钢筋应符合下列规定：

① 伸入梁支座范围内的钢筋不应少于 2 根。

② 梁高不小于 300 mm 时，钢筋直径不应小于 10 mm；梁高小于 300 mm 时，钢筋直径不应小于 8 mm。

③ 梁上部钢筋水平方向的净间距不应小于 30 mm 和 1.5 d；梁下部钢筋水平方向的净间距不应小于 25 mm 和 d。当下部钢筋多于 2 层时，2 层以上钢筋水平方向的中距应比下面 2 层的中距增大一倍；各层钢筋之间的净间距不应小于 25 mm 和 d（d 为钢筋的最大直径）。

④ 在梁的配筋密集区域宜采用并筋的配筋形式。

（2）钢筋混凝土简支梁和连续梁简支端的下部纵向受力钢筋，从支座边缘算起伸入支座内的锚固长度应符合下列规定：

① 当 V 不大于 $0.7f_tbh_0$ 时，不小于 $5d$；当 V 大于 $0.7f_tbh_0$ 时，对带肋钢筋不小于 $12d$，对光圆钢筋不小于 $15d$，d 为钢筋的最大直径。

② 如纵向受力钢筋伸入梁支座范围内的锚固长度不满足以上要求时，可采取弯钩或机械锚固措施。

③ 钢筋混凝土梁支座截面负弯矩纵向受拉钢筋不宜在受拉区截断。

（3）梁的上部纵向构造钢筋应符合下列要求：

① 当梁端按简支计算但实际受到部分约束时，应在支座区上部设置纵向构造钢筋。其截面面积不应小于梁跨中下部纵向受力钢筋计算所需截面面积的 1/4，且不应少于 2 根。该纵向构造钢筋自支座边缘向跨内伸出的长度不应小于 $l_0/5$，l_0 为梁的计算跨度。

② 对架立钢筋，当梁的跨度小于 4 m 时，直径不宜小于 8 mm；当梁的跨度为 4 m ~ 6 m 时，直径不应小于 10 mm；当梁的跨度大于 6 m 时，直径不宜小于 12 mm。

2）横向配筋

（1）混凝土梁宜采用箍筋作为承受剪力的钢筋。

（2）梁中箍筋的配置应符合下列规定：

① 按承载力计算不需要箍筋的梁，当截面高度大于 300 mm 时，应沿梁全长设置构造箍筋；当截面高度 h = 150 mm ~ 300 mm 时，可仅在构件端部 $l_0/4$ 范围内设置构造箍筋，l_0 为跨度。但当在构件中部 $l_0/2$ 范围内有集中荷载作用时，则应沿梁全长设置箍筋。当截面高度小于 150 mm 时，可以不设置箍筋。

② 截面高度大于 800 mm 的梁，箍筋直径不宜小于 8 mm；对截面高度不大于 800 mm 的梁，不宜小于 6 mm。梁中配有计算需要的纵向受压钢筋时，箍筋直径尚不应小于 $d/4$，d 为受压钢筋最大直径。

③ 梁中箍筋的最大间距宜符合表 6.5.5 的规定；当 V 大于 $0.7f_tbh_0+0.05N_{p0}$ 时，箍筋的配筋率 ρ_{sv}[$\rho_{sv}=A_{sv}/(bs)$]尚不应小于 $0.24f_t/f_{yv}$。

表 6.5.5　梁中箍筋的最大间距　　单位：mm

梁高 h	$V>0.7f_tbh_0+0.05N_{p0}$	$V\leqslant 0.7f_tbh_0+0.05N_{p0}$
$150<h\leqslant 300$	150	200
$300<h\leqslant 500$	200	300
$500<h\leqslant 800$	250	350
$h>800$	300	400

④ 当梁中配有按计算需要的纵向受压钢筋时，箍筋应符合以下规定：箍筋应做成封闭式，且弯钩直线段长度不应小于 $5d$，d 为箍筋直径。箍筋的间距不应大于 $15d$，并不应大于 400 mm；当一层内的纵向受压钢筋多于 5 根且直径大于 18 mm 时，箍筋间距不应大于 $10d$，d 为纵向受压钢筋的最小直径。当梁的宽度大于 400 mm 且一层内的纵向受压钢筋多于 3 根时，或当梁的宽度不大于 400 mm 但一层内的纵向受压钢筋多于 4 根时，应设置复合箍筋。

3. 柱

1）纵向钢筋

柱中纵向钢筋的配置应符合下列规定：

（1）纵向受力钢筋直径不宜小于 12 mm，全部纵向钢筋的配筋率不宜大于 5%。

（2）柱中纵向钢筋的净间距不应小于 50 mm，且不宜大于 300 mm。

（3）偏心受压柱的截面高度不小于 600 mm 时，在柱的侧面上应设置直径不小于 10 mm 的纵向构造钢筋，并相应设置复合箍筋或拉筋。

（4）圆柱中纵向钢筋不宜少于 8 根，不应少于 6 根，且宜沿周边均匀布置。

（5）在偏心受压柱中，垂直于弯矩作用平面的侧面上的纵向受力钢筋以及轴心受压柱中各边的纵向受力钢筋，其中距不宜大于 300 mm。

2）筋

柱中的箍筋应符合下列规定：

（1）箍筋直径不应小于 $d/4$，且不应小于 6 mm，d 为纵向钢筋的最大直径。

（2）箍筋间距不应大于 400 mm 及构件截面的短边尺寸，且不应大于 $15d$，d 为纵向钢筋的最小直径。

（3）柱及其他受压构件中的周边箍筋应做成封闭式，对圆柱中的箍筋，搭接长度不应小于规定的锚固长度，且末端应做成 135°弯钩，弯钩末端平直段长度不应小于 $5d$，d 为箍筋直径。

（4）当柱截面短边尺寸大于 400 mm 且各边纵向钢筋多于 3 根时，或当柱截面短边尺寸不大于 400 mm 但各边纵向钢筋多于 4 根时，应设置复合箍筋。

（5）柱中全部纵向受力钢筋的配筋率大于 3%时，箍筋直径不应小于 8 mm，间距不应大于 $10d$，且不应大于 200 mm；箍筋末端应做成 135° 弯钩，且弯钩末端平直段长度不应小于 $10d$，d 为纵向受力钢筋的最小直径。

（6）在配有螺旋式或焊接环式箍筋的柱中，如在正截面受压承载力计算中考虑间接钢筋的作用时，箍筋间距不应大于 80 mm 及 $d_{cor}/5$，且不宜小于 40 mm，d_{cor} 为按箍筋内表面确定的核心截面直径。

4. 柱节点

梁柱节点部位处需要考虑梁、柱钢筋的锚固，根据梁、柱及钢筋类型的不同，锚固形式和长度要求也各有区别，此处不展开介绍，仅对几种主要的锚固形式进行介绍（如图 6.5.4 ~ 图 6.5.7），具体的规定请查阅《混凝土结构设计规范》[21]。

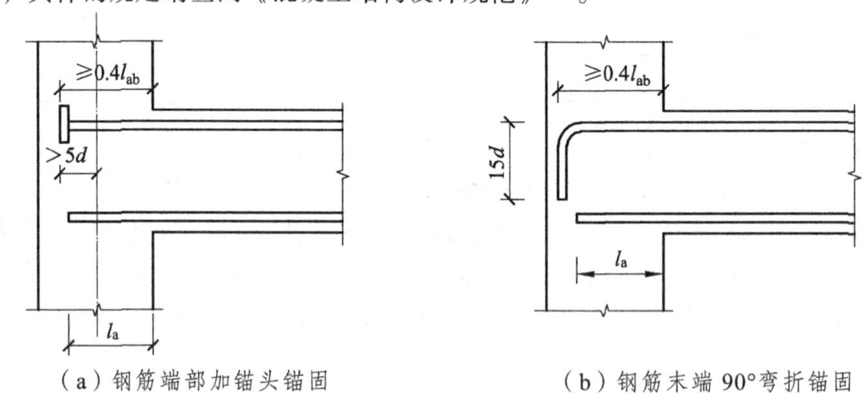

（a）钢筋端部加锚头锚固　　（b）钢筋末端 90°弯折锚固

图 6.5.4　梁上部纵向钢筋在中间层端节点内的锚固

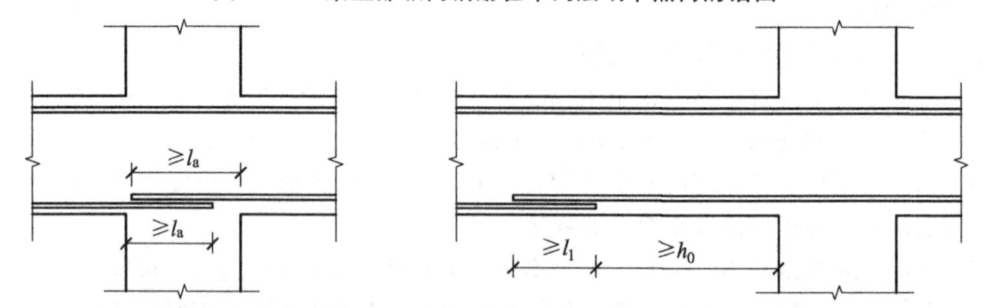

（a）下部纵向钢筋在节点中直线锚固　（b）下部纵向钢筋在节点或支座范围外的搭接

图 6.5.5　梁下部纵向钢筋在中间节点或中间支座范围的锚固与搭接

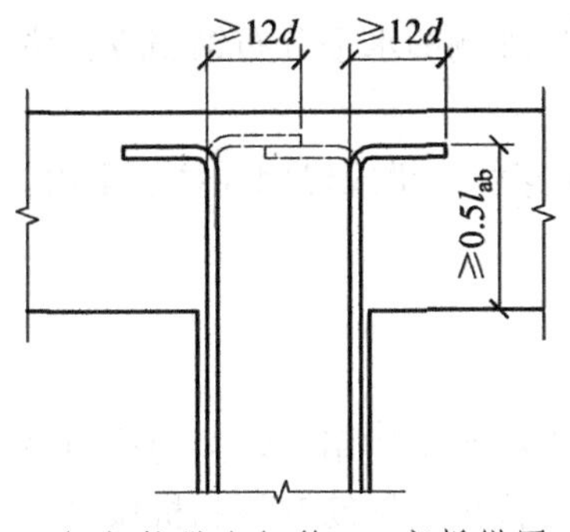

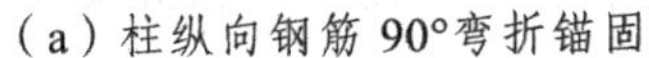
（a）柱纵向钢筋 90°弯折锚固

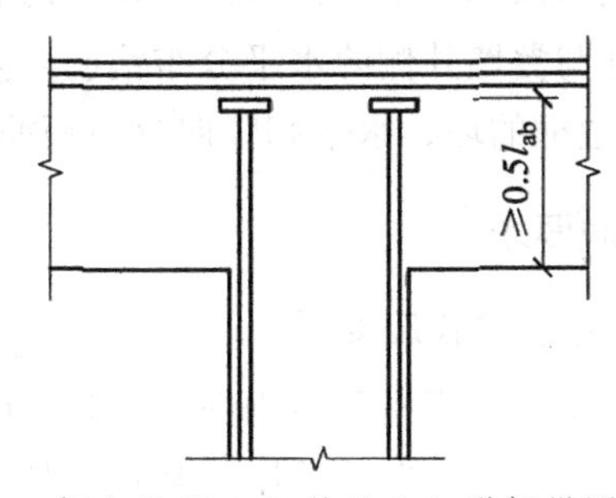

（b）柱纵向钢筋端头加锚板锚固

图 6.5.6　顶层节点中柱纵向钢筋在节点内的锚固

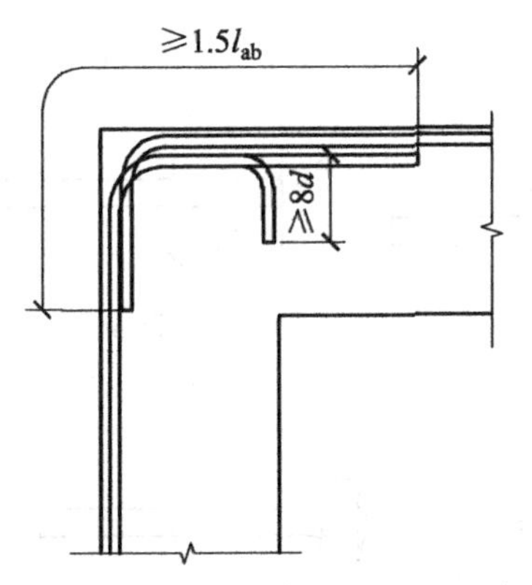

（a）搭接接头沿顶层端节点外侧及梁端顶部布置

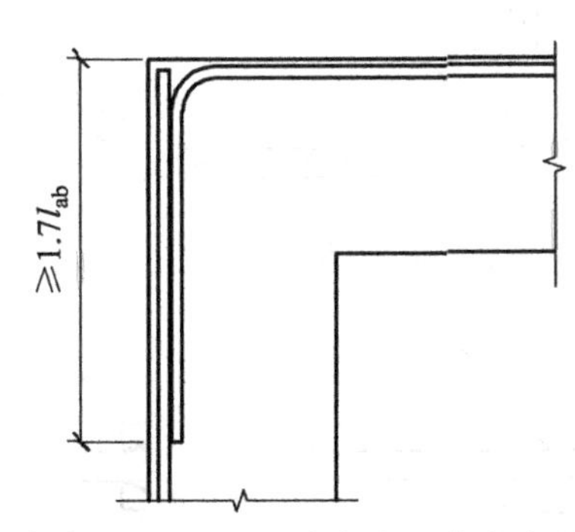

（b）搭接接头沿节点外侧直线布置

图 6.5.7　顶层端节点梁、柱纵向钢筋在节点内的锚固与搭接

5. **墙**

（1）竖向构件截面长边、短边（厚度）比值大于 4 时，宜按墙的要求进行设计。

（2）厚度大于 160 mm 的墙应配置双排分布钢筋网；双排分布钢筋网应沿墙的两个侧面布置，且应采用拉筋连系；拉筋直径不宜小于 6 mm，间距不宜大于 600 mm。

（3）墙水平及竖向分布钢筋直径不宜小于 8 mm，间距不宜大于 300 mm。墙水平分布钢筋的配筋率和竖向分布钢筋的配筋率不宜小于 0.20%；重要部位的墙，水平和竖向分布钢筋的配筋率宜适当提高。

（4）对于房屋高度不大于 10 m 且不超过 3 层的墙，其截面厚度不应小于 120 mm，其水平与竖向分布钢筋的配筋率均不宜小于 0.15%。

（5）墙中配筋构造应符合下列要求：

① 墙竖向分布钢筋可在同一高度搭接，搭接长度不应小于 1.2l_a。

② 墙水平分布钢筋的搭接长度不应小于 1.2l_a；同排水平分布钢筋的搭接接头之间以及上、下相邻水平分布钢筋的搭接接头之间，沿水平方向的净间距不宜小于 500 mm。

③ 墙中水平分布钢筋应伸至墙端，并向内水平弯折 10d，d 为钢筋直径。

④ 端部有翼墙或转角的墙，内墙两侧和外墙内侧的水平分布钢筋应伸至翼墙或转角外

边，并分别向两侧水平弯折 15d。在转角墙处，外墙外侧的水平分布钢筋应在墙端外角处弯入翼墙，并与翼墙外侧的水平分布钢筋搭接。

⑤ 带边框的墙，水平和竖向分布钢筋宜分别贯穿柱、梁或锚固在柱、梁内。

6. 其他要求

1）钢筋锚固长度要求

钢筋的锚固长度指受力钢筋依靠其表面与混凝土的黏结作用或端部构造的挤压作用而达到设计承受应力所需要的长度，其目的是防止钢筋被拔出。钢筋弯钩和机械锚固的形式如图 6.5.8 所示[21]。

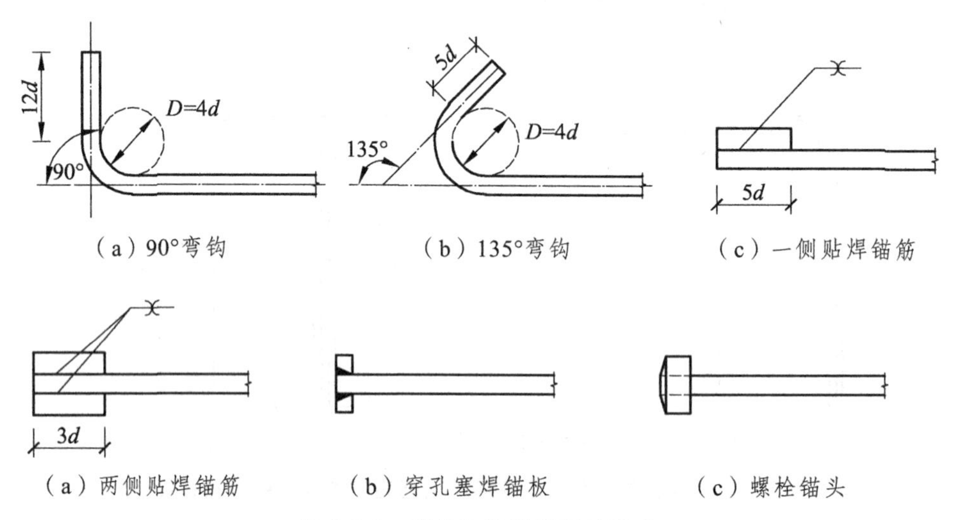

（a）90°弯钩　（b）135°弯钩　（c）一侧贴焊锚筋

（a）两侧贴焊锚筋　（b）穿孔塞焊锚板　（c）螺栓锚头

图 6.5.8　弯钩和机械锚固的形式

受拉钢筋的锚固长度 l_a 可以根据锚固条件由基本锚固长度 l_{ab} 乘以修正系数 ξ_a 计算得到[21]。HRB335 纵向受拉钢筋的锚固长度 l_a 可按表 6.5.6 取用；纵向受压钢筋锚固长度不应小于相应受拉锚固长度的 70%，且纵向受压钢筋不应采用末端弯钩和一侧贴焊锚筋的锚固措施。

表 6.5.6　受拉钢筋最小锚固长度 l_a 经验值

钢筋种类	混凝土强度等级									
	C20		C25		C30		C35		≥C40	
	d≤25	d>25	d≤25	d>25	d≤25	d>25	d≤25	d>25	d≤25	d>25
HRB335	39d	42d	34d	37d	30d	33d	27d	30d	25d	27d

注：当考虑抗震作用时，纵向受拉钢筋的锚固长度还应乘以抗震锚固长度修正系数 ξ_{aE}，对一、二级抗震等级取 1.15，对三级抗震等级取 1.05，对四级抗震等级取 1.0。

纵向受拉钢筋末端采用弯钩或机械锚固措施时，包括弯钩或锚固端头在内的锚固长度（投影长度）可取为基本锚固长度 l_{ab} 的 60%。

2）纵向受拉钢筋弯钩锚固的增加长度计算

钢筋弯钩弯曲的角度常有 90°（直弯钩）、135°（斜弯钩）和 180°（半圆弯钩）三种。一般Ⅰ级钢筋端部按带 180°弯钩考虑（Ⅱ级及以上的钢筋不考虑用 180°弯钩）。

钢筋弯钩增加长度的计算值如表 6.5.7 所示。其中Ⅰ级钢筋钩头弯后平直部分的长度，一般为钢筋直径的 3 倍；Ⅱ、Ⅲ级钢筋当弯钩角度为 90° 时直段长度为 $12d$，当弯钩角度为 135° 时直段长度为 $5d$。在计算钢筋用量时，将需要用到表 6.5.7 中的数据。

表 6.5.7　钢筋弯钩增加长度计算表

弯钩角度		180°	90°	135°
增加长度	Ⅰ级钢筋	$6.25d$	$3.5d$	$4.9d$
	Ⅱ级钢筋	—	$12d+0.9d$	$5d+2.9d$
	Ⅲ级钢筋	—	$12d+1.2d$	$5d+3.6d$

3）箍筋弯钩增加长度计算

箍筋弯钩平直部分的长度非抗震结构为箍筋直径的 5 倍；有抗震要求的结构为箍筋直径的 10 倍，且不小于 75 mm。由于一般结构均考虑抗震，箍筋弯钩形式多为 135°/135°（图 6.5.9），其弯钩增加长度计算如图 6.5.10 和表 6.5.8 所示。

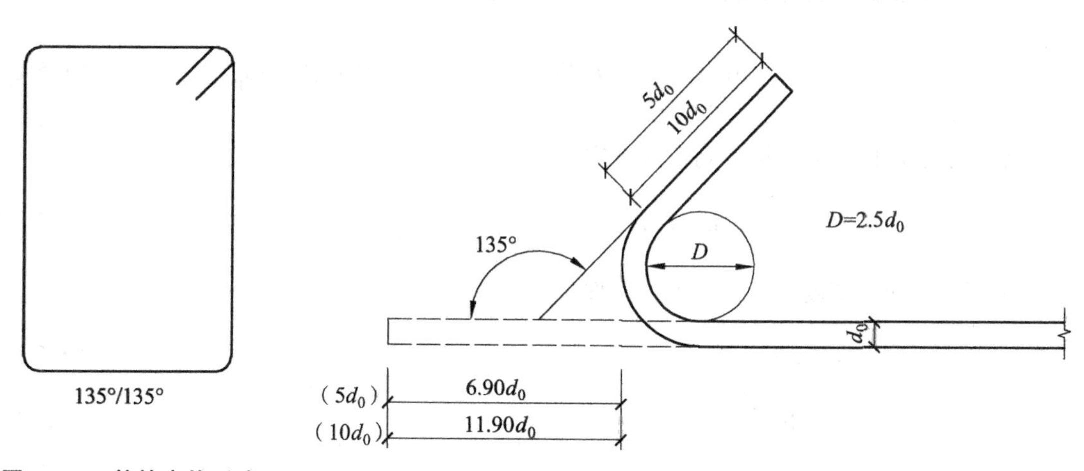

图 6.5.9　箍筋弯钩形式　　**图 6.5.10　箍筋弯钩增加长度计算**

表 6.5.8　箍筋弯钩增加长度表（Ⅰ级钢筋，直径 d）

结构有抗震要求			结构无抗震要求		
180°弯钩	**135°弯钩**	90°弯钩	180°弯钩	135°弯钩	90°弯钩
$13.25d$	**$11.90d$**	$10.50d$	$8.25d$	$6.90d$	$5.50d$

6.5.3 配筋及裂缝控制验算公式

根据车站不同构件的受力特点，需按照表 6.5.9 所示内容进行计算。**计算过程应体现三大步骤：正截面受压（弯）、斜截面受剪、裂缝控制验算**，根据规范的要求，以下列出配筋计算和裂缝控制验算中用到的主要公式[21]。

表 6.5.9 明挖地铁车站构件截面承载力计算及裂缝验算内容

构件	受力特性	截面承载力计算（承载能力极限状态计算）	裂缝验算（正常使用极限状态验算）
板	偏心受压	正截面受压、斜截面受剪	最大裂缝宽度
侧墙	偏心受压	正截面受压、斜截面受剪	最大裂缝宽度
柱	轴心受压或偏心受压	正截面受压、斜截面受剪（当偏心受压时）	轴压比（考虑抗震要求）、最大裂缝宽度（当偏心受压时）
纵梁	受弯	正截面受弯、斜截面受剪	最大裂缝宽度

注：对 $e_0/h<0.55$ 的偏心受压构件，可不验算裂缝宽度[21]。

1. **正截面受弯承载力计算**

矩形截面正截面受弯承载力应符合下列规定：

$$M \leqslant \alpha_1 f_c bx\left(h_0-\frac{x}{2}\right)+f'_y A'_s(h_0-a'_s)-(\sigma'_{p0}-f'_{py})A'_p(h_0-a'_p) \tag{6.5.1-1}$$

混凝土受压区高度应按下列公式确定：

$$\alpha_1 f_c bx = f_y A_s - f'_y A'_s + f_{py}A_p + (\sigma'_{p0}-f'_{py})A'_p \tag{6.5.1-2}$$

混凝土受压区高度尚应符合下列条件：

$$x \leqslant \xi_b h_0 \tag{6.5.1-3}$$

$$x \geqslant 2a' \tag{6.5.1-4}$$

式中 M——弯矩设计值；

α_1——系数，按《混凝土结构设计规范》[21]第 6.2.6 条规定计算；

f_c——混凝土轴心抗压强度设计值；

A_s、A'_s——受拉区、受压区纵向普通钢筋的截面面积；

A_p、A'_p——受拉区、受压区纵向预应力筋的截面面积；

σ'_{p0}——受压区纵向预应力筋合力点处混凝土法向应力等于零时的预应力筋应力；

b——矩形截面的宽度；

h_0——截面有效高度；

a'_s、a'_p——受压区纵向普通钢筋合力点、预应力筋合力点至截面受压边缘的距离；

a' ——受压区全部纵向钢筋合力点至截面受压边缘的距离，当受压区未配置纵向预应力筋时，公式（6.5.1-4）中的 a' 用 a_s' 代替。

2. 正截面受压承载力计算（轴心受压构件）

钢筋混凝土轴心受压构件，当配置的箍筋符合《混凝土结构设计规范》[21]第 9.3 节的规定时，其正截面受压承载力应符合下列规定：

$$N \leqslant 0.9\varphi(f_c A + f_y' A_s') \tag{6.5.2}$$

式中 N——轴向压力设计值；

φ——钢筋混凝土构件的稳定系数；

f_c——混凝土轴心抗压强度设计值；

f_y'——钢筋抗压强度设计值；

A——构件截面面积；

A_s'——全部纵向普通钢筋的截面面积。

当纵向普通钢筋的配筋率大于 3%时，式（6.5.2）中的 A 应改用（$A-A_s'$）代替。

3. 正截面受压承载力计算（偏心受压构件）

矩形截面偏心受压构件正截面受压承载力应符合下列规定：

$$N \leqslant \alpha_1 f_c bx + f_y' A_s' - \sigma_s A_s - (\sigma_{p0}' - f_{py}')A_p' - \sigma_p A_p \tag{6.5.3-1}$$

$$Ne \leqslant \alpha_1 f_c bx(h_0 - x/2) + f_y' A_s'(h_0 - a_s') - (\sigma_{p0}' - f_{py}')A_p'(h_0 - a_p') \tag{6.5.3-2}$$

$$e = e_i + \frac{h}{2} - a \tag{6.5.3-3}$$

$$e_i = e_0 + e_a \tag{6.5.3-4}$$

式中 e——轴向压力作用点至纵向受拉普通钢筋和受拉预应力筋的合力点的距离；

σ_s、σ_p——受拉边或受压较小边的纵向普通钢筋、预应力筋的应力；

e_i——初始偏心距；

a——纵向受拉普通钢筋和受拉预应力筋的合力点至截面近边缘的距离；

e_0——轴向压力对截面重心的偏心距，取为 M/N；

e_a——附加偏心距，取 20 mm 和偏心方向截面尺寸的 1/30 两者中的较大者；

x——混凝土受压区高度。

4. 斜截面受剪承载力计算（受弯构件）

矩形截面受弯构件的受剪截面应符合下列规定：

当 $h_w/b \leqslant 4$ 时

$$V \leqslant 0.25\beta_c f_c bh_0 \tag{6.5.4-1}$$

当 $h_w/b \geqslant 6$ 时

$$V \leqslant 0.2\beta_c f_c b h_0 \quad (6.5.4\text{-}2)$$

当 $4 < h_w/b < 6$ 时，按线性内插法确定。

式中 V —— 构件斜截面上的最大剪力设计值；

β_c —— 混凝土强度影响系数，当混凝土强度等级不超过 C50 时，取 1.0；

h_w —— 截面的腹板高度，矩形截面取有效高度。

5. 斜截面受剪承载力计算（偏心受压构件）

矩形截面的钢筋混凝土偏心受压构件，其斜截面受剪承载力应符合下列规定：

$$V \leqslant \frac{1.75}{\lambda+1} f_t b h_0 + f_{yv} \frac{A_{sv}}{s} h_0 + 0.07N \quad (6.5.5)$$

式中 λ——偏心受压构件计算截面的剪跨比，取为 $M/(Vh_0)$；

N——与剪力设计值 V 相应的轴向压力设计值，当大于 $0.3f_cA$ 时，取 $0.3f_cA$，此处 A 为构件的截面面积。

6. 裂缝控制验算

按照地铁车站的三级裂缝控制等级，在矩形截面的钢筋混凝土受拉、受弯和偏心受压构件中，按荷载标准组合或准永久组合并考虑长期作用影响的最大裂缝宽度应符合下列规定：

$$w_{max} \leqslant w_{lim} \quad (6.5.6\text{-}1)$$

$$w_{max} = \alpha_{cr}\psi \frac{\sigma_s}{E_s}\left(1.9c_s + 0.08\frac{d_{eq}}{\rho_{te}}\right) \quad (6.5.6\text{-}2)$$

$$\psi = 1.1 - 0.65\frac{f_{tk}}{\rho_{te}\sigma_s} \quad (6.5.6\text{-}3)$$

$$d_{eq} = \frac{\sum n_i d_i^2}{\sum n_i \nu_i d_i} \quad (6.5.6\text{-}4)$$

$$\rho_{te} = \frac{A_s + A_p}{A_{te}} \quad (6.5.6\text{-}5)$$

式中 w_{max}——按荷载的标准组合或准永久组合并考虑长期作用影响计算的最大裂缝宽度。

w_{lim}——最大裂缝宽度限值。

α_{cr}——构件受力特征系数。

ψ——裂缝间纵向受拉钢筋应变不均匀系数：当 $\psi<0.2$ 时，取 $\psi=0.2$；当 $\psi>1.0$ 时，取 $\psi=1.0$；对直接承受重复荷载的构件，取 $\psi=1.0$。

σ_s——按荷载准永久组合计算的钢筋混凝土构件纵向受拉普通钢筋应力。

E_s——钢筋的弹性模量。

c_s——最外层纵向受拉钢筋外缘至受拉区底边的距离（mm）：当 $c_s<20$ 时，取 $c_s=20$；当 $c_s>65$ 时，取 $c_s=65$。

ρ_{te}——按有效受拉混凝土截面面积计算的纵向受拉钢筋配筋率，当$\rho_{te}<0.01$ 时，取$\rho_{te}=0.01$。

A_{te}——有效受拉混凝土截面面积，对轴心受拉构件，取构件截面面积；对受弯、偏心受压和偏心受拉构件，取 $A_{te}=0.5bh+(b_f-b)h_f$，此处 b_f、h_f 为受拉翼缘的宽度、高度。

d_{eq}——受拉区纵向钢筋的等效直径（mm）。

d_i——受拉区第 i 种纵向钢筋的公称直径。

v_i——受拉区第 i 种纵向钢筋的相对黏结特性系数。

7. 其他要点及注意事项

配筋计算及裂缝控制验算过程中的一些要点如下：

（1）由于内力图数量较多（**M、N、V 及变形**），可放入附录中以简化正文页面，只需将所选定截面的两种极限状态下的内力值提取后列表汇总即可，其中**承载能力极限状态下的结构内力值用于构件的配筋，正常使用极限状态下的结构内力值用于裂缝验算**，不可混淆。

（2）计算过程每部分内容所用到的公式均应按顺序编号、说明式中参数的含义、标出所引用的参考文献（角标），请注意以《混凝土结构设计规范》上的公式为准（教科书可能有滞后）。

（3）计算过程较为烦琐，应编制 Excel 公式以简化计算，且同一类型的计算过程仅需在毕业设计说明书中列出一次，其余可列表汇总直接给出配筋结果；**汇总表中需要包含各构件的计算配筋面积、实际配筋面积、实际配筋结果、配筋率及裂缝计算宽度（柱子应计算轴压比）**。

（4）具体的配筋构造请查阅《混凝土结构设计规范》[21]或参照 6.5.2 节中的要求，务必按照规范的要求来进行配筋的布置（尤其是箍筋），注意配筋布置时应适当考虑施工时的可行性。

（5）在结构对称的情况下（如标准断面），柱中仅有轴力，因此可视为轴心受压构件计算，但当结构不对称时（如包含风道的非标准断面），柱中如有弯矩和剪力，则应视为偏心受压构件计算（但通常都可以满足 $e_0/h<0.55$ 的条件，因此无须进行裂缝控制验算）；柱子主要由轴压比控制，以满足抗震验算的要求。

（6）绘制结构配筋图纸时应按照工程制图的要求规范绘制，计算钢筋表并将其放入图中，其中钢筋大样长度计算时应考虑锚固长度及箍筋的弯钩增加长度。

（7）**配筋结果仍然需要满足抗震验算要求**，通常需要按抗震构造配筋要求调整本阶段的配筋结果，才绘制最终的配筋图。

6.6 地下结构抗震计算方法及验算要求

自从住房和城乡建设部2011年颁布《市政公用设施抗震设防专项论证技术要点（地下工程篇）》以来，国内开始重视和强调地铁结构的抗震性能，相应的规范也在不断颁布和更新，目前相关的规范有：《地铁设计规范》（GB 50157—2013）[6]、《建筑抗震设计规范》（GB 50011—2010）[27]、《建筑工程抗震设防分类标准》（GB 50223—2008）[38]、《城市轨道交通结构抗震设计规范》（GB 50909—2014）[39]，相应的计算方法也在日渐完善。因此，在毕业设计中应包含地铁车站抗震验算的内容，以促使学生初步掌握地下结构抗震计算理论和方法，为将来解决该类工程问题打下基础。

6.6.1 地下车站结构抗震设防基本规定

1. 设防分类及要求

1）建筑抗震设防类别

依据《建筑工程抗震设防分类标准》（GB 50223）中的规定[38]，建筑工程应分为以下4个抗震设防类别。

（1）特殊设防类：使用上有特殊设施，涉及国家公共安全的重大建筑工程和地震时可能发生严重次生灾害等特别重大灾害后果，需要进行特殊设防的建筑，简称甲类。

（2）重点设防类：地震时使用功能不能中断或需尽快恢复的生命线相关建筑，以及地震时可能导致大量人员伤亡等重大灾害后果，需要提高设防标准的建筑，简称乙类（地铁地下结构的抗震设防类别即为此类[6]）。

（3）标准设防类：大量的除（1）、（2）、（4）款以外按标准要求进行设防的建筑，简称丙类。

（4）适度设防类：使用上人员稀少且震损不致产生次生灾害，允许在一定条件下适度降低要求的建筑，简称丁类。

2）地铁地下结构设防目标

地铁地下结构设计应达到以下抗震设防目标[6]：

（1）当遭受低于本工程抗震设防烈度的多遇地震影响时，地下结构不损坏，对周围环境及地铁的正常运营无影响。

（2）当遭受相当于本工程抗震设防烈度的地震影响时，地下结构不损坏或仅需对非重要结构部位进行一般修理，对周围环境影响轻微，不影响地铁正常运营。

（3）当遭受高于本工程抗震设防烈度的罕遇地震（高于设防烈度1度）影响时，地下结构主要结构支撑体系不发生严重破坏且便于修复，无重大人员伤亡，对周围环境不产生严重影响，修复后的地铁可正常运营。

3）地震影响

城市轨道交通结构遭受的地震影响，应采用《中国地震动参数区划图》（GB 18306）确定的本地区地震动峰值加速度分区和反应谱特征周期表征。抗震设防地震动峰值加速度与抗震设防地震动分挡和抗震设防烈度之间对应关系应符合表 6.6.1 的规定[39]。

表 6.6.1 抗震设防地震动峰值加速度与抗震设防地震动分挡和抗震设防烈度之间对应关系

抗震设防地震动峰值加速度（g）	<0.09	[0.09，0.14）	[0.14，0.19）	[0.19，0.28）	[0.28，0.38）	≥0.38
抗震设防地震动分挡（g）	0.05	0.10	0.15	0.20	0.30	0.40
抗震设防烈度（度）	6	7		8		9

注：表中的 g 为重力加速度。

4）设防标准

重点设防类（乙类）结构的抗震设防标准，应符合下列要求：地震作用应按《中国地震动参数区划图》（GB 18306）规定的本地区抗震设防要求确定，或采用经地震主管部门批准的工程场地地震安全性评价的结果确定，但不应低于本地区抗震设防要求确定的地震作用。

5）地下车站抗震性能要求

地铁地下结构在不同地震动水准下的抗震性能要求应符合表 6.6.2 的规定[39]。表中所示的性能要求类别含义如下：

（1）性能要求Ⅰ：地震后不破坏或轻微破坏，应能够保持其正常使用功能；结构处于弹性工作阶段；不应因结构的变形导致轨道的过大变形而影响行车安全。

（2）性能要求Ⅱ：地震后可能破坏，经修补，短期内应能恢复其正常使用功能；结构局部进入弹塑性工作阶段。

（3）性能要求Ⅲ：地震后可能产生较大破坏，但不应出现局部或整体倒毁，结构处于弹塑性工作阶段。

表 6.6.2 地铁地下结构抗震设防目标

地震动水准		抗震设防类别	结构抗震性能要求（地下结构）
等级	重现期（年）		
E1 地震作用（多遇地震）	50	乙类	Ⅰ
E2 地震作用（设防地震）	475		Ⅰ
E3 地震作用（罕遇地震）	2 450		Ⅱ

2. 设计地震动参数

1）场地分类

工程场地类别，应根据岩石的剪切波速或土层等效剪切波速和场地覆盖层厚度划分为 4 类，并应符合表 6.6.3 的规定，其中Ⅰ类分为 I_0、I_1 两个亚类[39]。

表 6.6.3 工程场地类别与场地土层剪切波速和场地覆盖土层厚度对应表

土层等效剪切波速（m/s）	场地类别				
	I_0	I_1	Ⅱ	Ⅲ	Ⅳ
v_s>800	d=0	—	—	—	—
800≥v_s>500	—	d=0	—	—	—
500≥v_s>250	—	d<5	d≥5	—	—
250≥v_s>150	—	d<3	3≤d<50	d>50	—
v_s≤150	—	d<3	3≤d<15	15≤d<80	d>80

注：表中 v_s 为场地岩石剪切波速（m/s）；d 为场地覆盖层厚度（m）。

2）水平向设计地震动参数

据文献[39]，Ⅱ类场地设计地震动峰值加速度 $a_{max Ⅱ}$ 应按《中国地震动参数区划图》（GB 18306）中地震动峰值加速度分区值和表 6.6.4-1 采用，其他类别工程场地地表水平向设计地震动峰值加速度 a_{max} 应取Ⅱ类场地设计地震动峰值加速度 $a_{max Ⅱ}$ 乘以场地地震动峰值加速度调整系数 Γ_a 的值；场地地震动峰值加速度调整系数 Γ_a 应根据场地类别和Ⅱ类场地设计地震动峰值加速度值 $a_{max Ⅱ}$ 按表 6.6.4-2 采用；场地设计地震动加速度反应谱特征周期应根据场地类别和《中国地震动参数区划图》(GB 18306)中地震动反应谱特征周期分区按表 6.6.4-3 采用。

表 6.6.4-1 Ⅱ类场地设计地震动峰值加速度 $a_{max Ⅱ}$

地震动峰值加速度分区（g）	0.05	0.10	0.15	0.20	0.30	0.40
E1 地震作用（g）	0.03	0.054	0.08	0.10	0.15	0.20
E2 地震作用（g）	0.05	0.10	0.15	0.20	0.30	0.40
E3 地震作用（g）	0.125	0.22	0.31	0.40	0.51	0.62

表 6.6.4-2 场地地震动峰值加速度调整系数 Γ_a

场地类别	Ⅱ类场地设计地震动峰值加速度 $a_{max Ⅱ}$（g）					
	≤0.05	0.10	0.15	0.20	0.30	≥0.40
I_0	0.72	0.74	0.75	0.76	0.85	0.90
I_1	0.80	0.82	0.83	0.95	0.95	1.00
Ⅱ	1.00	1.00	1.00	1.00	1.00	1.00
Ⅲ	1.30	1.25	1.15	1.00	1.00	1.00
Ⅳ	1.25	1.20	1.10	1.00	0.95	0.90

表 6.6.4-3 设计地震动加速度反应谱特征周期 T_g 单位：s

反应谱特征周期分区	场地类别				
	I_0	I_1	Ⅱ	Ⅲ	Ⅳ
0.35 s 区	0.20	0.25	0.35	0.45	0.65
0.40 s 区	0.25	0.30	0.40	0.55	0.75
0.45 s 区	0.30	0.35	0.45	0.65	0.90

Ⅱ类场地设计地震动峰值位移 $u_{\max Ⅱ}$ 应按《中国地震动参数区划图》（GB 18306）中地震动峰值加速度分区值和表 6.6.5-1 采用，其他类别工程场地地表水平向设计地震动峰值位移 $u_{\max}$ 应取Ⅱ类场地设计地震动峰值位移 $u_{\max Ⅱ}$ 乘以场地地震动峰值位移调整系数 Γ_u 的值；场地地震动峰值加速度调整系数 Γ_u 应根据场地类别和Ⅱ类场地设计地震动峰值加速度值 $a_{\max Ⅱ}$ 按表 6.6.5-2 采用[39]。

表 6.6.5-1 Ⅱ类场地设计地震动峰值位移 $u_{\max Ⅱ}$ 单位：m

地震动峰值加速度分区	0.05	0.10	0.15	0.20	0.30	0.40
E1 地震作用	0.02	0.04	0.05	0.07	0.10	0.14
E2 地震作用	0.03	0.07	0.10	0.13	0.20	0.27
E3 地震作用	0.08	0.15	0.21	0.27	0.35	0.41

表 6.6.5-2 场地地震动峰值位移调整系数 Γ_u

场地类别	Ⅱ类场地设计地震动峰值位移 $u_{\max Ⅱ}$（m）					
	≤0.03	0.07	0.10	0.13	0.20	≥0.27
I_0	0.75	0.75	0.80	0.85	0.90	1.00
I_1	0.75	0.75	0.80	0.85	0.90	1.00
Ⅱ	1.00	1.00	1.00	1.00	1.00	1.00
Ⅲ	1.20	1.20	1.25	1.40	1.40	1.40
Ⅳ	1.45	1.50	1.55	1.70	1.70	1.70

3）竖向设计地震动参数

场地地表竖向设计地震动峰值加速度取值应不小于水平向峰值加速度的 0.65 倍。竖向地震动峰值加速度与水平向峰值加速度的比值可按表 6.6.6 确定。但在活动断裂附近，竖向峰值加速度宜采用水平向峰值加速度值[39]。

表 6.6.6 竖向地震动峰值加速度与水平向峰值加速度比值 K_v

水平向峰值加速度（g）	0.05	0.10	0.15	0.20	0.30	0.40
K_v	0.65	0.70	0.70	0.75	0.85	1.00

4）设计地震动加速度时程

采用时程分析法进行结构动力分析时，输入的设计地震动加速度时程可用人工合成的地震动时程曲线，包括水平向和竖向地震动时程曲线，其加速度反应谱曲线与设计地震动加速度反应谱曲线的误差应小于一定的值，其峰值加速度、峰值位移应与设计地震动峰值加速度、峰值位移一致。宜充分利用地震和场地环境相近的实际强震动记录特别是本地的强震动记录作为初始时程，人工合成适合工程场地的地震动时程[39]。

3. 地震反应计算一般性要求

1）地下结构地震作用

地下结构应考虑下列地震作用：

（1）地震时随地层变形而发生的结构整体变形。

（2）地震时的土压力，包括地震时水平方向和铅直方向的土体压力。

（3）地下结构本身和地层的惯性力。

（4）地层液化的影响。

地下结构施工阶段，可不考虑地震的作用[6]。

2）地震作用方向考虑

对长条形地下结构，作用方向与其纵轴方向斜交的水平地震作用，可以分解为横断面上和沿纵轴方向作用的水平地震作用，二者强度均降低，一般不可能单独起控制作用。因而对其按平面应变问题分析时，一般可仅考虑沿结构横向的水平地震作用；对地下可见综合体等体型复杂的地下建筑结构，宜同时计算结构横向和纵向的水平地震作用。其次是对竖向地震作用的要求，体型复杂的地下空间结构或地基地质条件复杂的长条形地下结构，都易产生不均匀沉降并导致结构裂损，因而必要时也需考虑竖向地震作用效应的综合作用[27]。

因此，一般地铁车站、区间隧道、区间隧道间的连接通道和出入口通道，抗震设计时可仅计算沿结构横向的水平地震作用（近似按平面应变问题处理）；建筑布置不规则的地铁车站以及形状变化较大的区间隧道渐变段，应同时计算沿结构横向和纵向的水平地震作用；枢纽站、采用多层框架结构的地下换乘站，地下变电站及中央控制室等枢纽建筑，以及地基地质条件明显变化的区间隧道区段尚应计及竖向地震作用[39]。

3）地下结构抗震分析方法

对地下车站和区间隧道结构，反应位移法、反应加速度法和时程分析法都是常用的计算方法[39]。

（1）反应位移法是用地震时周围土层的变形作为地震荷载，这符合地下结构地震时的振动特点，并且该方法操作简单，因此在弹性范围内的计算，可优先考虑该方法。

（2）反应加速度法直接将土体划分为二维平面应变单元，因此可以考虑土体的非线性，并且不用计算地基弹簧，因此消除了反应位移法中计算地基弹簧刚度时带来的误差。

（3）时程分析法精度较高，且可以考虑非线性等，但由于需要较深的多方面专业知识和技能，对使用者要求较高且操作繁杂，其计算结果的评价也不容易，因此一般只有特殊要求时才使用该方法。

4）地震作用基准面确定

对于埋置于地层中的隧道和地下车站结构，设计地震作用基准面应取在隧道和地下车站结构以下剪切波速大于等于 500 m/s 的岩土层位置。对于覆盖土层厚度小于 100 m 的场地，设计地震作用基准面到结构的距离不应小于结构有效高度的 2 倍；对于覆盖土层厚度大于 100 m 的场地，可取在场地覆盖土层 100 m 深度的土层位置[39]。

6.6.2 “反应位移法”计算方法

目前常用的地下结构抗震计算方法包括反应位移法、反应加速度法、时程分析法几种。由于反应位移法计算过程相对简单，计算结果也能达到毕业设计深度的需要，因此推荐学生采用该方法进行地铁车站结构的抗震计算，学生也可根据相关规范或者参考资料选择其他方法进行抗震计算。此处仅对反应位移法的原理和计算方法进行简要介绍。

1. 基本原理

反应位移法假设地下结构地震反应的计算可简化为平面应变问题，其在地震时的反应加速度、速度及位移等与周围地层保持一致。因天然地层在不同深度上反应位移不同，地下结构在不同深度上必然产生位移差。将该位移差以强制位移形式施加在地下结构上，并将其与其他工况的荷载进行组合，则可以按静力问题进行计算，得到地下结构在地震作用下的动内力和合内力。

2. 荷载模式

采用反应位移法计算时，可将周围土体作为支撑结构的地基弹簧，结构可采用梁单元进行建模，地铁车站结构的计算简图如图 6.6.1 所示[39]。图中强制位移施加在车站结构的两侧，通过地层弹簧将其转化为地震时结构周围的动土压力。结构体上同时施加了由本身质量产生的惯性力，及结构与周围地层间的切向弹簧、剪切力，共同构成荷载系统。

以下对确定反应位移法中各参数的取值方法进行说明。

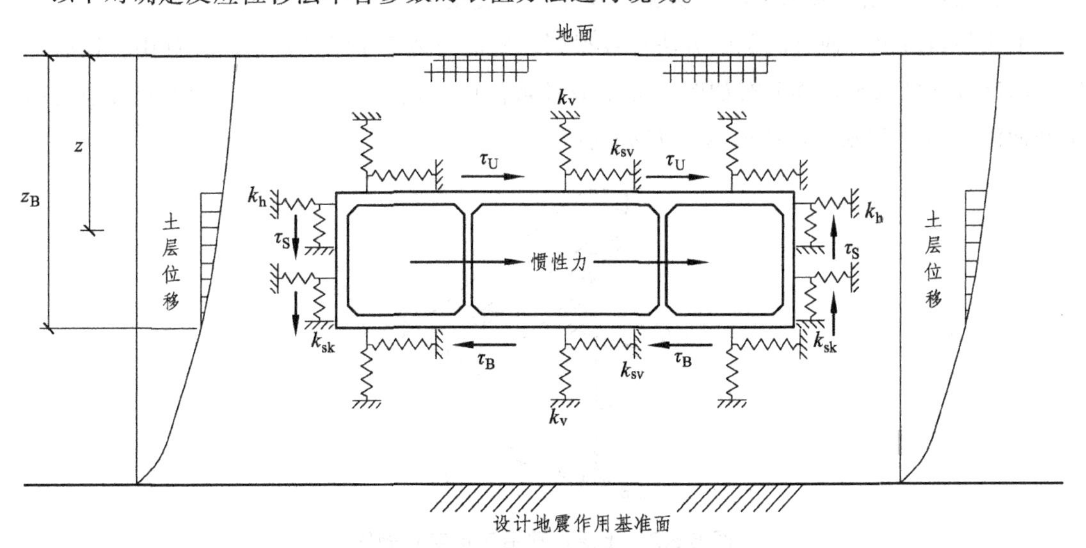

图 6.6.1　反应位移法的荷载模式

k_v、k_h——结构顶底板、侧壁压缩地基弹簧刚度；k_{sv}、k_{sh}——结构顶底板、侧壁剪切地基弹簧刚度；

τ_U、τ_B、τ_S——结构顶板、底板、侧壁单位面积上作用的剪力。

3. 地基弹簧刚度 k 确定方法

按下式计算：

$$k = KLd \tag{6.6.1}$$

式中 k——压缩或剪切地基弹簧刚度；

K——基床系数；

L——垂直于结构横向的设计长度；

d——土层沿隧道与地下车站纵向的计算长度。

地基反力系数 K 的取值是否正确直接影响到该方法的精度，应根据勘察资料确定；也可以采用静力有限元方法进行计算得到，但相对较为麻烦。

4. 土层位移的确定方法

土层相对位移、结构惯性力和结构与周围土层剪力可由一维土层地震反应分析得到；对于进行了工程场地地震安全性评价工作的，可采用其得到的位移随深度的变化关系。土层相对位移，应按下式计算：

$$u'(z) = u(z) - u(z_B) \tag{6.6.2}$$

式中 $u'(z)$——深度 z 处相对于结构底部的自由土层相对位移；

$u(z)$——深度 z 处自由土层地震反应位移；

$u(z_B)$——结构底部深度 z_B 处的自由土层地震反应位移。

上式的 $u(z)$ 也可通过简单的方法计算得到。隧道与地下车站结构抗震设计中，地震时土层沿深度方向的水平位移分布如图 6.6.2，具体数值可由式（6.6.3）求出，深度超过地震作用基准面深度 H 处的水平位移取深度 H 处的值。

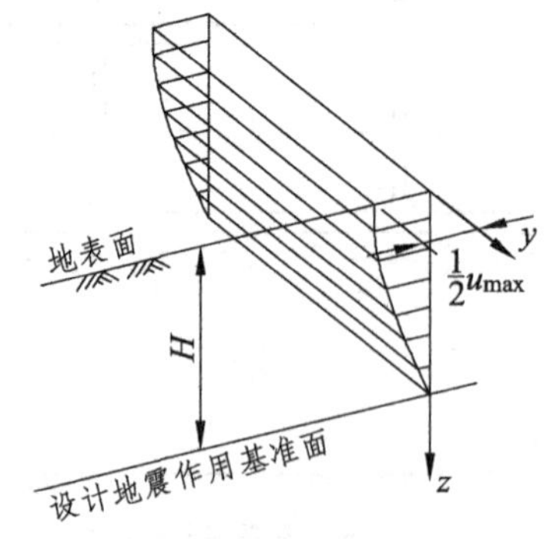

图 6.6.2 土层位移沿深度变化规律

$$u(z)=\frac{1}{2}u_{\max}\cdot\cos\frac{\pi z}{2H} \tag{6.6.3}$$

式中　u（z）——地震时场地深度 z 处土层的水平位移；

$u_{\max}$——场地地表最大位移，取值按表 6.6.5-1，其调整系数按表 6.6.5-2；

H——设计地震作用基准面的深度。

5. 结构惯性力计算

结构惯性力可按下式计算：

$$f_i=m_i\ddot{u}_i \tag{6.6.4}$$

式中　f_i——结构 i 单元上作用的惯性力；

m_i——结构 i 单元的质量；

$\ddot{u}_i$——自由土层对应于结构 i 单元位置处的峰值加速度。

6. 结构剪力计算

结构上下表面的土层剪力可由自由场土层地震反应分析来获得，等于地震作用下结构上下表面处自由土层的剪力；矩形结构侧壁剪力可按下式计算：

$$\tau_{\mathrm{S}}=(\tau_{\mathrm{U}}+\tau_{\mathrm{B}})/2 \tag{6.6.5}$$

6.6.3　抗震性能验算方法及要求

1. 验算内容及计算公式

根据文献[39]所提出的各种抗震设防水准下的设防性能目标，隧道与地下车站结构采用两阶段设计方法实现，即：**在 E2 地震作用下，隧道与地下车站主体结构达到性能要求Ⅰ；在 E3 地震作用下，地下结构满足性能要求Ⅱ（因此需要计算两个地震工况）。**

1）验算内容

对地下车站结构和区间隧道来说（乙类结构），当抗震设防烈度为 7 度[地震动峰值加速度分挡为 0.10g（0.15g）]及以上时，应进行结构抗震性能的验算，验算内容如表 6.6.7 所示。其中当验算结构整体变形性能时，矩形断面结构应采用层间位移角作为指标，对于钢筋混凝土结构层间位移角限值宜取 1/250（等价于可修水平）[39]。

表 6.6.7　地铁地下结构抗震验算内容

地震动水准		抗震设防类别	结构抗震性能要求（地下结构）	抗震验算内容
等级	重现期（年）			
E1 地震作用	50	乙类	Ⅰ	—
E2 地震作用	475		Ⅰ	截面验算
E3 地震作用	2 450		Ⅱ	变形验算

2）截面抗震验算公式

当在设防地震（E2）下进行车站构件的截面抗震验算时，应采用下列设计表达式[27]：

$$S \leqslant R/\gamma_{RE} \tag{6.6.6}$$

式中 γ_{RE}——承载力抗震调整系数，按表 6.6.8 采用（此处只摘录了混凝土材料构件）；

R——结构构件承载力设计值；

S——结构构件内力组合的设计值，此处为 E2 地震工况下的计算内力值。

表 6.6.8 混凝土构件承载力抗震调整系数

材料	结构构件	受力状态	γ_{RE}
混凝土	梁	受弯	0.75
	轴压比小于 0.15 的柱	偏压	0.75
	轴压比不小于 0.15 的柱	偏压	0.80
	抗震墙	偏压	0.85
	各类构件	受剪、偏拉	0.85

为便于比较验算结果，可以将 E2 地震工况下的内力值乘以 γ_{RE} 后进行配筋，与各构件进行过裂缝控制后的配筋率（已按照抗震配筋构造要求进行过调整）进行对比。

其中柱子应满足轴压比（柱组合的轴压力设计值与柱的全截面面积和混凝土轴心抗压强度设计值乘积之比值）的要求，根据文献[39]的规定，乙类结构的抗震等级宜取二级，其柱式构件设计轴压比限值不宜超过表 6.6.9 的规定（对深度超过 20 m 的地下结构，其轴压比限制可适当放宽）。

表 6.6.9 柱式构件设计轴压比限制值

地下结构深度（m）	抗震等级	
	二	三
≤20	0.75	0.85
>20	0.80	0.90

注：表中限值适用于剪跨比大于 2、混凝土强度等级不高于 C60 的柱；剪跨比不大于 2 的柱，轴压比限值应降低 0.05；剪跨比小于 1.5 的柱，轴压比限值应专门研究并采取特殊构造措施。

3）抗震变形验算公式

当地铁车站结构进行罕遇地震作用（E3）下薄弱层的弹塑性变形验算时，可取底层（视为楼层屈服强度系数沿高度分布均匀），弹塑性层间位移可按下列公式计算[27]：

$$\Delta u_{P} = \eta_{P} \Delta u_{e} \tag{6.6.7-1}$$

或

$$\Delta u_{P} = \mu \Delta u_{y} = \frac{\eta_{P}}{\xi_{y}} \Delta u_{y} \tag{6.6.7-2}$$

式中 Δu_{P}——弹塑性层间位移；

Δu_y ——层间屈服位移；

μ ——楼层延性系数；

Δu_e ——罕遇地震作用下按弹性分析的层间位移；

η_P ——弹塑性层间位移增大系数，常规 2 ~ 4 层地铁地下车站可取 1.60（偏危险）；

ξ_y ——楼层屈服强度系数。

此处应选式（6.6.7-1）进行计算（弹性计算结果 Δu_e 可得）。

结构薄弱层弹塑性层间位移应符合下式要求：

$$\Delta u_P \leqslant [\theta_P]h \tag{6.6.8-1}$$

即

$$\frac{\Delta u_P}{h} \leqslant [\theta_P] \tag{6.6.8-2}$$

式中 $[\theta_P]$——弹塑性层间位移角限值，此处取 1/250；

h——薄弱层楼层高度。

2. 抗震构造措施

隧道与地下车站结构的抗震构造措施按《铁路抗震设计规范》（GB 50111）、《地铁设计规范》（GB 50157）、《混凝土结构设计规范》（GB 50010）、《建筑抗震设计规范》（GB 50011）中有关条文及本节规定执行。

因相关条文较多较细，此处不再一一展开叙述，**请对照相关规范的要求进行抗震构造配筋设计**。

6.7 抗浮验算

1. 抗浮设计的必要性

当明挖地铁车站埋置于含水的地层中，且顶板上覆土较薄时，浮力的作用不容忽视，其对车站结构的作用主要表现在两个方面[4]：

（1）当浮力超过结构自重与上覆土重量之和时，结构整体失稳上浮。

（2）导致结构底板等构件应力增大。

明挖车站的结构设计，应就施工和使用的不同阶段进行抗浮稳定性验算，并按水反力的最不利荷载组合计算结构构件的应力[4]。在毕业设计中可**仅考虑车站运营阶段（长期使用状况）下的抗浮稳定性验算（考虑结构自重、覆土重量之和与最大水浮力的比值）**。

2. 抗浮安全系数

宜参照类似工程根据各地的工程实践经验确定，我国各城市地铁采用的抗浮安全系数见表 6.7.1[6]。毕业设计中，可参考广州、深圳等地的抗浮安全系数取值（不考虑侧壁摩阻力时候，安全系数大于 1.05；当考虑时大于 1.15）。

表 6.7.1　抗浮安全系数

城市	不计侧壁摩阻力时	计入侧壁摩阻力时
上海	1.05	1.10
广州、南京、深圳、北京	1.05	1.15

3. 抗浮措施

当地铁车站的抗浮验算不满足要求时，应进行抗浮措施设计，以保证车站结构的抗浮稳定性。使用阶段可从以下方面选择车站抗浮措施[6]：

（1）增加车站结构自重或在结构内部局部用混凝土充填，增加压重。此方法简单易行，但由于结构体积增大的同时，浮力也随之增加，所以一味地通过增加自重达到抗浮的目的往往是不经济的。一般多用于增加少许的自重即可满足抗浮稳定要求的情况。

（2）在底板下设置土锚或拉桩。抗浮桩的极限侧阻力标准值查《建筑桩基技术规范》（经验取值）[40]（已收录入附录 B），由此可以计算桩的抗浮力（与土层的摩阻力）。在软黏土地层中采用土锚或拉桩时，对桩土间的摩擦力的设计取值应作限制，不宜超过极限摩阻力的一半。否则在浮力的长期作用下，由于土层的流变效应会导致变形过大。另外，抗浮安全系数不宜小于 2 ~ 2.5。

（3）利用围护结构作为主体结构的一部分共同抗浮。围护墙兼有挡土、止水和抗拔等多项功能，因而在实际工程中得到了广泛应用。但须注意，此种形式的结构，在满足整体抗浮稳定性要求的同时，在向上的水反力的作用下，地下结构将产生以两侧围护墙为支点的整体挠曲变形。地下结构的宽度越大，整体上挠的倾向越明显，由此在地下结构顶底板中产生的附加弯曲应力也越大。所以当地下结构的宽度较大时，这不一定是一种最经济的抗浮措施。**此种抗浮措施用于内衬墙与围护墙为复合式结构时，需在隧道的顶部设置与围护墙整体连接的压梁，通过压梁把作用在地下结构上的浮力传递到围护墙上**。

（4）在底板下设置倒滤层和引排水设施以泄水引流。这一措施可以完全消除水浮力对结构的作用，不仅解决了地下结构的抗浮稳定性问题，还可减少结构底板和其他构件中的弯曲应力，但该方法要求底板以下必须有一定厚度的基本不透水的黏性土层，以避免由于土层中的泥砂流失，引起结构和周围地层下沉[2]。

7　地铁车站主体结构计算软件操作

地铁车站主体结构的设计目前已经采用各种计算软件进行，常用的有 SAP84、SAP2000、ANSYS 等。为提高毕业设计的工作效率，且与实际的设计工作接轨，也应采用计算软件进行相应的设计工作。但是与围护结构的软件操作类似，**学生应重视相关基础理论的学习和理解**，才能有效地使用软件进行设计工作，解决计算过程中存在的问题。本章以 SAP84、ANSYS 为例展开介绍**复合墙型地下车站**的主体结构计算的一些主要操作过程和设置方法，其他软件的使用方法请查阅相应的教程和学习资料。

7.1　主体结构计算流程

主体结构的内力、变形计算分析的总体工作流程如图 7.1.1 所示，在本章中，主要针对计算软件的操作和参数设置进行介绍，其余部分请参照本书第 6 章中的相应内容。

（1）拟定结构尺寸及材料：应确定车站的结构形式，初步拟定结构尺寸及材料参数，以便确定建模过程中的几何模型尺寸、材料及截面参数。

（2）确定荷载组合及计算荷载：按照设计要求，选取相应的计算工况及对应的荷载种类，并按照荷载组合系数表将荷载乘以对应的系数进行组合，其中土压力（垂直和水平方向）需要按土压力公式进行计算。

（3）选定计算图示：确定采用的计算图示及模型，以便明确建模过程中的约束条件、构件连接方式、荷载加载形式。

（4）建立几何模型及生成单元：在计算软件中输入结构节点（包括地层分界点），随后生成单元（及划分网格）。

（5）设置材料属性及截面特性参数：根据结构所采用的材料类型，建立相应的材料属性并赋予对应的单元，对不同单元的截面特性参数也进行设置。

（6）设置计算模型约束：根据计算图示，设置计算模型中各部位处的约束条件，也应包括抗浮措施的约束。

（7）施加荷载：按照计算工况，根据组合好以后的荷载，施加到计算模型中对应的部位。

（8）数据检查及开展计算：再次检查各类参数及约束是否有误，随后进行计算；

（9）计算结果查询与输出：对计算结果进行查询，读取相应的内力及变形结果，并将计算结果的图形整体输出为图片，以便整理入设计说明书中。

（10）进行配筋及验算：根据不同工况的内力、变形计算结果，开展配筋、抗裂验算及地震验算。

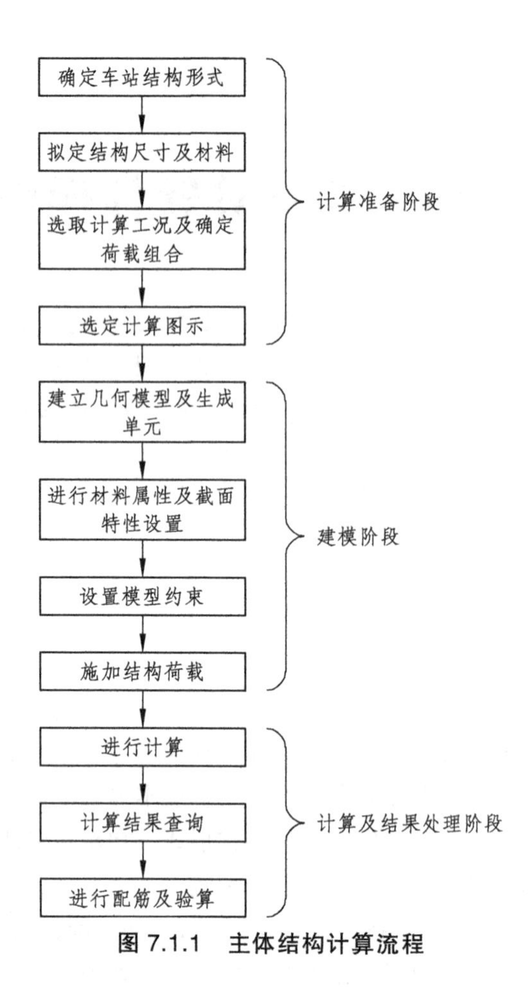

图 7.1.1　主体结构计算流程

7.2　SAP84 6.5 软件操作

如果采用 SAP84 6.5 的教育版进行计算，计算节点不能超过 500 个。此时的计算方法有如下两种：适当简化计算模型，在划分单元的时候控制单元和节点数量；采用 SAP84 中的空间模型，通过约束单元的变形、转动方向来控制在平面内，也可达到平面计算的结果，这种方式可使用的节点比平面计算多一些，足够使用，但是设置略微复杂。本节以第一种方法为例展开说明。

7.2.1　基本选项设置

双击 SAP84 6.5 图标运行软件，此时会提示建立模型的类型，选择“新建平面结构”。进入软件的操作界面，点击“文件”，选择另存路径（最好自己建一个计算工作文件夹，因为计算过程中生成的文件较多）；此时需要**修改项目文件名称，全部用英文和数字，中间不能出现空格，也不能用汉字和特殊字符**，否则会出现无法计算的错误！

点击“参数”菜单，进入“平面单元选项”，设置为“平面应变问题”，其余参数可以不用修改，如图 7.2.1 所示。

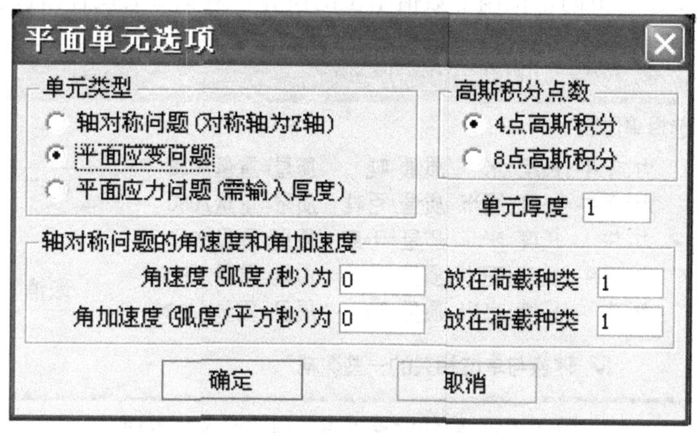

图 7.2.1 平面单元选项设置界面

还是在“参数”菜单，选择“选项设置”(图 7.2.2)，进行一些基本设置。此处主要看“考虑材料自重”这个选项是否勾选，注意看此处的说明：计入荷载种类 1——在后续的荷载组合中需要用到；自重方向目前是在现有的坐标系统下的 Z 方向上（在软件主界面的左下角，如图 7.2.3 所示，注意全局坐标系方向），且为负值方向（用“－1”）来定义。

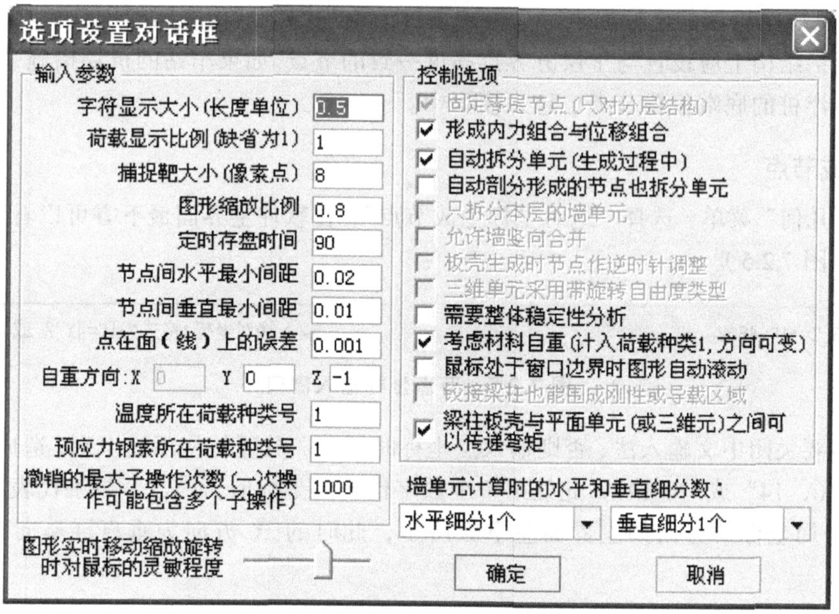

图 7.2.2 选项设置对话框界面

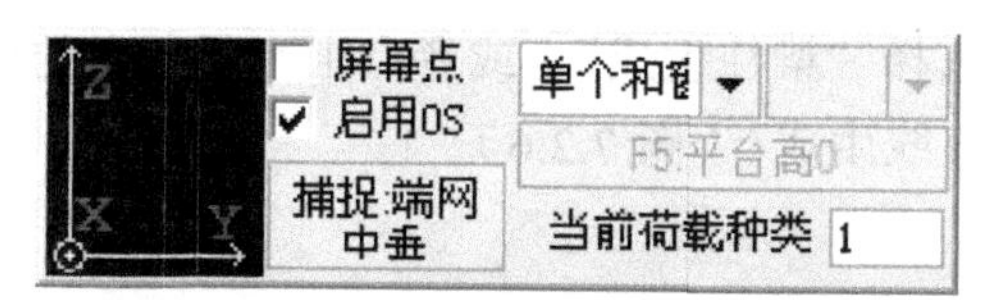

图 7.2.3 软件全局坐标系方向示意

继续点“参数”菜单，选择“选取单位制”（图 7.2.4），可以设置为第三个（即标准国际单位制，以避免较为麻烦的换算）；也可以根据工程设计的习惯，选择第一个单位制（方便结果图形的输出）。要注意不同单位制下数值单位的换算，避免参数设置错误。

图 7.2.4 软件计算采用的单位制选择界面

7.2.2 建立几何模型及单元

1. 计算节点坐标

先把建模所需的一些节点（包括结构的节点、土层分界点等）的坐标计算出来，单位为 m，可以自己确定模型的坐标原点。为考虑主体结构与围护结构之间的压杆为水平设置，主体结构和围护结构上应设置与土层分界点高度一致的节点。如果车站的抗浮措施采用抗浮桩，则需要把抗浮桩的底端位置节点也建入模型中。

2. 生成节点

点击“几何”菜单，选择“绝对坐标生成节点”，在软件主界面最下方可以看到输入点坐标的窗口（图 7.2.5）。

图 7.2.5 节点坐标输入窗口

注意需要关闭中文输入法，否则输入点坐标时的“,”分隔符将不被识别，造成坐标无效。输入范例“0，14”或“0 14”，此处第一个数字代表 Y 坐标值，第二个数字代表 Z 坐标值。注意初始全局坐标的方向如主界面左下方所示，此时的 X 方向为垂直屏幕向上为正（图 7.2.3）。

3. 生成单元

点击“几何”菜单，选择“梁柱生成”，或者点击工具条上的图标，并在屏幕左下方的生成方式选为“直线生成”（图 7.2.6）。

图 7.2.6　单元生成方式选项

开始捕捉节点生成单元，捕捉了两个节点以后，会弹出一个窗口问希望生成的单元数目，可以考虑 1 m 或者 2 m 为一段生成单元，根据两个节点之间的长度进行单元数目的划分（图 7.2.7）。

图 7.2.7　单元生成数目设置窗口

主体和围护之间需要用压杆来模拟（此处以复合墙型的车站为例），因此需要在对应的节点之间也生成水平单元。此时可以不考虑划分过多单元（每根压杆就是一个单元），采用“单一生成”的方式即可。注意抗浮桩也可只设置成一个单元，后续设置为拉杆即可。

在建好模型的同时，单元也已经全部生成和划分完毕。

4. 设置压杆

点击“属性”菜单，选择“指定拉杆或压杆”，定义围护和主体结构之间的水平连接单元为“只能承受压力且两端为铰的杆”（图 7.2.8），点击右键确定应用选择。之后选择“荷载”菜单，选择“梁柱弯矩放松”，将压杆的弯矩放松成为铰接。

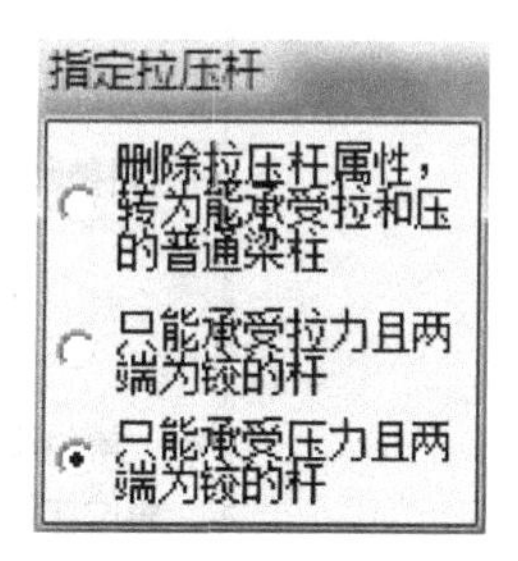

图 7.2.8　压杆类型设置窗口

5. 设置拉杆

采取与上一步类似的方法，将抗浮桩单元设置为“只能承受拉力且两端为铰的杆”，但此处不进行弯矩放松。

7.2.3 材料属性设置及赋予

1. 材料属性设置与管理

此处对模型中所用到的几种材料参数进行设置，此示例中连续墙和主体结构均采用 C35 混凝土。点击“参数”菜单，进入“管理材料库”，输入第一种材料的名称（如“C35 混凝土”），如图 7.2.9 所示，选择软件自带的材料数据库中的对应材料，可自动将相关的参数填入材料库中。**需要仔细核对相关的参数是否与设计规范提供的参数一致，尤其是采用了国际单位制的情况下（图 7.2.4 中的第三个选项），混凝土密度参数有误，需要手动进行改正。**

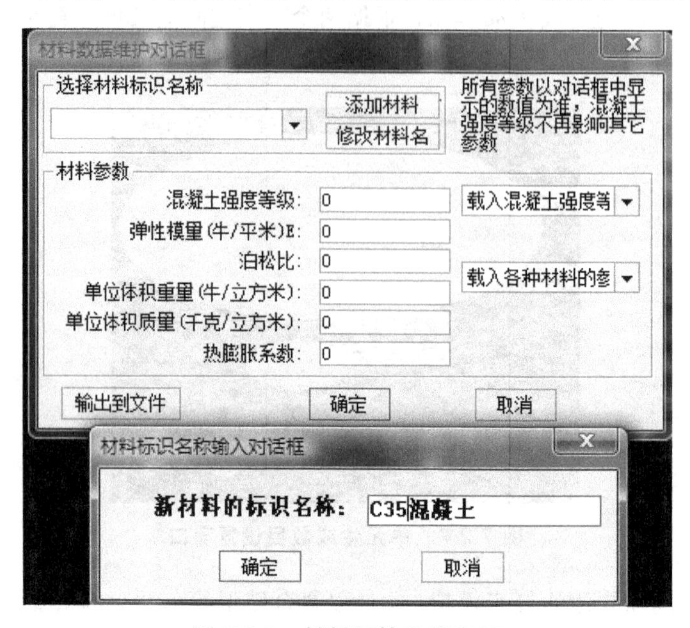

图 7.2.9 材料属性设置窗口

随后添加新材料“压杆”，仍然选择 C35 混凝土的参数，只是将其中的单位体积重量和质量全部改为 0（图 7.2.10）。至此，此示例建模所需要的材料参数已经定义完毕。

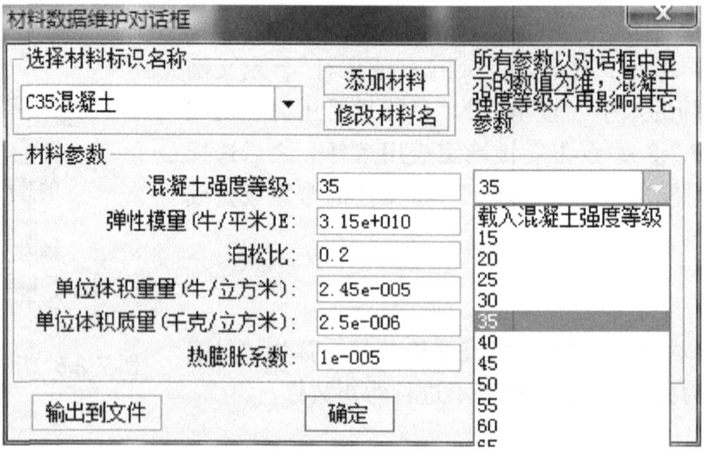

图 7.2.10 材料属性设置与修改窗口

2. **赋予单元材料属性**

点击“属性”菜单，选择“梁柱材料”，弹出材料参数窗口（如图 7.2.11 所示）。可以看到刚才设置的几种材料相关信息。分别在“压杆”“C35 混凝土”材料的条件下，选中模型中的相应部位单元，之后点击右键，确定应用。

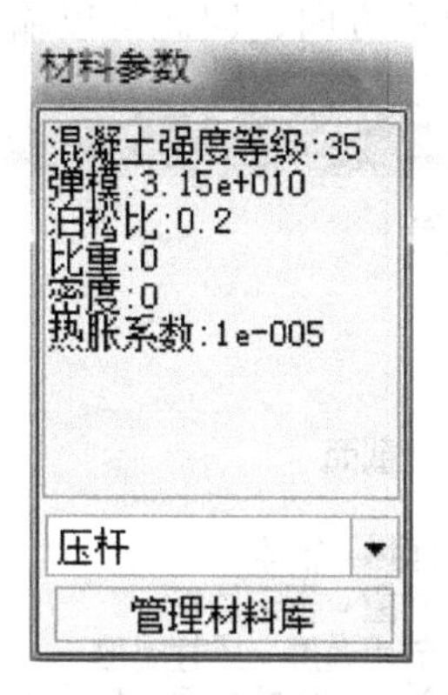

图 7.2.11　材料参数查看窗口

在选择的单元数量较多时候，可以拖拉鼠标采用框选的方式，以提高工作效率。注意：在本示例中，抗浮桩也一样选用“C35 混凝土”的材料属性。

7.2.4　截面特性设置

1. **设置围护结构单元截面特性**

点击“参数”菜单，选择“管理普通截面库”，新建一个截面名称为连续墙（此处以连续墙为例，灌注桩则应等效换算为墙进行计算，见图 7.2.12）。注意在截面参数设置界面下，显示了局部坐标轴的方向，以便确定截面高 h 和截面宽 b。

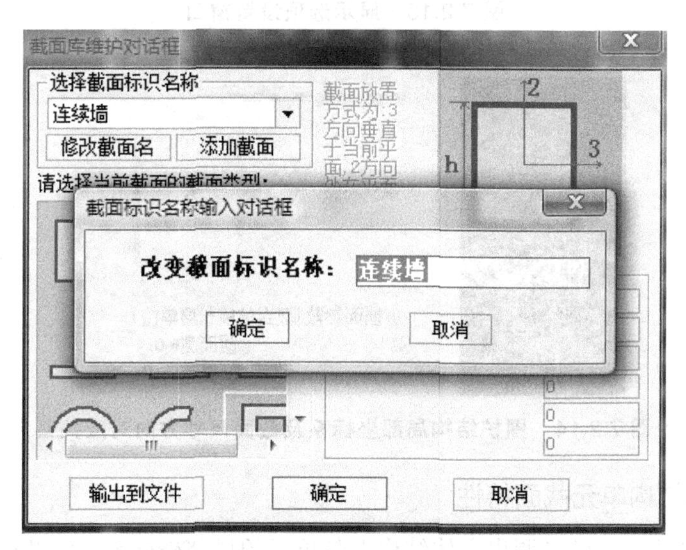

图 7.2.12　截面参数设置窗口

此处的坐标轴为单元的局部坐标轴，跟全局坐标轴不一定一致，也可以单独定义。点击“显示”菜单，选择“显示选项”，勾选“一维单元的局部坐标系”选项（图 7.2.13），并把“水平梁单元”勾选项去掉，就可以显示出连续墙单元的局部坐标系（图 7.2.14）。从这两个坐标示意图对比可知，我们在纵向上取了 1 m 的车站区段进行平面计算，因此，应在 3 方向上设置 b 为 1 m，2 方向则为连续墙的厚度方向，因此可以输入连续墙的厚度值为 h。

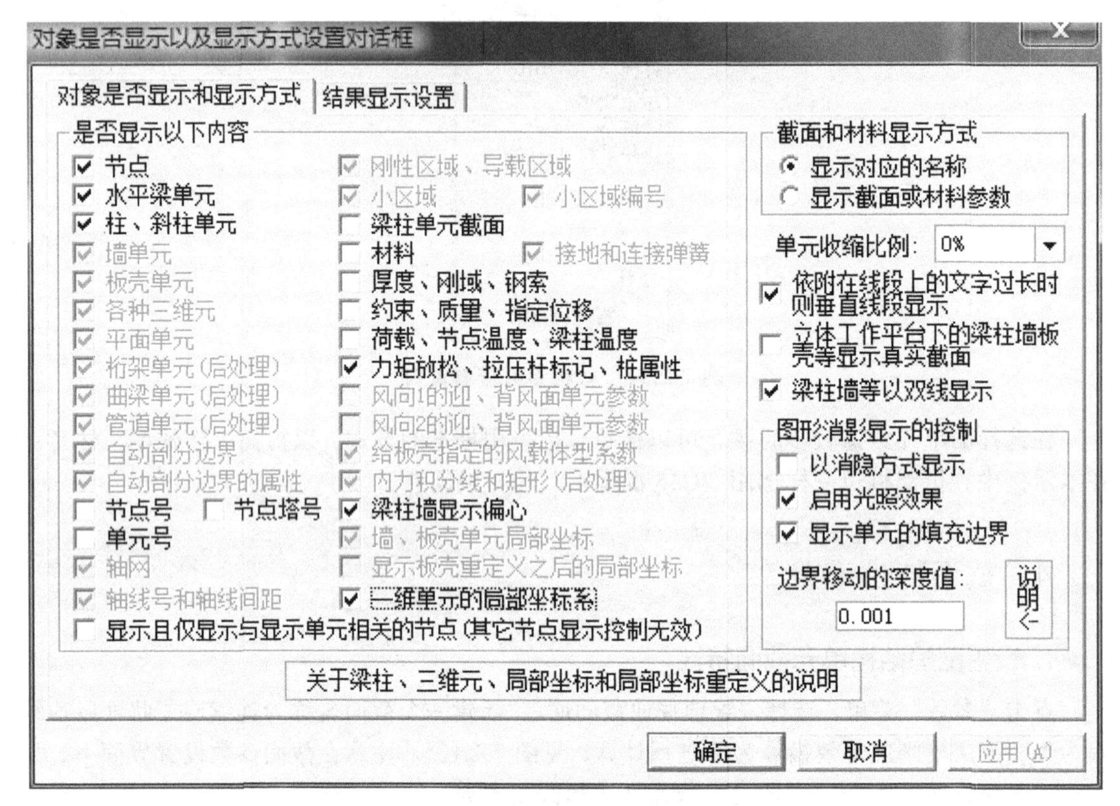

图 7.2.13　显示选项设置窗口

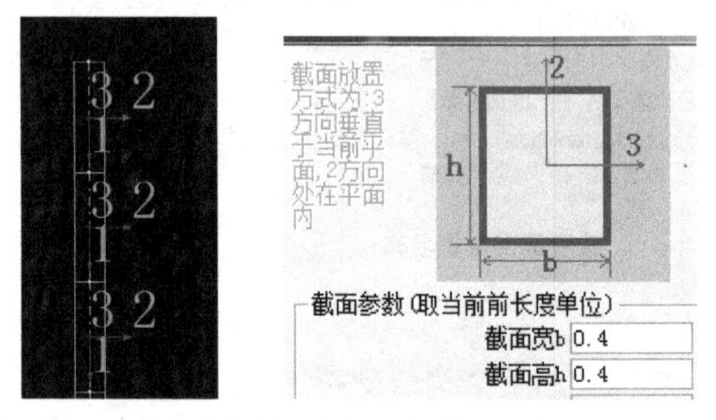

图 7.2.14　围护结构局部坐标系及截面尺寸方向对应关系

2. 设置主体结构单元截面特性

通过上述类似方法，可以调出主体结构上各单元的局部坐标系，可以对比水平单元（板）

和竖直单元（墙、柱）上局部坐标系的差别（图 7.2.15）。对于板单元，设置 3 方向上的值为 1 m（纵向计算长度），2 方向上的值为各处板的厚度，因此，在实际建模中，还应分别考虑顶板、中板、底板不同的厚度，设置 3 个截面名称。

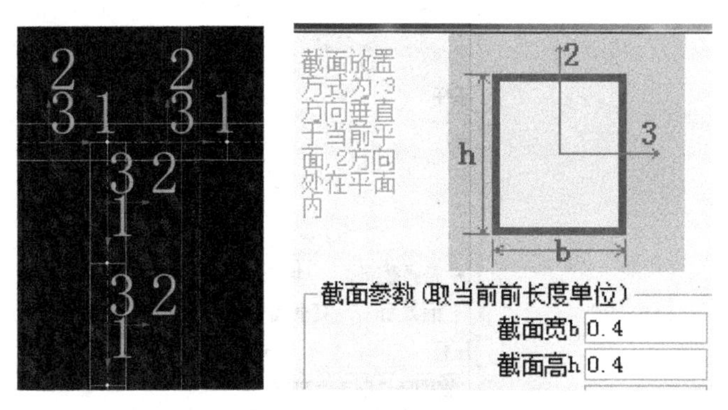

图 7.2.15　主体结构板、柱局部坐标系及截面尺寸方向对应关系

对于柱单元，实际上应考虑刚度等效原理，将柱简化为墙来考虑，因此柱单元的宽度应该是等效换算后的宽度，需要进行计算[见式（6.4.1）]，也应单独设置一个截面名称。

3. 设置压杆截面特性

水平压杆的局部坐标系如图 7.2.16 所示，设置原理类似，新建一个“压杆”截面类型，设置 3 方向上为 1 m（纵向计算长度），2 方向上应为相邻单元之间的间距（以考虑主体结构和围护结构之间实际完全由混凝土充填）。

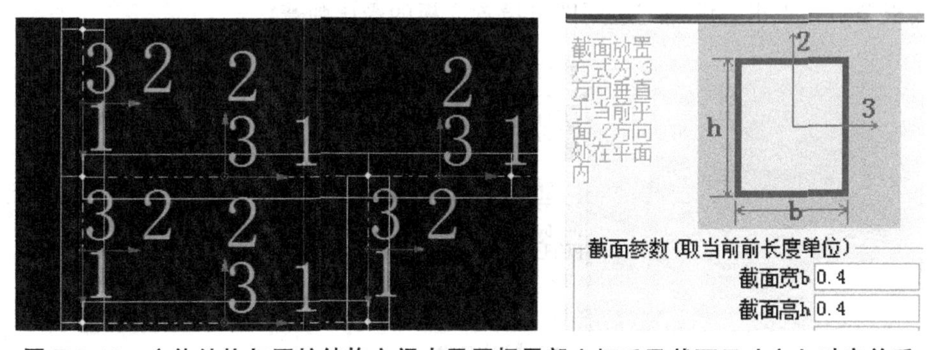

图 7.2.16　主体结构与围护结构之间水平压杆局部坐标系及截面尺寸方向对应关系

4. 设置拉杆截面

拉杆（即抗浮桩）的截面参数应该也要考虑等效刚度原理，进行折减，设置方法类似，此处不展开说明。

5. 赋予截面特性给单元

点击“属性”菜单，选择“梁柱截面”选项，分别选择对应类型的单元，点击右键，将截面特性赋予单元（图 7.2.17）。

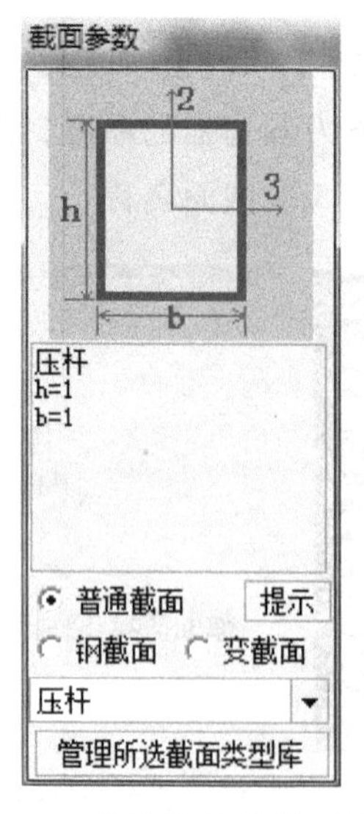

图 7.2.17　截面特性参数赋予窗口

7.2.5　设置约束条件

1. 设置主体结构底板处的弹簧约束

点击工具条，弹出接地弹簧窗口（图 7.2.18）。设置 $Dz=-1$，弹簧的刚度计算需要考虑土的基床系数和单元长度。需要注意将底板位置的弹簧设置为“只能受压”。弹簧的作用方式有两种，如果是对之前的弹簧进行修改，可选择“替换所有的接地弹簧”选项。之后框选底板节点，点击右键确定应用即可设置底板的受压弹簧。

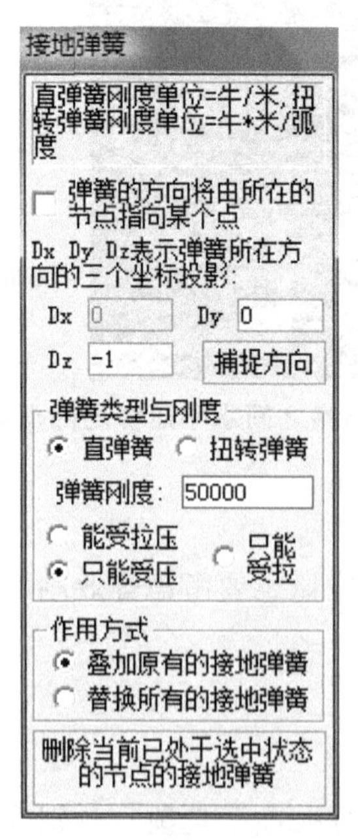

图 7.2.18　弹簧参数设置窗口

2. 设置围护结构处的弹簧约束

左侧连续墙弹簧的设置如下，$Dy = -1$，刚度也应进行计算确定，之后框选左侧连续墙节点确定设置位置。右侧连续墙弹簧设置与之类似，只是将 Dy 改为 1 即可。最后，需要在连续墙墙角处也设置竖直方向上的受压弹簧，$Dz = -1$。

3. 约束抗浮桩底部竖向位移

点击“属性”菜单，进入“节点”选项，并选择“节点自由度约束”，选择“约束 z 向平动自由度”（图 7.2.19），对抗浮桩底部节点的竖向位移进行约束（模拟抗浮措施）。

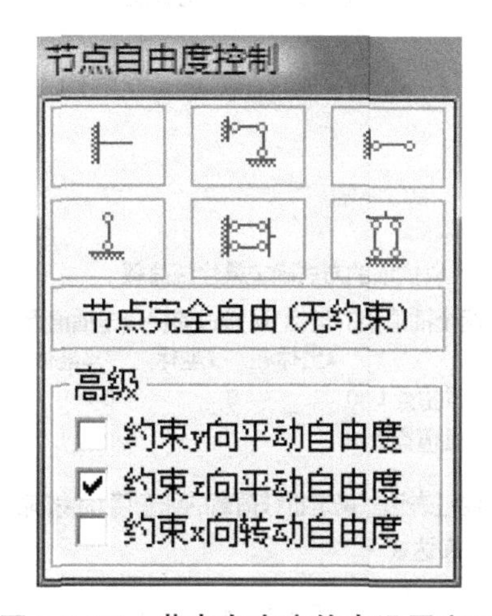

图 7.2.19　节点自由度约束设置窗口

7.2.6　施加结构荷载

由于 SAP84 能自动考虑荷载组合，进行不同工况的计算（注意 SAP84 与 ANSYS 在此处的差异），因此可以直接输入荷载初始计算值，然后在荷载组合里面进行组合系数和工况的设置即可。往往将自重及其他恒载考虑为荷载 1，人群荷载等活载考虑为荷载 2，这样乘以不同的系数进行组合。

1. 施加顶板恒载

结构自身的重力荷载已经在软件中自动考虑，无须再设置。此处施加作用在顶板位置处的土重（恒载），以 40 kPa 为例，点击“荷载”菜单，选择“梁柱荷载”选项，弹出对话框，进行顶板处荷载的施加，如图 7.2.20 所示。点击“改变荷载参数”，在“折线荷载”下，“以插值的方式确定梁柱荷载”（其他需要关注的选项为荷载作用方向为“整体坐标 Z 方向”，“替换原有同方向同类型的荷载”），然后在荷载线密度值处，输入 −40000（插值点 1 和插值点 2 均是），点击“退出然后捕捉 2 个插值点”进入主界面选择顶板两端处的节点，选择所有的顶板单元，点击右键确认应用即可。

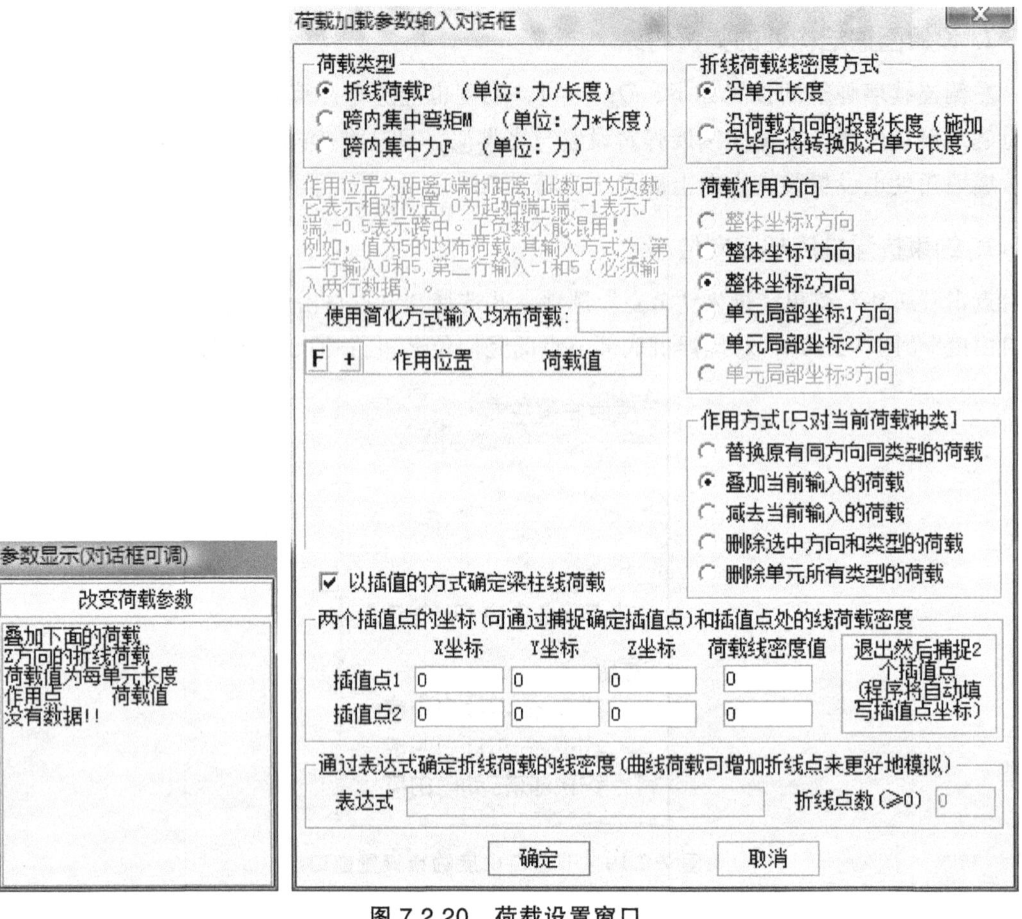

图 7.2.20 荷载设置窗口

注意此处查看主界面左下角的小窗口，“当前荷载种类”设置为“1”，不去变动。因为需要将重力荷载和其他恒载考虑为荷载种类 1（图 7.2.21），以便后续进行荷载组合方便乘以系数。还有，**此处顶板上的恒载应该仅仅为覆土压力，而不应该包括地面超载及车辆荷载**（这部分荷载应该为活载，应设置在荷载种类 2 里）。

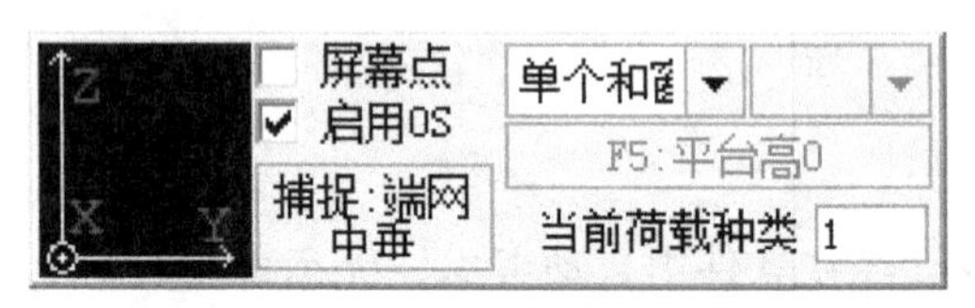

图 7.2.21 恒载种类设置

2. 施加其他恒载

用类似方法，将水平土压力荷载添加至左右两侧的连续墙上，注意修改荷载作用方向为 Y 方向，且右侧的值需要加负号，以指定荷载作用的方向；在主体结构侧墙上添加水压力荷载，底板处添加水浮力荷载；在主体结构中板上施加设备荷载（如有）。

此时恒载已经加载完毕。

3. 施加活载

用类似方法，将顶板处的地面超载、中板上的人群荷载（如有）、围护结构侧墙上由于地面超载引起的侧土压力进行加载。注意此处需要将当前荷载种类修改为 2（图 7.2.22），这样活载就单独显示，不与荷载种类 1 共同在主界面处显示。

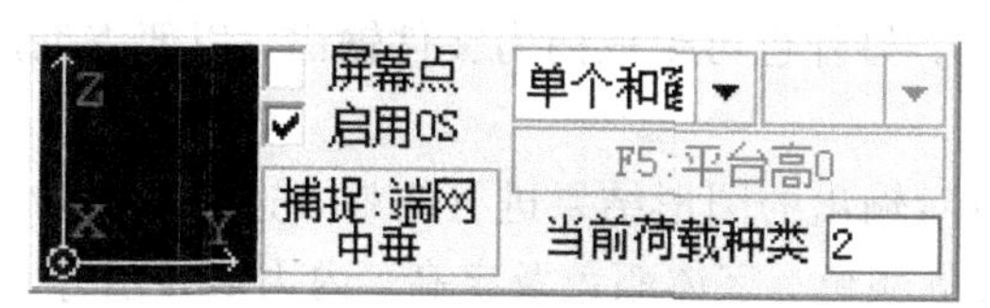

图 7.2.22 活载种类设置

4. 荷载组合

点击“荷载”菜单，选择“荷载组合”“内力组合”，按照毕业设计的要求，用基本组合和准永久组合的系数，分别进行工况系数设置，如图 7.2.23 所示（图中所示系数仅为示例）。具体的系数取值，请查阅毕业设计指南或相关规范。

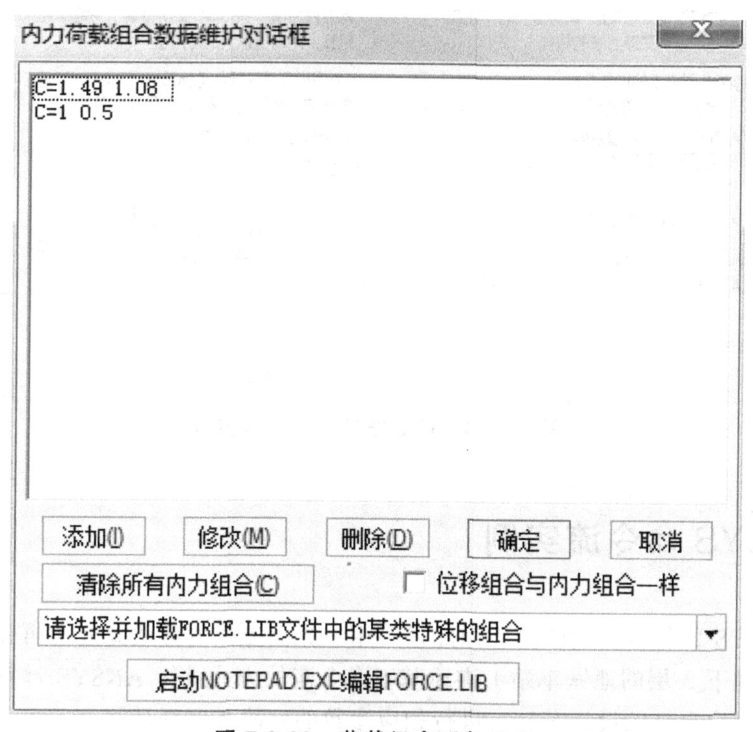

图 7.2.23 荷载组合系数设置

7.2.7 计算及结果查询

1. 运行计算

点击“文件”菜单，选择“数据检查”选项，如果参数设置没有问题，不会出现警告信息，则表明已经可以开始运行计算分析了。

点击“分析与结果”菜单，选择“计算与分析”“开始计算与分析”，或者工具条上的图标▶，进行运算，等待运算结束。

2. 计算结果显示

点击“分析与结果”菜单，选择“一维单元内力图”，可以查看相关内力计算结果（结构变形、弯矩、轴力、剪力），另外也可生成内力文件输出，以便查询危险截面的计算内力值进行配筋。

结果显示设置中可以对输出的图形结果进行调整（选项如图 7.2.24 所示），需要设置让图形显示美观（如设置背景颜色、字体颜色及字高、内力值显示等），以便整理到毕业设计中去。由于 SAP84 的计算结果显示功能有限，也可以将图形导出到 AutoCAD 中进行修改。

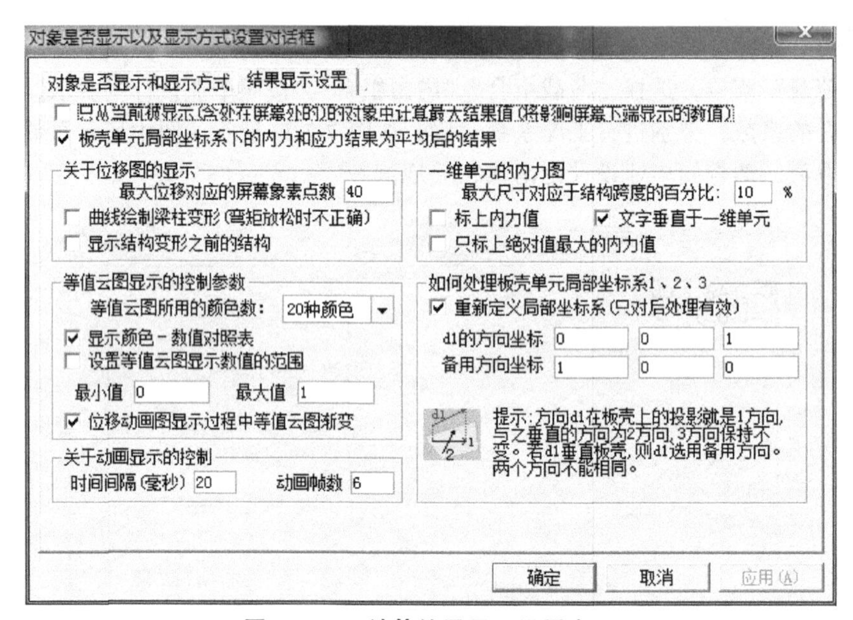

图 7.2.24　计算结果显示设置窗口

7.3　ANSYS 命令流实例

鉴于 ANSYS 的教程目前较多，因此采用用户界面操作的方法此处不再介绍，主要用一个工程实例（地下 3 层的地铁车站）讲述基于命令流的方式进行 ANSYS 计算的方法。学生可在此基础上结合自己的设计车站，进行相应参数的修改并展开计算。

7.3.1　基础数据信息

1. 结构尺寸及材料参数

该车站实例的结构断面形式、埋深及结构尺寸如图 7.3.1 所示，其中结构的构件尺寸、材料参数见表 7.3.1。

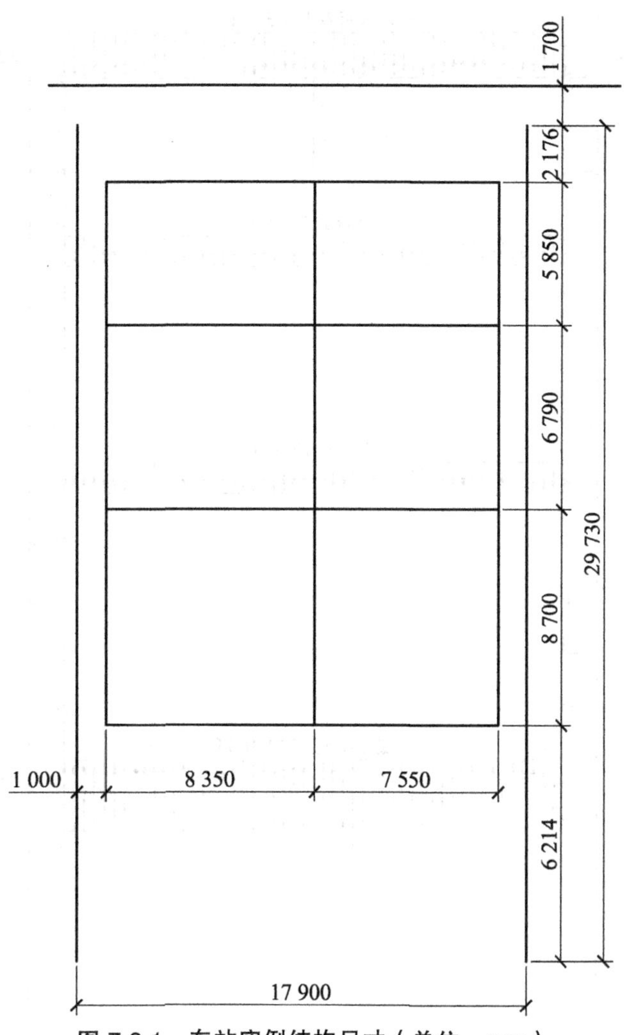

图 7.3.1 车站实例结构尺寸（单位：mm）

表 7.3.1 车站实例构件尺寸

单位：mm

构件	顶板	中板	车行道板	底板	侧墙	连续墙	柱
尺寸	800	400	800	1 100	800	1 000	800×1 200
混凝土强度等级	C45	C35	C35	C45	C45	C30	C50

2. 土体参数

周围土体参数主要是水平基床系数和垂直基床系数，在该实例中对土进行了均质化处理：连续墙上水平基床系数取 5×10^7 MPa/m，底板上垂直基床系数取 8×10^7 MPa/m。

3. 作用在主体结构上的荷载

计算出各类荷载的大小（如土压力、水压力），并进行组合以后的荷载分布情况如图 7.3.2 所示。

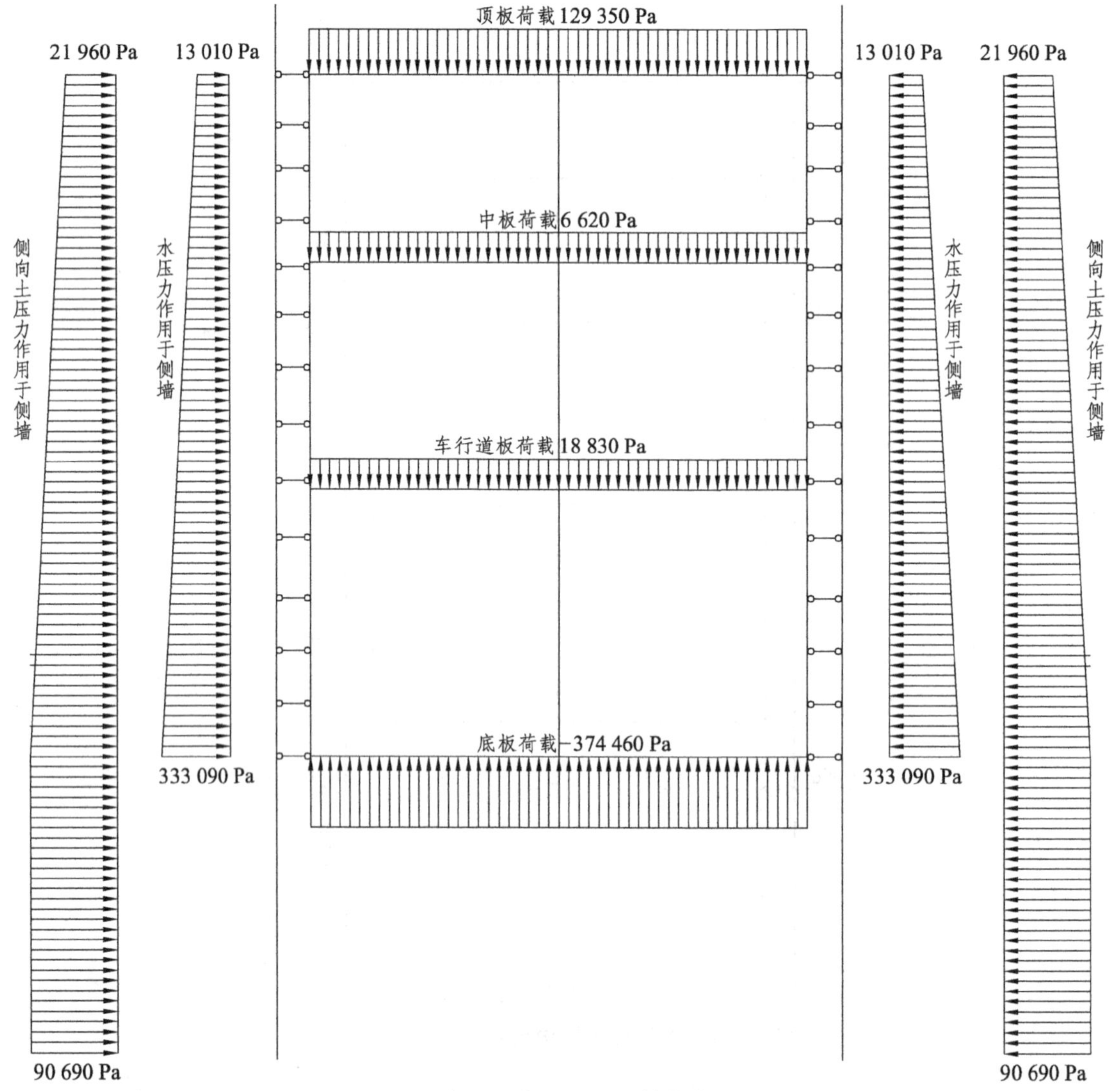

图 7.3.2　车站实例计算荷载

7.3.2　ANSYS 命令流文件

对该实例展开计算的 ANSYS 命令流文件各部分依次如下：

1. 定义单元类型

```
/com,structural
/title,model1
/filnam,support,1
/clear
/prep7
et,1,beam3
et,2,combin14
!地基弹簧
et,3,link10
!侧墙与连续墙连接
keyopt,3,3,1
!Link10 只受压
```

!梁、板、柱单元

2. 定义截面特性

```
r,1,0.4,0.0053,0.4
!中板
r,2,0.8,0.0427,0.8
!顶板、车行道板、侧墙
r,3,1.1,0.1109,1.1    !底板
r,4,0.96/9.2,9.47e-5,0.96/9.2
!中柱
r,5,50e6   !连续墙基床系数
r,6,80e6   !底板基床系数
r,7,1   !link10
r,8,1,0.08333,1   !连续墙
```

3. 定义材料属性

```
mp,ex,1,31.5e9   !C35 混凝土
mp,prxy,1,0.2
mp,dens,1,2500
mp,ex,2,33.5e9   !C45 混凝土
mp,prxy,2,0.2
mp,dens,2,2500
mp,ex,3,34.5e9   !C50 混凝土
mp,prxy,3,0.2
mp,dens,3,2500
mp,ex,4,30e9   !C30 混凝土
mp,prxy,4,0.2
mp,dens,4,2500
mp,ex,5,3e17   !Link10
```

4. 建立主体结构模型

```
k,,,,
k,,7.95,,
k,,15.9,,
k,,,8.7,
k,,7.95,8.7,
k,,15.9,8.7,
k,,,15.49,
k,,7.95,15.49,
k,,15.9,15.49,
k,,,21.34,
k,,7.95,21.34,
k,,15.9,21.34,
!建立关键点
l,1,2
l,2,3
l,4,5
l,5,6
lsel,s,line,,1,2,1
lesize,all,1,,,,1,,,1,
type,1
mat,2
real,3
lmesh,all
lsel,s,line,,3,4,1
lesize,all,1,,,,1,,,1,
latt,1,2,1
lmesh,all
lsel,s,line,,5,6,1
lesize,all,1,,,,1,,,1,
type,1
mat,1
real,1
lmesh,all
lsel,s,line,,7,14,1
```

```
l,7,8
l,8,9
l,10,11
l,11,12
l,1,4
l,4,7
l,7,10
l,3,6
l,6,9
l,9,12
l,2,5
l,5,8
l,8,11
!连线
```

```
lesize,all,1,,,,1,,,1,
type,1
mat,2
real,2
lmesh,all
lsel,s,line,,15,17,1
lesize,all,1,,,,1,,,1,
type,1
mat,3
real,4
lmesh,all
allsel,all
```

5. 画地基弹簧和侧墙与连续墙间的链杆

```
nsel,s,loc,x,0
ngen,2,200,all,,,-1,,,1,
nsel,s,loc,x,15.9
ngen,2,300,all,,,1,,,1,
nsel,s,loc,y,0
ngen,2,500,all,,,,-1,,1,
ndele,701
ndele,810
nsel,all
!复制侧墙和底板点

type,2
real,6
*do,i,1,17
e,i,i+500
*enddo
!底板地基弹簧
```

```
type,3
mat,5
real,7
e,1,201
e,18,218
e,35,235
e,52,252
*do,i,69,87
e,i,i+200
*enddo
e,10,310
e,27,327
e,44,344
e,61,361
*do,i,88,106
e,i,i+300
*enddo
! 侧墙与连续墙间链杆
```

6. 画左右连续墙

```
n,,-1,22.34
```

```
n,,-1,-5
```

```
n,,-1,23.34
n,,16.9,22.34
n,,16.9,23.34
n,,-1,-1
n,,-1,-2
n,,-1,-3
n,,-1,-4
n,,-1,-6
n,,16.9,-1
n,,16.9,-2
n,,16.9,-3
n,,16.9,-4
n,,16.9,-5
n,,16.9,-6
!画连续墙缺少的点

type,1
mat,4
real,8
e,812,811
e,811,252
e,252,287
*do,i,1,4
e,288-i,288-（i+1）
*enddo

e,283,235
e,235,282
*do,i,1,5
e,283-i,283-（i+1）
*enddo
e,277,218
e,218,276
*do,i,1,7
e,277-i,277-（i+1）
*enddo
e,269,201
e,201,815
*do,i,1,5
e,814+i,814+（i+1）
*enddo
e,814,813
e,813,361
e,361,406
*do,i,1,4
e,407-i,407-（i+1）
*enddo
e,402,344
e,344,401
*do,i,1,5
e,402-i,402-（i+1）
*enddo

e,396,327
e,327,395
*do,i,1,7
e,396-i,396-（i+1）
*enddo
e,388,310
e,310,821
*do,i,1,5
e,820+i,820+（i+1）
*enddo
!画左右连续墙
```

7. 画左右侧向地基弹簧

```
nsel,s,loc,x,-1
ngen,2,700,all,,,-1,,,1,
e,814,2114
e,813,2113
```

```
nsel,s,loc,x,16.9
ngen,2,1300,all,,,1,,,1,
nsel,all
!复制侧墙点

type,2
real,5
e,812,1512
e,811,1511
e,252,952
*do,i,1,5
e,288-i,988-i
*enddo
e,235,935
*do,i,1,6
e,283-i,983-i
*enddo
e,218,918
*do,i,1,8
e,277-i,977-i
*enddo
e,201,901
*do,i,1,6
e,814+i,1514+i
*enddo
!画左侧侧向地基弹簧
e,361,1661
*do,i,1,5
e,407-i,1707-i
*enddo
e,344,1644
*do,i,1,6
e,402-i,1702-i
*enddo
e,327,1627
*do,i,1,8
e,396-i,1696-i
*enddo
e,310,1610
*do,i,1,6
e,820+i,2120+i
*enddo
allsel,all
!画右侧侧向地基弹簧
```

8. 约束及加载

```
d,820, , , , , ,ux,uy, , , ,
d,826, , , , , ,ux,uy, , , ,
!连续墙底部点
nsel,s,loc,y,-1
nsel,r,loc,x,0,15.9
d,all, , , , , ,,uy, , , ,    !底板地基弹簧
nsel,s,loc,x,-2
d,all, , , , , ,ux,, , , ,
*do,i,1,22
sfbeam,i+64,1,pres,333090-14549.09*（i-1）,333090-14549.09*i
*enddo
*do,i,1,22
sfbeam,i+86,1,pres,-333090+14549.09*（i-1）,-333090+14549.09*i
*enddo
```

```
nsel,s,loc,x,17.9
d,all, , , , , ,ux,, , , , !侧墙地基弹簧
allsel,all

*do,i,49,64
sfbeam,i,1,pres,129350,129350   !顶板
*enddo
*do,i,33,48
sfbeam,i,1,pres,16620,16620   !中板
*enddo
*do,i,17,32
sfbeam,i,1,pres,18830,18830   !车行道板
*enddo
*do,i,1,16
sfbeam,i,1,pres,-374460,-374460   !底板
*enddo
!作用在侧墙上的水荷载

*do,i,1,24
sfbeam,218-i,1,pres,90690-3124.09*（i-1）,90690-3124.09*i
*enddo
*do,i,1,24
sfbeam,248-i,1,pres,-90690+3124.09*（i-1）,-90690+3124.09*i
*enddo
*do,i,218,223
sfbeam,i,1,pres,90690,90690
*enddo
*do,i,248,253
sfbeam,i,1,pres,-90690,-90690
*enddo!作用在连续墙上的土荷载
acel,0,10,0, !重力
```

9. 求解、显示结果

```
/SOL
SOLVE
/POST1
etable,,smisc,6
etable,,smisc,12
etable,,smisc,1
etable,,smisc,7
etable,,smisc,2
etable,,smisc,8
alls
pldisp,2
plls,smis1,smis7,1,0
plls,smis2,smis8,1,0
plls,smis6,smis12,-1,0
pretab,smis1,smis7,smis2,smis8,smis6,smis
```

7.3.3 计算调整及结果显示

ANSYS 第一次计算的结果中，地基弹簧有受拉的情况，要结合变形图和内力结果表，将受拉的地基弹簧（轴力值为正的）删掉，然后重新求解。

该实例的最终计算结果（变形、内力）如图 7.3.3 所示。

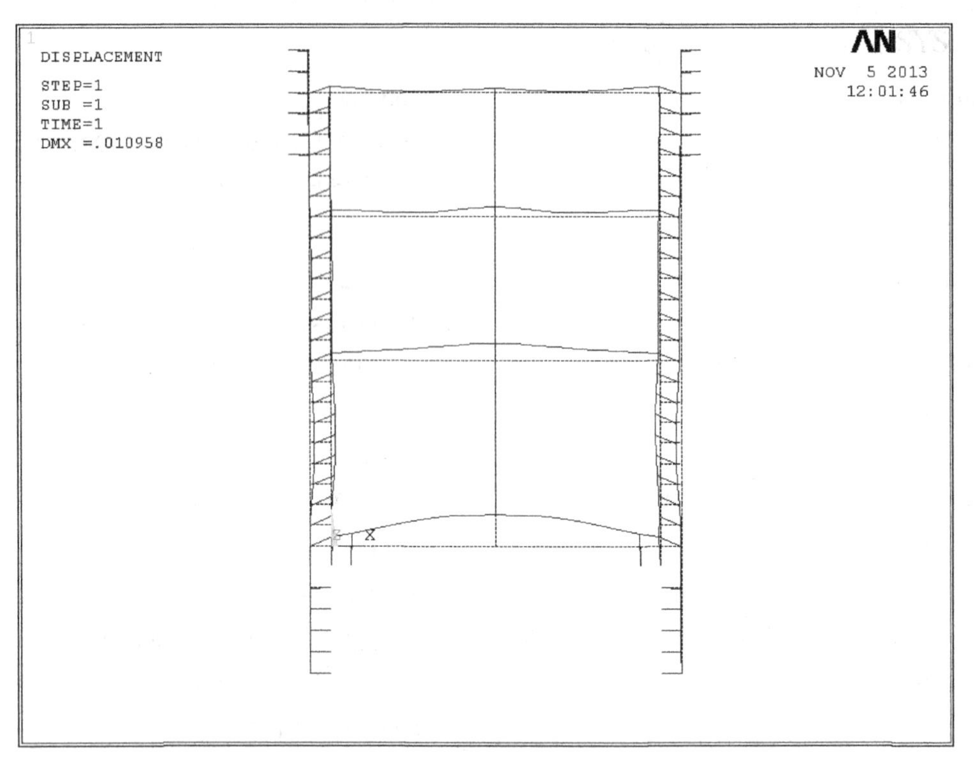

（a）变形图

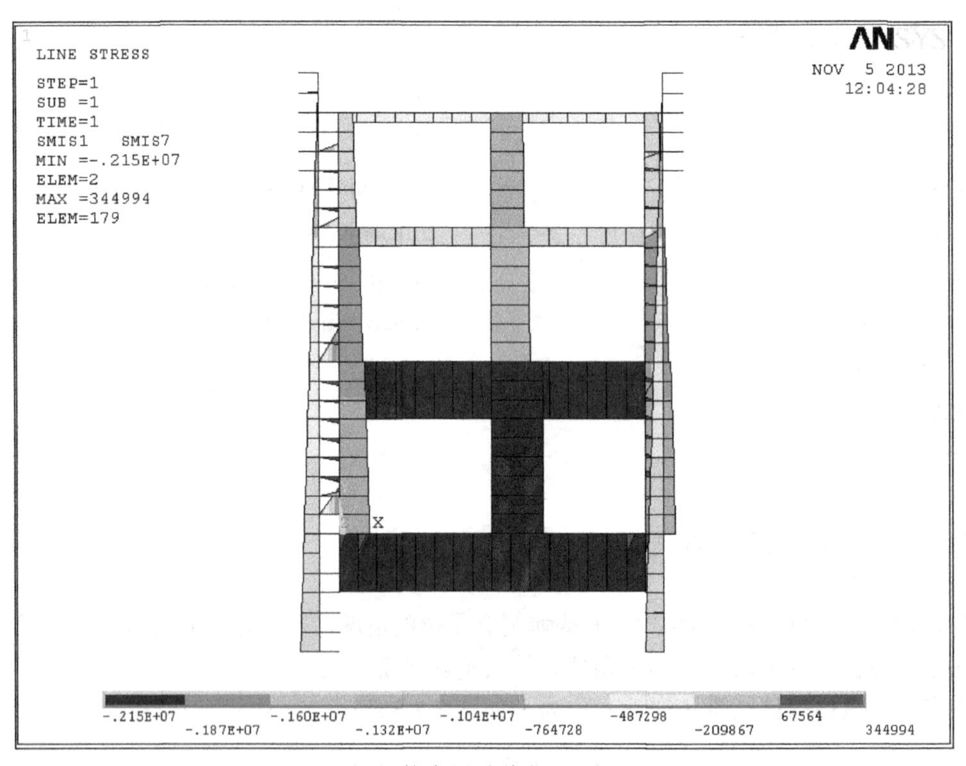

（b）轴力图（单位：N）

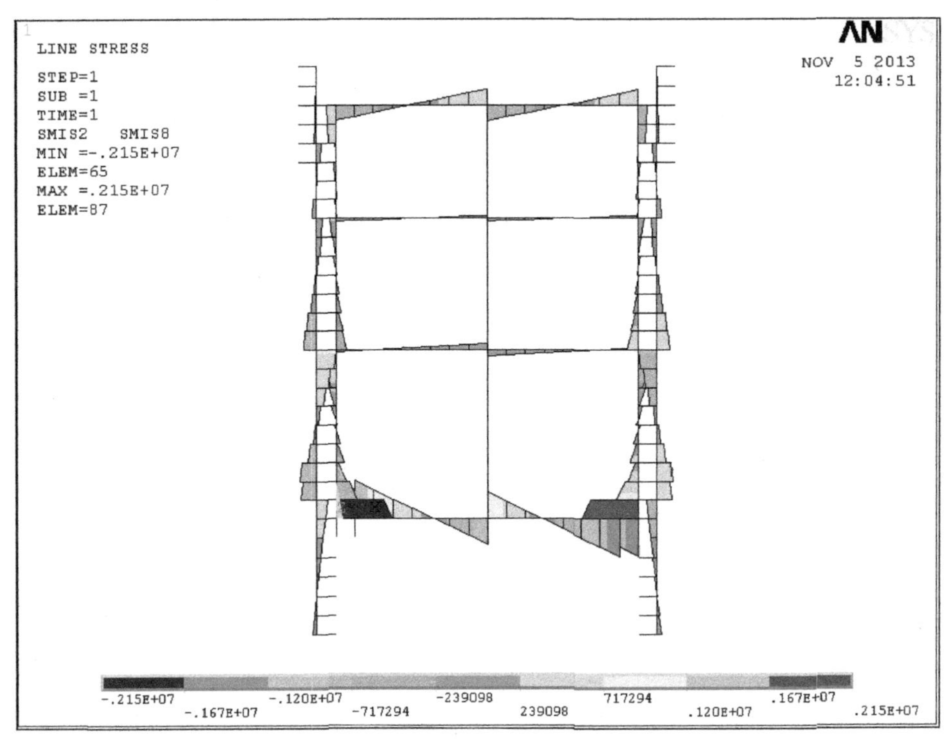

（c）剪力图（单位：N）

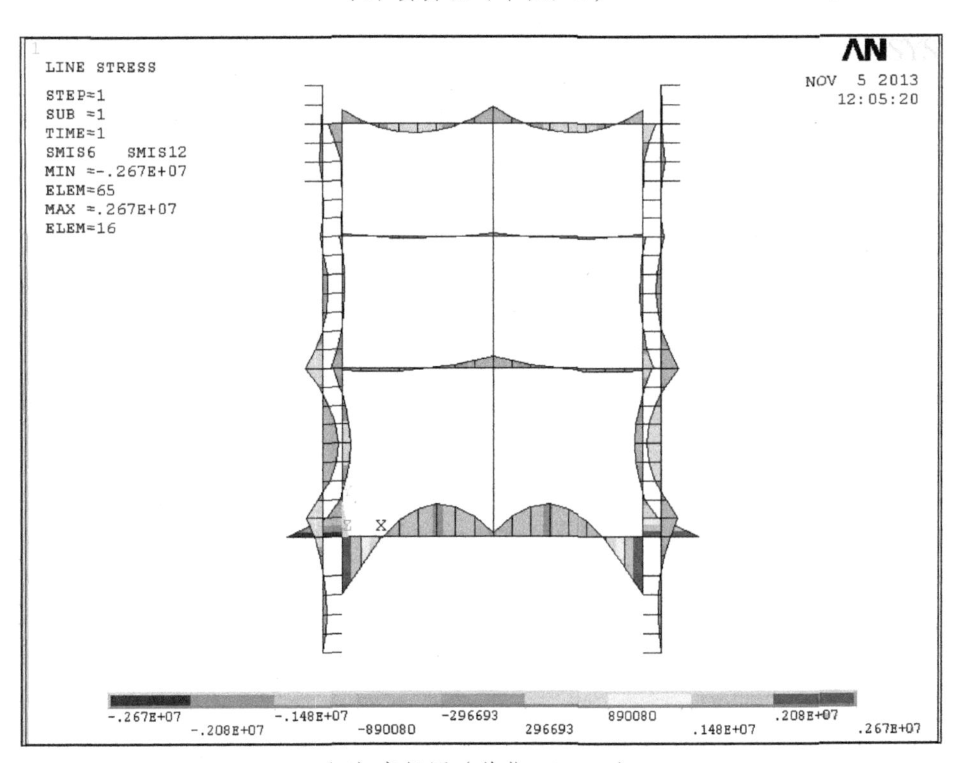

（d）弯矩图（单位：N·m）

图 7.3.3 车站实例内力及变形计算结果图

第5篇 毕业设计其他内容

8 地铁车站施工组织设计

8.1 施工组织设计概述

施工组织是以施工项目为对象进行编制，用以指导建设全过程各项施工活动的技术、经济、组织、协调和控制的综合性文件。施工组织设计是沟通工程设计和施工之间的桥梁，是施工准备工作的重要组成部分，还是做好施工准备工作的主要依据和重要保证。编写好施工组织设计，对于按科学规律组织施工、建立正常的施工程序、及时做好各项施工准备工作、保证施工顺利进行、按期按质按量地完成施工任务、取得更好的经济与社会效益，都将起到重要和积极的作用。施工组织设计是毕业设计要求的内容之一，学生应重视学习施工组织设计，以便为走上工作岗位后打下基础（目前本科生主要去向仍然是施工单位，撰写施工组织设计是将来要从事的工作内容之一）。

施工组织设计根据不同的编制阶段，可分为**施工组织条件设计（设计单位编制）、投标施工组织设计（投标施工单位编制）和实施性施工组织设计（实施施工单位编制）**。施工组织条件设计主要应由设计单位在初步设计阶段编制（或称施工组织基本概况），其目的是论证拟建工程在指定地点和规定期限内进行建设的经济合理性和技术可能性，为审批设计文件提供参考和依据。这一组织设计，是初步设计的一个组成部分。投标施工组织设计由投标施工单位编写，是投标文件中一项不可缺少的重要部分，直接影响着工程招投标的最终结果。实施性施工组织设计则用于指导实施的施工单位施工全过程（分期、分步），且应根据总包分包情况编制。

对于大型建设项目或建筑群，施工组织设计可分解为**施工组织总设计、单位工程施工组织设计及分部、分项施工组织设计**。施工组织总设计是以一个建设项目或建筑群（如一条地铁线路）为对象编制的，其目的是对整个建设项目或建筑群的施工进行战略部署，其内容比较广，亦比较概括。单位工程施工组织设计是在施工图完成后，以一个单位工程（如一个地铁车站）为对象编制的，其目的是直接指导施工全过程。分部、分项工程施工组织设计是对施工难度大、技术复杂分部分项工程（如围护结构或主体结构）的施工进一步细化，是专项的具体施工文件。

施工组织设计从总体上来说包含三大部分，各部分的具体内容如表 8.1.1 所示[41]，不同阶段、不同目的的施工组织设计应在此基础上有所详略地对应按规范的要求进行编制[42, 43]。**根据毕业设计的深度和学生较为缺乏实际施工经验的情况，所编制的施工组织设计对部分内容进行了取舍**（如施工管理组织机构、施工准备工作、质量管理措施、文明环保施工措施等内容），主要对毕业设计成果的实施进行体现。

表 8.1.1　施工组织设计编制内容

部　分	编制内容
第一部分：基本内容	1. 编制依据及说明 2. 工程概况 3. 施工准备工作 4. 施工管理组织机构 5. 施工部署 6. 施工现场平面布置与管理 7. 施工进度计划 8. 工程质量保证措施 9. 安全生产保证措施 10. 文明施工、环境保护保证措施 11. 雨期、台风、暑期高温和夜间施工保证措施
第二部分：施工方法	12. 分部、分项工程施工方法 13. 工程重点、难点的施工方法及措施
第三部分：附加内容	14. 新技术、新工艺、新材料和新设备应用 15. 成本控制措施 16. 施工风险防范 17. 总承包管理和协调 18. 工程创优计划及保证措施

因此，学生应完成的施工组织设计应包括如下内容：编制总体施工方案（施工方法比选、施工阶段划分、主要施工流程）、工程重点及难点分析、**施工场地布置及交通疏解方案**、施工进度计划及控制方法、**主要施工技术方案**、工程量统计等，绘制车站施工组织设计图纸。

施工组织设计编制时，部分内容需要编制者具有一定的工程经验，对本科生来说有一定难度，学生应多参照和借鉴相关规范、参考文献[41-44]、施工组织设计实例及其他地下工程专业书籍（地铁及地下工程施工技术方面）开展编制工作。

8.2　施工组织设计内容及要点

8.2.1　总体施工方案

此部分应包含车站总体施工方法比选、施工阶段划分、主要施工流程三部分的内容。

（1）施工方法比选：根据站点所在位置的不同地质情况、工作环境，综合考虑施工进度及安全经济方面的因素，对车站总体施工方法进行比较（如明挖法、矿山法、浅埋暗挖法、盖挖法、逆作法等常见施工方法），选择合适的施工方法。

（2）施工阶段划分：在城市中修建地铁车站，有时根据地形条件、路面交通要求等限制，必须要进行分期施工，应对施工阶段划分进行说明。

（3）主要施工流程：对施工中的主要施工步骤进行说明（结合地铁车站的施工步骤示意图）。

8.2.2 工程重点、难点及措施

对易发生质量通病、易出现安全问题、施工难度大、技术含量高的内容和工序等应做出重点说明，并提出应对措施或预案。

8.2.3 施工现场平面布置与管理

1. 施工总平面布置原则

施工现场平面布置图考虑施工阶段的划分，并按如下原则布置[42]：

（1）平面布置科学合理，施工场地占用面积少。

（2）合理组织运输，减少二次搬运。

（3）施工区域的划分和场地的临时占用应符合总体施工部署和施工流程的要求，减少相互干扰。

（4）充分利用既有建（构）筑物和既有设施为项目施工服务降低临时设施的建造费用。

（5）临时设施应方便生产和生活，办公区、生活区和生产区宜分离设置。

（6）符合节能、环保、安全和消防等要求。

（7）遵守当地主管部门和建设单位关于施工现场安全文明施工的相关规定。

2. 施工总平面布置图绘制

施工总平面布置图应符合下列要求[42]：

（1）根据项目总体施工部署，绘制现场不同施工阶段（期）的总平面布置图。

（2）施工总平面布置图的绘制应符合国家相关标准要求并附必要说明。

施工总平面布置图应包括下列内容：

（1）项目施工用地范围内的地形状况。

（2）全部拟建的建（构）筑物和其他基础设施的位置。

（3）项目施工用地范围内的加工设施、运输设施、存储设施、供电设施、供水供热设施、排水排污设施、临时施工道路和办公、生活用房等。

（4）施工现场必备的安全、消防、保卫和环境保护等设施。

（5）相邻的地上、地下既有建（构）筑物及相关环境。

3. 路面交通疏解方案

根据各阶段施工总平面布置的结果，进行车站施工场地周边路面交通疏解方案的规划和说明。

8.2.4 施工进度计划

按照施工部署的安排（包括分期）进行编制施工进度计划，施工进度计划可采用网络图或横道图表示，并附必要说明；对于工程规模较大或较复杂的工程，宜采用网络图表示。

8.2.5 施工技术方案

此部分是该施工组织设计中的主要部分，对地铁车站施工中的主要分部、分项工程的施工方法、工艺、技术参数等进行说明，编制应翔实、完善。

编制内容应按地铁车站各部分施工内容的重要性高低及施工次序逐次安排：围护结构、主体结构、其他施工内容。该类教科书、工程手册乃至实例等均较常见，请学生查阅相关资料进行编写。

8.2.6 其他内容

质量管理计划、安全管理计划、环境管理计划以及其他管理计划等内容技术性相对较低（偏施工管理），限于毕业设计篇幅，可不包含此部分内容的编制。

工程量统计可按不同构件或不同材料的数量分类进行统计，例如可按该车站的开挖土方量、混凝土用量、钢材用量、防水材料用量、其他材料用量等进行分类列表统计。

9　其他内容编写要点

此处对设计说明书中的其他部分的撰写、编制要点及毕业实习任务要求和实习报告撰写的要点进行说明。

9.1　毕业设计说明书

9.1.1　绪　论

对本科毕业设计而言，绪论部分写作上要注意条理性、层次性、逻辑性，需要将一些基本背景信息、技术现状等介绍清楚。从地铁车站毕业设计的角度来说，编者建议按如下思路来撰写绪论部分：

（1）给出毕业设计中所需要的资料、规范、清单。

（2）介绍本次设计的地铁车站站点的工程概况及地质条件等与设计联系较为紧密的相关基本信息，对本次设计站点的基本情况进行说明。

（3）结合毕业设计任务书，对本次设计的任务、内容、要点进行介绍，以说明或限定本次设计的主要范围及工作内容，预期得到什么设计成果（重要内容）。

（4）根据上述设计内容或任务，分析说明在各部分内容的设计中将对应采取什么思路及方法分别展开设计或文本编制工作（重要部分）。

9.1.2　摘要及关键词

1. 中文摘要及关键词

摘要按如下要点撰写：

（1）整个摘要应以第三人称叙述，不少于 500 字，控制在 700 字以内。

（2）首先阐述所设计的地铁车站基本概况、设计内容包括哪些方面、主要设计成果包括设计说明书和设计图纸。

（3）然后说明每部分设计内容通过什么方法、进行了什么设计、得到了什么结果、绘制了什么图纸（每部分内容分段阐述）。

（4）关键词的选取个数宜为 3～8 个（一般可选 5 个），宜体现毕业设计所属的科技领域及毕业设计的主要内容，并按词义涵盖的范围从大到小排列。

2. 英文摘要及关键词

英文摘要撰写要点：

（1）应与中文摘要对应一致，但不要求逐词翻译，可根据情况适当断句（常用短句），以保证英文翻译的连贯性、准确性。

（2）与中文摘要相同，应以第三人称撰写。

（3）常采用被动语态，便于着重对客观事物和过程的描述，突出科学性。

（4）注意时态使用正确：一般现在时适用于摘要的“目的”与“结论”部分，一般过去时适用于摘要的“方法”和“结果”部分（过去时态叙述作者做所的工作）。

（5）缩写语首次出现时应用全称并在括号内标示出缩写，第二次出现时可用缩写。

（6）专业名词要使用准确，可上中国知网的翻译助手查阅对应的专业术语。

（7）关键词与中文关键词对应，每个实词的首字母大写（冠词、介词、连词全部小写）。

9.1.3 结　论

结论撰写要点如下：

（1）对站点的概况、设计范围及设计内容进行简要说明。

（2）分段对各部分设计内容展开说明，着重于阐述通过什么方法、进行了什么内容的设计、得到了什么设计成果及设计成果的一些主要技术参数结果（比摘要的撰写更细更全）。

（3）毕业设计工作及结果还存在什么不足。

9.1.4 致　谢

致谢中可按如下顺序逐次感谢对毕业设计提供了指导和帮助的人、单位：

（1）感谢培养自己的母校。

（2）感谢毕业设计指导老师。

（3）感谢提供了实习地点的单位及指导人员。

（4）感谢对自己毕业设计提供了帮助和指导的其他老师、研究生学长和同学。

（5）感谢家人和朋友对自己的支持。

（6）可适当对自己大学四年的生活进行总结或对将来的工作进行展望。

（7）最后要署上名字和日期。

9.1.5 参考文献

参考文献编排要点：

（1）参考文献应为毕业设计所引用过的文献，且应在正文中按顺序用角标标示。

（2）按 GB/T 7714《文后参考文献著录规则》的格式来逐一列出与毕业设计相关的主要参考文献，参考文献的顺序应与正文中出现的顺序一致。

（3）参考文献类型：专著[M]，论文集[C]，报纸文章[N]，期刊文章[J]，学位论文[D]，报告[R]，标准[S]，专利[P]，论文集中的析出文献[A]；电子文献类型：数据库[DB]，计算机程序[CP]，电子公告[EB]；电子文献的载体类型：互联网[OL]，光盘[CD]，磁带[MT]，磁盘[DK]。

（4）参考文献格式如下：

a. 专著。

[顺序号] 著者.书名[M].其他责任者.版本.出版地：出版者，出版年.文献数量（选择项）.

b. 专著中析出的文献。

[顺序号] 作者. 题名[M]//原文献责任者.书名.版本.出版地：出版者，出版年：在原文献中的位置（页码）.

c. 论文集中析出的文献。

[顺序号] 作者.题名[A]//编者. 文集名. 出版地：出版者，出版年：在原文献中的位置.

d. 期刊中析出的文献。

[顺序号] 作者. 题名[J]. 其他责任者. 刊名，年，卷（期）：在原文献中的位置.

e. 报纸中析出的文献。

[顺序号] 作者.题名[N].报纸名，年-月-日（版次）.

f. 专利文献。

[顺序号] 专利申请者.专利题名[P]：专利国别，专利号.公告日期.

g. 技术标准。

[顺序号] 起草负责者.标准代号 标准顺序号—发布年 标准名称[S].出版地：出版者，出版年（也可略去起草责任者、出版地、出版者和出版年）.

h. 学位论文。

[顺序号] 作者.题名[D]. 保存地：保存者，年份.

i. 会议论文。

[顺序号] 作者. 题名[C]. 会议名称，会址，会议年份.

9.1.6 附　录

可在附录部分放入与正文相关但又没有必要放入正文的一些数据、图表等：

（1）围护结构各工况下的位移和内力计算结果图、主体结构内力计算结果图等较多，放入正文部分显得有些拥挤且无必要（正文部分放入围护结构内力包络图，用表格汇总主体结构控制截面内力值即可），可将此部分内容移入附录。

（2）主体结构计算的 ANSYS 命令流，如有必要也可放入附录。

（3）其他与毕业设计相关，但没有必要放入说明书正文的内容。

（4）**附录的排版格式与正文一致**，但注意章节、图表及公式的编号要求。

9.1.7 英文翻译

英文翻译的要点与要求如下（建议）：

（1）英文翻译应独立成册，与毕业设计说明书的页面大小和排版格式相同。

（2）应把英文文献原文复制进入英文翻译报告中，按照毕业设计说明书的格式进行排版。

（3）翻译的内容另起一页，并按照毕业设计说明书的格式进行排版。

（4）对专业术语的翻译要准确。

（5）文献中出现的人名、地名可不用翻译，直接采用英文。

（6）文献中的参考文献可不用翻译，直接列出即可。

9.2 毕业实习及报告撰写

为使学生进一步熟悉和掌握毕业设计的主要内容，学生必须参加毕业实习。地铁车站毕业设计实习的内容可包括两方面的内容：已运营地铁车站参观及在建地铁车站工点施工实习。毕业实习部分的要求和范例，可以参见蒋雅君编著的《城市地下空间工程/地下工程专业实习工作手册》（人民交通出版社有限公司 2017 年版）。

9.2.1 毕业实习要求

1. 实习任务与安排

（1）参观运营地铁车站：通过参观已经建成通车的地铁车站的建筑布置，结合车站建筑的设计工作，让学生熟悉、了解车站建筑设计相关的内容。因此，该部分实习须在毕业设计的车站建筑设计阶段完成，以对学生的车站建筑设计提供帮助。

（2）在建地铁车站工点施工实习：通过在建地铁车站施工实习，结合车站围护结构、主体结构的设计工作，让学生熟悉、了解车站围护结构、主体结构设计的相关内容，并掌握一定的施工技术及现场管理知识，为撰写施工组织设计打下一定基础。因此，该部分实习拟在毕业设计的围护结构、主体结构设计阶段完成。

2. 实习开展形式

在实习开展之前，先由教师讲解实习任务、要点和要求，之后采取以下形式开展毕业设计实习工作：

（1）参观运营地铁车站：教师选择已运营的地铁站点带领学生进行参观，为考虑所参观站点的代表性，学生应根据自己毕业设计车站的类型（如中间站、换乘站、大型综合站等），多参观几座不同类型的地铁车站作为对比，以加强对不同地铁车站建筑布置上的区别的认识。

（2）在建地铁车站工点施工实习：教师统一组织学生前往工点进行实习，现场由施工单位技术人员指导学生开展实习工作。学生在施工现场应服从带队教师和技术人员安排，自觉遵守纪律，**尤其要注意安全**；应带着问题主动、虚心向现场工作人员学习，认真做好笔记。

3. 实习注意事项

（1）学生在实习中需自带相机，尽量多拍摄照片插入到实习报告中，以使得报告图文并茂，增强可读性。照片拍摄过程应注意选取适宜的角度和视野，反映全貌或者突出细节，并与报告文字对应。实习中应自带小笔记本，随时记录相关信息和数据，实习完后及时整理到报告中。

（2）进入施工现场安全第一，必须严格遵守纪律，服从指导教师和施工技术人员的指挥和安排。进入施工现场要做好个人防护措施，不允许穿短裤、拖鞋和露趾鞋，必须佩戴安全帽，携带必备的照明设备；不允许在规定的路线之外走动，不允许触摸、搬动施工现场的设备、设施（尤其是电力设备）；严禁乱丢烟头与垃圾，避免引起火灾和污染施工现场环境；注意高空坠物和个人坠落，与基坑边缘和无防护设施的楼梯外侧保持安全距离；其他安全注意事项应听从指导教师和施工技术人员的要求。

（3）实习过程中要有组织、有纪律，体现大学生的素质。在地铁运营车站内拍照应关闭闪光灯，并避让其他乘客，不影响车站正常运营和其他乘客乘车；施工现场实习不要堵塞施工道路，不对正常的施工造成影响和干扰。

4. 实习报告撰写要求

毕业实习报告撰写的主要注意事项如下：

（1）要注意实习报告的条理性、层次性，按照提纲及要点分层次（按正文格式要求列小标题，如 A.1、A.1.1 等）进行撰写，用语简洁准确、明快流畅，内容务求客观、科学、完备，尽量让事实和数据说话。

（2）实习报告一定要图文并茂，因此参观时必须自带相机多拍照片，以便插入到报告文中结合文字说明，但不可只插图片不做说明或仅做简单说明造成图多文字少。

（3）如在实习报告中插入图（照片）、表，图名、表名也应按附录顺序编号，图（照片）的宽度一般不宜超过 7.5 cm，以便并排放入 2 张图片，避免图片所占篇幅过多。

（4）其他排版格式与正文一致。

9.2.2 实习报告撰写要点

1. 实习概述

该部分是实习报告的开端，是全文的引子，主要对实习的基本概况从总体上做一简要介绍，包括实习目的、实习意义、实习任务、实习地点（站点）及实习形式等基本情况。本部分内容的撰写应简明扼要、详略得当、主次分明，具体的细节内容放入后续部分再展开说明。

2. 参观运营地铁车站

该部分实习报告应反映如下内容：

（1）参观车站概况：参观的时间与过程、运营车站的基本情况（所在地铁线路、所处位置、站点类型、投入运营时间）、站址情况、周边公共交通情况、客流情况、地铁车站的基本形式、整体布局（包括通道和出入口）等情况。

（2）站厅层建筑设计：车站站厅层的布局，包括功能分区、客流组织路线、售票设施、检票设施、楼梯（电梯）、设备用房、其他设施（指示标志、防灾设施、服务设施）等。

（3）站台层建筑设计：车站站台层的布局，包括站台形式、站台宽度、柱宽及间距、无障碍设计、屏蔽门、设备用房、候车设施等。

（4）附属结构设计：车站出入口、通道等设置情况及参数。

3. 在建地铁车站工点施工实习

该部分实习报告应反映如下内容：

（1）实习工点概况：实习的时间与过程、施工单位、在建车站的基本概况（所在地铁线路、所处位置、地质条件、开工时间、目前修建进度、预期完工及投入运营时间）、站址情况、车站的基本形式等情况。

（2）施工场地布置与管理：站点的施工平面布置与管理（施工道路、临时用房用地、生产设施布置、分期规划）、施工现场管理措施、周边交通疏解（结合施工分期规划）情况。

（3）围护结构施工：围护结构的形式、主要技术参数、施工工艺、施工效果、降排水措施。

（4）主体结构施工：主体结构的形式（车站结构形式、站台层与站厅层布置情况）、主要技术参数、施工工艺、施工效果。

（5）附属结构施工：附属结构设置（与主体结构的相对位置关系）与形式、主要技术参数、施工工艺、施工效果。

（6）其他内容：实习中所接触和了解到的其他技术内容。

4. 实习总结

实习总结是实习过程的总体结论，主要回答“得到了什么”。它是对全文的收束，是对实习成果的归纳和总结，也包括对实习过程的感想。

实习总结撰写不可空洞、空喊口号，应明确、精练、完整、准确，应说明实习后了解了什么内容、对本次毕业设计有何帮助、如何与毕业设计结合、其他收获与感想。

第6篇　毕业设计评阅及提交答辩

10　毕业设计文本及图纸自查要点

根据编者的经验，本科生在提交的毕业设计初稿中往往会存在一些通病，如排版不符合要求、内容有缺失或错误、绘制图纸格式不规范等，修改工作往往较大。为减少毕业设计中的错误，提高评阅的通过率，编者总结了地铁车站毕业设计中易存在的一些问题及审阅要点，以减少学生毕业设计的修改工作量。

10.1　基础内容检查要点

应对页面版式及排版格式、扉页信息、摘要、关键词及目录等毕业设计说明书正文之前的内容进行初步检查。

1. 页面版式及整体排版格式

检查毕业设计说明书是否满足规定的页面设置要求，及毕业设计说明书是否按照规定的格式进行字体、字号、标题、单位和变量、公式、图表、参考文献、附录等的排版，详见本指南第 2 章。

2. 扉页信息

该页面为毕业设计正文文档的第一页，因为外面还要包毕业设计专用封面，所以该页为扉页，主要核对相关信息有无填写错误。

（1）题目：核对毕业设计题目是否跟各人所选的题目一致。

（2）专业：应为土木工程（按土木工程大类培养时），不应写地下工程、城市轨道交通工程。

（3）学号：看是否写错为班级。

（4）指导教师：应填写正确。

（5）格式：是否跟毕业设计规范要求一致。

3. 评阅意见页

（1）页眉：字体、页码编码格式（大写罗马字母）。

（2）学生个人信息：跟封面是否一致。

（3）下画线：相关评阅意见、成绩、签字处是否有空白且留有下画线。

4. 毕业设计任务书页

（1）内容：是否跟教师下发的毕业设计任务书一致。

（2）下画线：相应部分的下画线必须齐全。

（3）页眉：是否与评阅意见页保持一致。

（4）页脚：页码是否编码连续（大写罗马字母）。

（5）发题日期：为第一次毕业设计见面指导发放题目的日期。

（6）完成日期：**初稿为打印初稿的日期，终稿为答辩后修改稿打印的日期**。

5. 摘要及关键词

（1）摘要内容：应按照要求进行撰写（见第 9.1.2 部分），字数为 500～700。**注意采用第三人称叙述，涉及时态的运用时应多用完成时态，**比如叙述所做的工作时应多用“进行了”“完成了”“得到了”。

（2）关键词：选取 3～8 个（5 个左右即可），主要体现科技领域及主要设计内容，并按词义从大到小排列，不宜出现设计的车站名。

（3）摘要英文翻译：也应以第三人称撰写，并多用被动语态和过去时态（**目的与结论可用现在时，方法和结果用过去时**）。

（4）英文专业术语：要尽量准确（**尤其是关键词的翻译**），第一次出现时要用全称，之后可以用缩写。

（5）Key Words：检查是否与中文关键词对应，翻译是否正确。

（6）页眉及页脚：是否跟前面保持一致、编码连续（仍然用大写罗马字符）。

6. 目　录

（1）页眉及页脚：是否跟前面保持一致、编码连续（仍然用大写罗马字符）。

（2）标题层次：列到三级标题，每级标题需要逐次缩进。

（3）内容：**根据目录检查是否完成了毕业设计任务书中所要求的内容**。

（4）其他：结论、致谢、参考文献部分不需要编章节号，附录从 A 开始编号。

7. 图　纸

（1）图纸封面及目录：核对设计题目、学生及教师姓名、设计日期等信息，图纸目录中的编号、图名、规格、标题栏等是否正确。

（2）绘图格式：检查字体、字高、图线线型及宽度、尺寸标注方式等基本格式是否满足要求。

（3）手绘图：检查手绘图是否规范、幅面是否满足要求（不小于 A2）并是否按顺序将手绘图编入目录中。

10.2　正文内容检查要点

10.2.1　绪　论

（1）设计依据：仅列出与毕业设计内容直接相关的基础资料、标准规范即可。

（2）车站概况：从所给的设计基础资料里面，适当提取所设计车站的基本信息、工程地质条件、水文地质条件、地震设计等级等参数。其中，所设计车站的岩土物理力学指标设计参数要放入此处，作为后续围护、主体结构设计的重要依据，由于往往指标参数较多，所以在排版上要注意部分页面做成横排以及适当增加续表。

（3）设计内容：应与毕业设计任务书一致。

（4）设计思路和方法：根据对应的设计内容，简要阐述如何开展相应的设计工作，注意阐述文字的条理性和先后顺序。

10.2.2 车站建筑设计

1. 建筑设计概述

（1）设计依据：设计依据为参考所给车站基础资料中相应部分的内容（包括一些相关技术标准、规范，也作为设计依据），需要注意文字部分的排版及序号所用格式，可用六级标题"（1）×××。""（2）×××。"。

（2）设计范围：应说明毕业设计中所做的车站建筑设计的内容，因为毕业设计内容进行了简化，因此需要明确毕业设计中所做的内容（仅为主体结构部分的建筑设计），以便与本章后续的工作对应，并需要说明车站中心里程、起止里程等基本参数。

（3）设计原则：注意不要出现错别字，同时也注意排版及序号。

（4）设计标准：**列出该地铁车站所用的相关设计标准（控制参数）**。在设计标准部分也可以通过表格的方式列出（此时注意正文中要用文字引出对应的表名）。

2. 车站规模计算

（1）公式及变量问题：此处易出现的问题是公式中的变量符号的协调性（本章计算公式较多），可以参照本指南第 3 章给出的公式来进行变量的协调。另外，注意计算公式中的变量正斜体问题，且出现公式时需要进行编号，并需要对公式中的变量逐一说明。

（2）车站预测客流量：数据为原始设计资料中给出，注意看看数量级是否有误即可，单方向上的上行或下行的总预测客流量一般在 10 000 人次/h 左右。

（3）站台计算长度计算：计算结果与表 3.3.3 中所列的估算值进行比较，不应差别太大。

（4）站台宽度计算：**对相应公式中的变量的含义应该理解清楚**，选取正确的客流数据进行计算；此处还应该有站厅层与站台层之间楼梯、扶梯宽度（净宽）的计算，并且需要进行事故疏散时间验算以满足 6 min 的要求，否则站台宽度计算中的 t 无法视为有效的值。

（5）售检票设施计算：需要将售票设施和检票设施分开计算，售票设施采用的客流计算数据为进站人数，**但检票设施中不但要根据进站人数进行进站检票设施的计算，而且也要根据出站人数进行出站检票设施数量的计算**。另外，售票设施数量需要考虑车站空间布置的合理性，比如人工售票窗口不宜过多且宜在站厅层对称布置（所以取双数），自动售票设施也宜对称布置、数量应在合理范围（如计算出每一端各需要布置 20、30 台，则在常规车站的站厅层布置不开）；检票设施也应考虑使用中的合理性和便利性，有时尽管计算出来所需的数量很少，但也应适当增加台数以保证乘客快速通过。

（6）出入口楼梯及通道宽度计算：如果设计文件中未给出各出入口通道的客流分配系数，可以自行拟定或者均匀分配，但注意此处还需要乘以一个不均匀系数 1.1 ~ 1.25。**此处也应进行事故疏散验算**。

（7）车站主要尺寸统计：此处的尺寸为所给的车站建筑初步设计图中各部位的尺寸参数，用列表的形式汇总即可。需要说明车站的结构形式、外包尺寸（含有效站台区及设备区的尺寸）及各部位的结构构件尺寸（如果有效站台区和设备区所用参数不同，则都要列出），单位用 mm。

3. 车站总平面布置

（1）主要看站位方案的比选是否充分、合理，需要从车站规模（长度、建筑面积等）、客流吸纳情况、车站使用便利性、与线路的协调性、管线及地面建筑拆迁量、工期、施工难度、对交通的影响、造价等方面展开综合比较，**并充分说明选择的理由**。

（2）出入口、风亭的设计：简要说明所选择的方案中的出入口、风亭设置情况即可。

4. 车站建筑布置

（1）车站各层建筑布置：分别将站厅层、站台层等部位的建筑布置情况用文字阐述清楚，一些参数也需要表述清楚（如售票设施类型及数量、布置位置、通道和楼梯的数量及尺寸等），不能只简单说“见×××图”。

（2）无障碍设计：无障碍设计应该连续、完善，考虑到残疾人进站、出站路线的完整性。

（3）车站建筑面积：除了对车站的总体建筑面积、站厅层面积、站台层面积、附属结构面积等进行说明外，**设备、管理用房应列表进行统计说明**。

5. 车站防灾设计

此部分应包含车站防火分区、防烟分区等基本内容，其他相关内容不限。

10.2.3 车站围护结构设计

首先注意检查“围护”是否被误用为“维护”（这是一个非常低级但又经常出现的错误）！另外本章较易出现的问题在于理正深基坑软件自动生成的计算报告的版面排得不够美观、插图中的字体字号也不满足毕业设计正文的排版要求，**学生往往直接把软件的计算报告复制粘贴到毕业设计说明书中而不进行仔细调整，造成毕业设计说明书排版凌乱、插图及表格格式不符合要求等问题**。理正深基坑生成的计算简图可以导出另存为*.dxf 文件，然后用软件 Acme CAD Converter 转存为 AutoCAD 可识别的*.dwg 格式文件，在 AutoCAD 中可对计算简图的字体、字高进行调整，达到排版要求后再插入到毕业设计说明书中，并对图表按顺序编号。

1. 围护结构设计概述

（1）设计依据：从车站基础资料中的结构设计说明书中摘取与围护结构相关的内容（包括相关的基坑设计技术标准、规范），注意看看排版及格式。

（2）设计范围：应说明毕业设计中所进行的车站基坑围护结构设计的断面位置及里程信息、主要设计内容。

（3）设计原则：从车站的基础设计资料中摘取，注意区分围护结构和主体结构。

（4）设计标准：应说明围护结构设计所采用的主要控制要求、技术参数等，以对后续的计算结果进行验算控制[可参见本书表 4.2.2（基坑安全等级为一级时）的控制要求，如果是其他等级的基坑，控制要求可参照毕业设计指南附录 A 取值]。

2. 围护结构方案比选

应做 2、3 种围护结构类型的比选，从地层适应性、施工难度、造价、机具设备、环保、工期等方面列表进行说明，**选择的理由必须充分、翔实**。

3. 围护结构主要尺寸及参数

（1）基本设计参数：应对围护结构的基本尺寸、材料、所用支撑、冠梁等的设计参数进行说明，也可将理正计算书中“基本信息”表、“放坡信息”（如有放坡的话）、“超载信息”、“支锚信息”放置于此处（注意排版及表格编号，且表中的“---”应该替换为“—”）。需要仔细核对的数据为：“基本信息”表中的基坑开挖深度是否包含了垫层高度、有无设置冠梁、冠梁的宽度高度是否符合规范要求（**有时会出现冠梁宽度小于连续墙厚度的错误**）；“支锚信息”表中横撑的水平间距（应为 6 m、3 m 等常见间距）、竖向间距（**看与主体结构楼板的相对关系是否合理**）、支锚刚度、材料抗力（**是否是合理计算值**）、预加力（**钢支撑是否有预加力**）等数据信息。

（2）土层参数信息：将理正计算书中的“土层信息”“土层参数”“加固土参数”（如进行了加固的话）等表放置于此处——**注意所用的土层信息与车站地质纵剖面图上该断面位置处的土层一致，而且需要与绪论部分的岩土物理力学指标设计参数一致！另外检查地勘资料中未给出的土层参数是否取值合理。**

（3）工况信息：**把理正计算书的“工况信息”表放置于此处**，此表较为重要，能直接反映加撑、拆撑的顺序及工况是否齐备，可以用于辅助判断计算结果中是否存在问题，因此必须提供相关信息。

4. 计算图示及计算模型

（1）计算图示：很多学生不易分清楚计算图示和计算模型的区别。**计算图示是指经过简化以后所采用的结构、荷载及约束的计算简图**，且跟主要的施工步骤或工况对应，该图需要学生根据设计车站的实际工况用 CAD 绘制。一个地铁车站围护结构的计算图示范例如图 10.2.1 所示。

（2）计算模型：此处可以采用理正计算书中生成的计算模型图（正文中需要说明采用的软

件)，**但务必进行编辑**(字体、字号、标注的规范性、荷载的箭头大小等)，以符合毕业设计插图的要求，另外注意图名中应包含“单位：m”、图名的位置(不要在图中重复出现)；在前面部分的土层信息中已经给出了相关土层的参数，因此在此图中无须体现各层土的指标值，避免图面太过拥挤。在计算模型中，需要检查的内容：**横撑的位置与主体结构各层板的相对位置关系、第一道横撑是否撑在冠梁中心位置**、地下水位降水前后高度、各工况顺序、**基坑深度及围护结构的嵌固深度**等信息是否与设计参数部分对应。

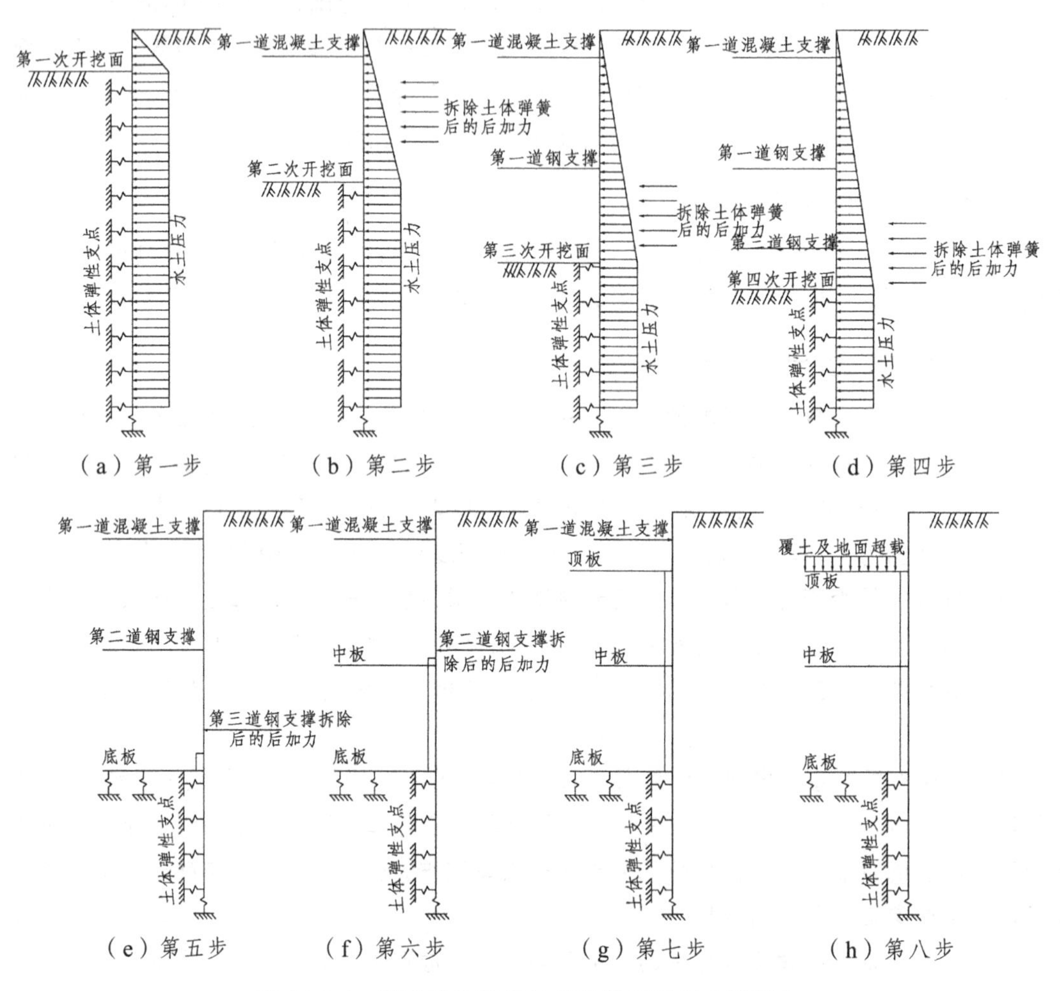

(a)第一步　(b)第二步　(c)第三步　(d)第四步

(e)第五步　(f)第六步　(g)第七步　(h)第八步

图 10.2.1　某地铁车站围护结构计算图示(范例)

5. 围护结构计算结果

在围护结构的标准断面和非标准断面(**断面位置应与建筑设计阶段选取的断面一致**)的计算结果中，均应包含如下内容：

(1)嵌固深度：应说明嵌固深度控制标准及简要计算过程，即要体现嵌固深度的确定是有依据的；另外，**嵌固深度除了满足规范的要求外，尚应满足各种土层条件下的合理工程限值要求**。

(2)结构内力及位移包络图：**可只放入包络图**，其余每个工况的内力及位移图可放入附录，无须挤占正文的篇幅；**支护结构的水平位移需要进行验算**，看是否满足设计控制标准要求。

（3）地表沉降：放入地表沉降曲线图，对于不同计算方法的结果，可选择抛物线法（考虑支护结构入土深度较深或土层较好的情况下，抛物线法较为符合实际）；**对沉降量也需要进行验算**，看是否满足设计标准的要求。

（4）配筋结果：注意所用钢筋符号的字体，可能会造成钢筋符号无法正常显示（或对打印效果有影响），可以采用插入图片的方式编写钢筋符号；冠梁配筋示意图可用 CAD 重新绘制；核查灌注桩、连续墙的配筋结果是否在合理范围（通常情况下地下连续墙配筋在 Φ28@100 就已足够）；检查**保护层的厚度是否不小于** 70 mm。

6. 基坑稳定性验算结果

（1）整体稳定验算：需要插入验算简图（注意排版）及基本的验算参数和过程。

（2）抗倾覆稳定验算：需要对计算公式编号、参数需要说明；将各工况下的抗倾覆稳定验算结果用列表汇总即可（节约篇幅）。

（3）其他内容如抗隆起验算、承压水验算及抗管涌验算：当不需进行这几项或其中某项验算时，可不用放入相关内容；如果需要进行相关验算时，则需要把理正计算书中的内容排好版（包括简图）、公式进行编号后放于此处。

10.2.4 地铁车站主体结构设计

1. 主体结构设计概述

（1）设计依据：从车站基础资料中的结构设计说明书中摘取与主体结构相关的内容（包括相关的设计技术标准、规范），注意排版及格式。

（2）设计范围：说明本毕业设计中所进行的主体结构设计的断面位置及里程、使用阶段、主要设计内容。

（3）设计原则：对主体结构设计中的一些主要控制技术要求、设计参数等进行说明，**注意区分主体结构、围护结构这些内容，分别放入不同的章节中**。

（4）设计标准：说明主体结构设计中的一些技术参数、控制要求，如混凝土设计强度等级、裂缝控制宽度、保护层厚度、最小配筋率、抗震等级、抗浮安全系数等。

2. 车站结构尺寸及材料

（1）车站结构尺寸：因为需要计算的断面为两个（**标准断面和非标准断面，与建筑设计阶段选取的断面一致**），此处用插图的形式来表示车站结构尺寸更为直观，注意插图需要根据毕业设计正文的要求来排版（字体、字号、图名后加单位）；如进行了纵梁的计算和配筋，则此处也应说明纵梁的尺寸信息。

（2）工程材料：分别对主体结构不同部位所用到的混凝土、钢材等材料的性能指标进行说明。

3. 荷载及组合

（1）荷载参数及组合：分别列表对毕业设计所采用的正常使用阶段中的**荷载种类及取值、荷载组合下的分项系数**进行说明；另外，也要说明在设计中采取的几种组合工况（基本组合、准永久组合、E2 地震组合、E3 地震组合）各自的用途。

（2）主体结构荷载计算：可以采取分断面、分组合进行计算作用在主体结构各部位上的荷载（即计算荷载时就已经分别乘以相应的组合系数）；也可只分断面算出基本的荷载值，在计算程序中自动组合（如 SAP84）。**需要分清楚荷载的种类，哪些属于永久荷载，哪些属于可变荷载，不同种类的荷载所乘以的组合系数是不一样的！**比如虽然都是侧土压力，但是由于地面荷载引起的侧土压力是可变荷载而由静止土压力产生的侧土压力却是永久荷载。在水压力的计算中，考虑水浮力就等于考虑了顶板和底板的水压力差，不能重复再将顶板和底板处的水压计入荷载中。在楼板的荷载计算中，如果是标准断面（通常选在站台中心里程处），可变荷载往往只考虑人群荷载，而不需要考虑设备荷载；而在非标准断面荷载计算中，如果非标准断面选在设备区，则可变荷载只需考虑设备荷载，无须叠加人群荷载。此处的**荷载计算结果可采用列表汇总的方式**，更为简洁直观。**需要注意检查此处的土层参数与围护结构是否一致！**

4. 计算图示及计算模型

（1）计算图示：同围护结构设计部分的说明。此处仅考虑长期使用阶段下的主体结构及围护结构的受力状态，因此只需要列出基本计算图示及抗震计算图示（如有纵梁计算，也应列出纵梁的计算图示）。应根据所设计车站的实际结构形式、荷载种类、约束情况**绘制对应的计算图示**插入毕业设计正文中。

（2）计算模型：说明建模所采用的基本理论及一些要点；采用的数值计算软件及版本也应进行说明；**需要附上用数值计算软件建好以后的模型图（反映出结构、荷载、约束这三大要素）；注意检查抗浮措施是否与计算模型相应位置的约束对应**。计算模型图应制作成白底黑线，否则黑底彩线打印出来的视觉效果较差。

5. 车站结构内力计算结果

此处对基本组合、准永久组合下的结构内力计算结果进行说明，抗震验算部分放入后续小节中进行专门说明。

（1）标准断面内力计算结果：无须将该断面的内力及变形计算结果截图全部放置于此处挤占篇幅，可以考虑放入附录；只需要**说明选取的危险截面位置（绘制示意图）**，将按照危险截面位置所提取的内力值进行列表汇总即可（2 种组合，即 2 张表），**注意看此处的内力值数量级是否符合常规地铁车站结构内力计算结果的范围，大致就可判断内力计算结果是否有问**

题；另外需要从计算结果图中检查围护结构和主体结构的变形是否协调、主体结构上的内力（尤其是弯矩）是否存在不正常的突变。

（2）非标准断面内力计算结果：基本处理方式与标准断面类似；需要注意的是，如果非标准断面的结构形式与标准断面不同（这种情况非常普遍），危险截面的选取位置也会有差别，因此有必要的情况下应绘制非标准断面危险截面位置的示意图。

（3）纵梁内力计算结果：计算结果截图可放入附录，此处用列表的方式列出顶、中、底纵梁的中跨的内力值即可。

6. 车站结构配筋计算

（1）包含的内容：**应分成标准断面、非标准断面、纵梁**分别进行计算，计算完毕后用表格的方式进行汇总；**配筋过程通常需要体现三大步骤，即正截面受压、斜截面受剪**（前两个步骤用基本组合下的结构内力值）、**裂缝验算**（此时用准永久组合下的结构内力值），需要检查配筋过程是否完备；同类型的构件只需要列出一个计算过程实例，其余类似构件的配筋计算过程可省略，直接将结果汇总入表中即可；**汇总表中需要列出各构件的计算配筋面积、实际配筋面积、实际配筋结果、配筋率及裂缝宽度**（柱子配筋往往由轴压比控制，以满足抗震的构造要求，因此柱子应列出计算轴压比），以便检查计算结果是否合理。

（2）公式及变量：本部分所用到的计算公式较多，**凡是某个公式第一次出现，均要进行编号，并对其中的变量进行说明**（前面已经说明过的变量无须重复说明），因此需要注意公式的编号、排版问题。也可以在配筋计算开始时，就把所有本部分计算内容需要用到的公式统一列出并对变量进行说明，以方便排版。

（3）配筋结果检查：在实际的地铁车站设计中，为避免钢筋种类较多造成施工中混用或误用，**通常应尽量采用统一规格的钢筋**（但也应满足规范中关于钢筋间距的要求）；受力钢筋规格一般 18 mm 以下的不用，而且同一个断面中，受力钢筋不宜超过 3 种，直径相差宜大于 4 mm。受力钢筋、箍筋的选取和间距应符合相关规范的要求。

7. 车站结构抗震验算

抗震验算应包括 E2 地震组合下的截面验算、E3 地震组合下的变形验算，其中截面验算可通过配筋率和轴压比（柱）的列表比较来分析（**注意此工况下的内力值要乘以调整系数！**），变形验算与弹塑性层间位移角限值进行比较。

通常地震组合下的内力、变形都不是控制地铁车站最终配筋结果的关键工况，一般只需按抗震构造要求配筋即可，往往验算都能通过。如果在此处验算无法通过，则应回头检查之前的配筋计算过程中是否存在问题。

8. 结构抗浮验算

通常可以取**标准断面一个柱跨的长度**来进行验算，当初步抗浮验算不满足要求时，可以采取设置压顶梁（此时可以加上围护结构的重量）或抗拔桩（需要计算抗拔桩的侧壁阻力，其中应考虑抗拔系数λ_i对抗拔力进行折减）这两种方式来进行抗浮处理。

10.2.5 车站施工组织设计

1. 编制依据及说明

（1）编制依据：编制依据包括车站设计图纸、相关技术文件、技术标准等。

（2）编制原则：简要说明施工组织设计编制的一些基本原则（可从相关的施工组织范例上参考）。

（3）编制范围：应说明本施工组织设计包括该地铁车站的土建部分（围护结构、主体结构、防水、施工排降水、监控量测等内容，有时也包括附属结构）。

2. 总体施工方案

（1）施工方法比选：采用列表的方式对几种常见的施工方法进行比较，**并需要充分说明比选的理由**。

（2）施工阶段划分：对车站施工的阶段进行合理划分，往往可能是主体结构部分先做，然后进行附属结构及其他部分（与后面交通疏解方案要对应）。

（3）主要施工流程：此部分内容可适当采取流程图或插入施工步序图的方式来说明，也可采用文字说明，**着眼点主要是讲述整个车站的施工流程和步骤**，暂不需要过多地展开介绍具体的施工技术。

3. 工程重点、难点及措施

对本工程中可能制约进度的关键工序、技术难度较大、施工存在较大风险等内容进行分析，并提出对应的拟解决措施和预案。

4. 施工现场平面布置与管理

（1）施工总平面布置：施工总平面布置应说明布置原则，之后对场地围挡及硬化、临时用房及用地（生活及办公区、施工区、试验室、配电室、空压机房、库房、临时道路及施工车辆路线组织）、施工用水用电及通信、其他安全、消防、保卫及环境保护等设施等布置情况进行说明。

（2）施工交通疏解：如有不同的施工分期，**则需要对不同分期阶段下站点周围的交通疏解路线进行说明，**必要时可插入 CAD 图或百度地图截图（标示出场地围挡范围及交通疏解路线箭头），以便更为直观。

5. 施工进度计划

总进度计划：利用横道图的方式对车站土建工程的施工进度计划进行说明，一般一个普通规模的地铁车站大约施工期为 2 年。

6. **施工技术方案**

需要对地铁车站土建工程的各项施工技术内容进行说明，按照重要性及施工次序，**应依次包括围护结构、主体结构**等。在编写过程中，应适当利用图、表及流程图等形式来增强可读性和直观性。

此处应注意查看所采取的施工技术方案是否与设计部分（图纸）一致，如围护结构类型及施工方法经常较易被学生不加选择地混用，并未根据设计站点的实际情况进行对应编写。

7. **工程量统计**

可以主要选取**围护结构、主体结构**等主要分部工程进行分项内容列表统计，统计表的表头应包括“项目名称、项目特征、工程内容、计量单位、工程数量”等项目，**统计宜按工程材料类别分别列表进行**，比如土方、混凝土、钢材等。

10.2.6 结　论

按照毕业设计指南上的指导进行结论的撰写（此处需要比摘要的撰写更为详细），尤其是相应的设计成果参数，必要时可以用列表的方式进行说明；在文字内容顺序排列时，应按照章节篇幅，依次总结[用（1）、（2）、（3）…的格式]。

10.2.7 致　谢

按照毕业设计指南上的指导进行撰写即可，较为简单，可允许学生适当抒发一下感情，但篇幅不宜过长，控制在大半页为宜。最后**要署名和留下日期**。

10.2.8 参考文献

主要检查参考文献格式是否规范，另外**也需要检查一下正文中所引用的参考文献与此处的顺序是否对应、是否有缺漏**。注意参考文献中所引用的设计规范均应更新至最新版本。

10.2.9 毕业实习报告

（1）检查标题和内容排序，是否按照毕业设计指南的要求，逐次将实习内容全部概括进来。

（2）检查排版格式，是否也按照与正文一致的格式要求来排。

（3）本部分容易出问题的地方在于插图（图量较多、较挤，特别应注意排版），必要时可以采用表格的形式并排放入图片（表格框线隐去即可），并注意调整图片的尺寸一致，以保持页面美观。

（4）**实习总结部分是否对实习的收获、感想进行了说明**。

10.2.10 附 录

（1）可放入附录的其他内容包括围护结构的工况**位移**及内力图、主体结构各工况计算的内力及**变形**图。

（2）注意对图、表进行依次编号，并且**应标明尺寸单位**。

（3）简要核对一下附录的排版格式，是否与正文一致。

（4）检查毕业设计正文目录部分，是否将各附录部分的目录也编至三级标题。

10.2.11 外文翻译

（1）检查排版格式是否与毕业设计说明书一致，内容应包含外文文献原文及译文两大部分。

（2）注意检查专业名词的翻译是否准确，人名、地名、参考文献可不用翻译。

（3）需要注意原文中的图、表如果有英文内容，也应逐一对应进行翻译。

10.3 图纸检查要点

10.3.1 车站建筑设计图

1. 车站总平面图

该部分包括两张图，进行方案比选。一些要点如下：

（1）站位比较：两个方案应有较大的差别，通常需要变化车站站位进行比较，**而不能仅仅只简单修改出入口和通道的位置**。在站位移动中，可以根据站点与地面道路、主要建筑、邻近地铁车站之间的位置关系，在线路允许的范围内进行合理的变动，地面附属结构（出入口、通道、风亭等）也应根据实际情况进行调整。如果是换乘站，则可以考虑变化换乘方式（如楼梯换乘、通道换乘）进行比较。**最后比对毕业设计正文的比选表及比选结果，检查是否能对应一致**。

（2）绘图要素：总平面图中应反映出地面道路范围及名称、规划道路红线、主要建筑轮廓及名称（5 号字）、车站名称（7 号字）及中心里程、两侧相邻车站名称、车站起点及终点里程、地铁线路中心线、有效站台轮廓、车站轮廓线（地面以下为虚线，且反映出围护结构、主体结构的厚度)、地面附属结构及名称、地铁车站的主要外包尺寸等，还需绘出指北针(直径 24 mm、尾部宽 3 mm、细实线)或风向玫瑰图；**注意将幅面填满，不要留出空缺**。

2. 其他建筑设计图纸

(1)站厅层平面图：应反映出车站中心里程及车站名称、车站设计起点及终点里程、车站有效站台的起点及终点里程(核对一下计算长度是否与毕业设计正文一致)、结构及构件的尺寸标注(包括宽度)、柱、墙、门窗、设备及管理用房名称及面积、楼梯扶梯(包括上下行箭头及文字)、站厅层内设施布置(自动售票机、人工售票窗口、安检设施、检票设施)、风道或风井、付费区和非付费区的隔离(**需要检查是否布置合理**)、承重结构(柱子、墙)的轴线中心线(点画线)及编号(纵向数字编号，横向字母编号)、**剖切面符号及编号(各剖切面的位置要与相应的剖面或断面图对应)**、通道及出入口、剖面图的名称及下画线；**需与正文计算内容核对，看相应设施的数量、尺寸是否能对应。**

(2)站台层平面图：应反映出车站中心里程及车站名称、车站设计起点及终点里程、车站有效站台的起点及终点里程、结构及构件的尺寸标注、地铁线路及中心线、区间隧道的折断线标记(**注意区分盾构隧道和明挖区间的标记**)、屏蔽门、乘客活动区域隔离、站台两端工作检修用楼梯、设备及管理用房名称及面积、楼梯扶梯的位置及标志、柱子与墙等承重结构的轴线(**编号与站厅层应协调一致**)、**剖切面符号及编号(与站厅层平面图要一致)**、剖面图的名称及下画线；需要核对一下站台层和站厅层的主要尺寸与里程是否一致、**楼梯扶梯的位置是否对应**及尺寸是否一致(需要考虑不同层之间的错位关系，结合纵剖面来看更为直观)。

(3)纵剖面图：应反映出车站中心里程及车站名称、车站设计起点及终点里程、车站有效站台的起点及终点里程(**与前面两张平面图核对**)、结构及构件的尺寸标注、地铁线路及中心线、区间隧道的折断线标记(注意区分盾构隧道和明挖区间)、**楼梯及扶梯(与前面两张图核对)**、设备及管理用房名称、各层结构顶面的标高信息、柱子的轴线(编号与站厅层应协调一致)、剖面图的名称及下画线。

(4)横剖面图(标准、非标准)：应反映出地面及管线(地面以上的设施可以不画)、结构及构件的尺寸标注(核对尺寸是否与前面的图对应)、围护结构示意、主体结构剖面材料图例的填充(多为钢筋混凝土材料)、各层顶面标高、剖切到的结构轮廓线(包括站台板)、剖切面投影能看到的设施(如果是断面图则无此项)、设备及管理用房的名称、柱子的轴线及编号(注意投影方向所导致的编号顺序变化)、剖面图的名称及下画线(**此时还需要标明剖切面的里程**)如果底下设置了桩则应注意桩的截断符号(圆形)；**应检查横剖面的位置与站厅层上的剖切符号所在位置的对应关系**；标准断面一般应选在站台中心里程处，非标准断面一般应在设备用房区(断面形式有变化)。

(5)与正文内容的对应关系：车站的建筑设计图需要与正文对应部分进行核对，检查建筑面积统计表、车站主要尺寸、主要设施的数量和参数等有无错漏。

10.3.2 车站围护结构设计图

1. 围护结构剖面图

应反映出围护结构的尺寸标注、地面标记、主体结构构件位置（用虚线）、结构底板以下的垫层空间、各支撑的轮廓线及轴线、各支撑中心位置及高程、车站顶部标高、连续墙顶部及底部标高、每次开挖面的标高（含基坑底部位置）、车站主体结构柱子轴线编号、土层图例及标号信息（与正文中的土层信息对应）、剖面图的名称及下画线（**需要标明剖切面的里程**）、**支撑轴力表**（预加轴力应取到十位数的整数）。

2. 围护结构配筋图

首先与配筋图的绘制要求比较，看是否满足配筋图的常规绘制习惯以及主要尺寸是否标准完全；**容易出问题的地方在于纵向钢筋深入冠梁的长度（锚固长度）**，一般情况下，该长度应取为冠梁厚度（无论地下连续墙还是灌注桩），但注意应扣除冠梁保护层厚度；连续墙的配筋立面图往往布置较密，**此时可采用简化画法**；如果考虑迎土侧和背土侧的配筋布置不一致时，应在配筋图中反映出来（沿中心线分两侧说明）；毕业设计中围护结构纵向配筋可不考虑经济性，按全长拉通来配置，**但应注意体现顶端、底端的保护层厚度**；连续墙的水平钢筋及构造钢筋间距宜取为 200 mm ~ 400 mm，直径不小于 12 mm（也应注意图纸中需反映出槽段的保护层厚度）。

拉筋标注方式范例为 Φ16@600 × 300（第 1 个间距参数为水平间距，第 2 个为竖直间距），可采用的水平间距为竖向钢筋间距的 2 倍（即水平方向上隔 1 根拉 1 根），竖向间距为水平钢筋间距的 2 倍（也即竖向隔 1 根拉 1 根），也可采用梅花型双向拉筋（参见图 10.3.1）。另外拉筋可做成直形，也可做成 S 形。

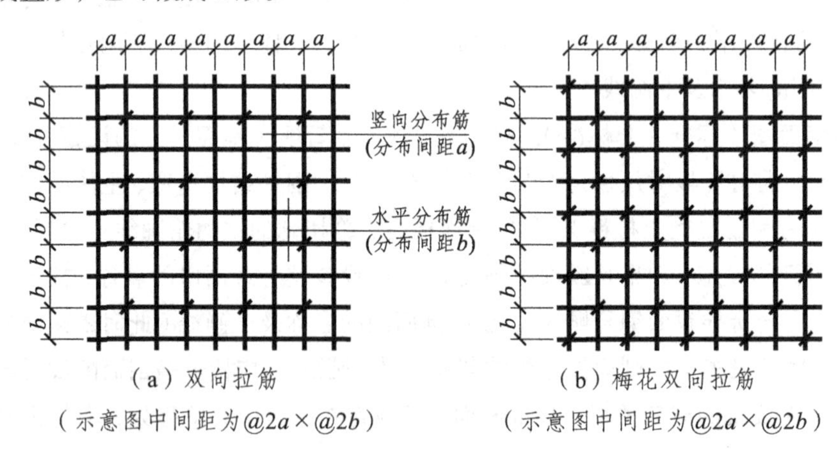

（a）双向拉筋
（示意图中间距为@2a×@2b）

（b）梅花双向拉筋
（示意图中间距为@2a×@2b）

图 10.3.1 拉筋布置形式（范例）

注意连续墙各部分图的组成、名称及**比例**，如**“地下连续墙配筋立面图”**、**“1—1”**（沿着竖直方向的剖切断面图，**需要标出剖切位置线及编号**）、**“2—2”**（沿着水平方向的剖切断面图，此时可取 1 m 宽连续墙）；**检查钢筋表中所列的项目、钢筋的大样等内容，按一个槽段长度来统计**；钢筋表中钢筋长度的表示和统计，应包括弯钩等部位的增加长度。图中文字说明应包括保护层厚度、混凝土等级、纵筋伸入冠梁的长度（如在图中未标出）等主要设计参数。

毕业设计中的连续墙图纸做了一定简化，例如未考虑钢筋桁架、剪力拉筋、吊环、导管位置、导向墙配筋等内容，这些内容可以暂不在图中反映。

3. **与正文内容的对应关系**

核对围护结构剖面图中的设计参数是否与正文中的理正深基坑计算参数一致，配筋图中的参数是否与正文中的配筋计算结果一致。

10.3.3 车站主体结构配筋图

主体结构配筋图包括标准断面、非标准断面、纵梁配筋图，形式上大同小异，因此需要注意的要点也大致相同。

（1）图纸的规范性及完整性：对照配筋图的绘制要求，规范图纸的绘制格式，具体要求此处不再赘述；检查主要的内容是否反映完全，包括主体结构轮廓线（细线）、承重结构中心线及轴编号、主要尺寸、各部位处钢筋编号及参数（**及引出线标志**）、**配筋截面（剖切位置线及编号）**、各断面配筋图及比例（注意纵向方向上的折断符号）、钢筋表（取每延米）、文字说明（保护层厚度、混凝土等级及抗渗等级、其他配筋的说明等）。易出现的错误包括：漏掉钢筋引出线的标记、断面图中的钢筋标注不全、漏掉标注比例、断面尺寸标注、**钢筋弯钩处的增加长度及钢筋锚固长度被忽略或计算错误**等。

（2）与正文配筋结果的对应关系：**与正文中的配筋结果对照，检查各构件的配筋结果是否对应一致**。

由于毕业设计所做的深度仅为初步设计（实际上离初步设计仍然有一定差距），在主体结构配筋时也做了不少的简化，但一些按照抗震的构造要求的配筋措施应在图纸有所体现（如箍筋的弯钩长度及纵向受力钢筋的锚固长度增加）。

10.3.4 车站施工组织设计图

此部分的图纸包括施工总平面布置图（分期实施）、施工步序图等内容。

（1）施工总平面布置图：应合理根据情况考虑分期围挡施工，因此每期都应绘制总平面布置图（在图名中注明）。该图可在总平面图的基础上进行修改（单位用 m），**图中应体现的内容包括施工场地围挡（用粗线）、临时用房及用地（生活及办公区、施工区、**

试验室、配电室、空压机房、临时道路）等设施等布置情况；周边交通疏解概况表；文字说明中简要说明施工方法、围挡面积等；原始总平面图中的一些主要要素也应在此体现。应注意检查图纸所叙述的施工分期、场地布置等内容是否与毕业设计说明书中一致。

（2）施工步序图：此图纸可进行手绘；可在所给范例的基础上，根据所设计车站的实际工况进行修改（如果车站复杂、实际工况较多，也可以适当缩减工况，避免幅面不够），此图仅为示意图（A2），因此无须标注尺寸（但应保持大致的比例）。**注意所选择的工况应能反映车站的主要施工流程，工况应与围护结构设计中的工况表对应（看拆撑的时机是否一致）**；未施作的主体结构用虚线表示；不同类型的支撑的表现形式不同；需要对主要工况进行文字说明。

11 毕业设计答辩及文档提交

11.1 毕业设计答辩及评分

11.1.1 毕业设计评分标准

毕业设计评分按照三大项内容来进行综合评分（表 11.1.1），毕业设计的最终成绩不仅仅取决于其中某一项的得分，而是需要学生认真、努力地做好平时的设计工作，按时保质保量地完成毕业设计，才能获得理想的成绩。

表 11.1.1 本科毕业设计评分参考

项目	内 容	参考标准分
设计评分（55）	题目难易程度	10
	设计或试验中分析、解决问题的能力	15
	学生掌握基础理论的情况	5
	资料收集、文献阅读情况和外文翻译水平	10
	绘图质量与设计说明书撰写质量	10
答辩评分（25）	毕业设计的报告情况	5
	回答基本问题的观点和概念	10
	回答较复杂问题的观点和概念	10
过程分（20）	独立完成任务的能力	5
	工作态度及出勤情况	5
	按时完成任务情况	5

11.1.2 毕业设计答辩流程

为了确保毕业设计质量，本科毕业设计（论文）的答辩工作一般按“校抽样答辩－学院组织答辩－质量整改与提高”三个阶段进行。校抽样答辩和学院组织答辩均在毕业设计开展的第 14 周进行，校抽样答辩（人数较少）先于学院组织答辩（其余未被抽中校抽样答辩的学生）进行。通常学院组织答辩一般由 3～5 名同专业的老师组成答辩评审组（含指导教师），答辩学生为评审老师各自所指导的毕业设计学生。学院组织答辩的流程与校抽样答辩流程相同。

答辩的基本流程如下：

（1）学生向评委老师展示毕业设计说明书、设计图纸、外文翻译、中期检查表及中期检查报告、指导纪要等必要的文件及材料。

（2）学生宣讲毕业设计（论文）、演示实验或展示作品，限时 20 min/每生。

（3）评委老师提问与学生回答，限时 10 min/每生。

（4）评委老师评议和评定给出初评成绩，并给出整改意见，限时 5 min/每生。

答辩前应做好充足的准备工作：

（1）打印出毕业设计文本、图纸、翻译，并准备好中期检查表、中期报告、指导纪要。

（2）熟读毕业设计，并制作好答辩 PPT 并预先演练控制好汇报时间（要点见下一节），必要时可撰写一份汇报纲要。

（3）复习相关专业课教材及主要参考书，准备应对提问。

11.1.3 毕业设计答辩 PPT 制作

答辩 PPT 的内容宜按照表 11.1.2 的提纲制作（可视情况删减或调整相关内容），主要展现设计主要成果，简明扼要，总页数宜控制在 30 页左右（且以图表为主）。答辩前应自行演练几遍，熟记 PPT 汇报内容，掌握汇报节奏与总体汇报时间。

表 11.1.2 毕业设计答辩 PPT 制作提纲（建议）

章节	包含内容	页数	备注
封面	毕业设计题目、指导教师、学生姓名、学生学号、答辩日期	1	
设计内容	所做的主要设计工作内容（主要章名）	1	PPT 目录
车站概况	1. 车站所属地铁线路、走向 2. 站点位置及周边地形地貌 3. 车站类型、大致规模 4. 站点处的主要地质条件（土层类别及埋深、地下水情况）	1	简要说明
建筑设计	1. 车站规模计算结果（列表汇总） 2. 车站总平面方案比较（图） 3. 车站各层建筑布置结果（图）	≤6	以图表为主
围护结构设计	1. 围护结构方案比选（列表） 2. 围护结构主要参数（列表）及计算图示（图） 3. 工况拟定（列表） 4. 计算结果：位移及内力包络图及地表沉降曲线（图）、各稳定性验算结果（列表汇总） 5. 围护结构配筋结果（列表）	≤6	以图表为主
主体结构设计	1. 荷载分类、取值及组合情况（列表） 2. 主体结构主要参数（列表）及计算图示（图） 3. 标准断面内力计算结果（图）及配筋结果（列表） 4. 非标准断面内力计算结果（图）及配筋结果（列表） 5. 纵梁内力计算结果（图）及配筋结果（列表） 6. 抗震验算结果（列表）	≤10	以图表为主

续表

章节	包含内容	页数	备注
施工组织设计	1. 施工方法比选（列表） 2. 主要施工流程（图） 3. 施工总平面布置（图） 4. 施工进度计划（图） 5. 工程量统计（列表）	≤5	以图表为主，具体的施工技术内容不展开说太多
致谢	请评委老师批评指正	1	—

答辩时 PPT 制作的质量、口头汇报表达能力，也会影响到设计成果展示效果、毕业答辩成绩，因此学生务必对此引起重视。PPT 具体制作方法、技巧，学生请寻找书籍或教程学习，以下仅简要介绍一些 PPT 制作的要点：

（1）宜选用简洁、大方的模板，颜色搭配适宜采用对比度较高的组合，使字体和背景成明反差，保证阅读效果。

（2）版式、字体、字号、颜色、背景要有统一的标准和格式（标题的字号可适当加大），不可变化太多，否则易分散听众注意力。

（3）排版简洁明了、图文并茂、突出要点，不可大块文字堆积在一个页面内，否则易引起听众视觉疲劳。

（4）文字及页面切换时候可适当采用动画变化形式，但不应片面追求花哨、多样。

（5）正文文字宜控制在 24 号 ~ 30 号，行间距可适当放宽（如 1.5 倍行距）。

（6）注意内容的条理性、层次性要分明，宜分层设置标题，但层次不宜过多（避免造成零散）。

11.2 毕业设计文档提交

答辩以后，学生仍然需要根据答辩时教师所提出的问题对毕业设计进行认真整改，完成终稿后才可进行提交。

1. 提交时间及要求

（1）提交日期及提交方式：答辩完 2 周以内，根据答辩时教师所提的意见修改后，把材料整理完毕，按照要求装入专用毕业设计档案袋，送至教师办公室。

（2）提交材料清单：毕业设计终稿（正文、翻译、图纸、光盘）、中期检查表、中期报告、毕业设计指导纪要、毕业实习日志、毕业设计初稿（正文、翻译、图纸）、查重报告单，也需全部收齐装袋上交。

（3）刻录光盘：刻录内容包括毕业设计正文、翻译、图纸，均为终稿，刻录好以后，将光盘装袋，贴至毕业设计终稿正文封底内侧。

2. 图纸装订

（1）图纸加宽了的（由绘图仪打印），沿着图纸边框细线位置剪裁好以后再统一折叠装订成 A3 大小（装订方法参见附录 C）。

（2）由于普通 A3 图纸系由打印机打印，存在缩小比例以保留一定页边距的问题，因此不用剪裁（否则跟由绘图仪打印出来的加宽图纸高度不一致）。

（3）手绘图纸也应一并按图号顺序编进图纸目录，并按图号顺序装订。

3. 电子文档整理要求

毕业设计终稿电子文档命名和归类规则：

（1）建立一个以自己学号和姓名为名的文件夹，如“20××1234 某某某”。

（2）把毕业设计终稿文档转存为 Word2003 版本，名字改为“学号姓名_××地铁×号线×××站设计”，存入该文件夹。

（3）将毕业设计外文翻译终稿也转存为 Word2003 版本，名字改为“学号姓名_外文翻译”，存入该文件夹。

（4）在该文件夹下，再建立一个“设计图纸”文件夹，将所有图纸按毕业设计正文章节顺序编号后放入“设计图纸”文件夹（编号规则如“01××图”“02×××图”“03×××图”……）。

（5）将该文件夹刻录至 CD 光盘。

（6）将该文件夹给教师发送一份（发至教师邮箱），以便存档。

4. 其他注意事项

（1）为加快教师提交毕业设计资料和提交成绩的速度，请按照以上规定提交终稿，以规范格式和方便教师整理提交。

（2）教师将按照毕业设计答辩稿上的批注对照学生的终稿是否修改，因此请务必对答辩稿上的批注意见全部修改完，否则将被视为工作态度不认真，扣除相应分数。

附录 A　部分城市地铁基坑工程安全等级标准

我国部分城市地铁的基坑工程安全等级标准见表 A.1 ~ 表 A.3[6]，表中 H 为基坑开挖深度。

表 A.1　上海地铁基坑工程的安全等级

基坑等级	地面最大沉降量及围护墙水平位移控制要求	环境保护要求
一级	1. 地面最大沉降量≤0.1%H 2. 围护墙最大水平位移≤0.14%H	基坑周边以外 0.7H 范围内有地铁、共同沟、煤气管、大型压力总水管等重要建筑或设施
二级	1. 地面最大沉降量≤0.2%H 2. 围护墙最大水平位移≤0.3%H	离基坑周边 0.7H 无重要管线和建（构）筑物；而离基坑周边 0.7H ~ 2H 范围内有重要管线或大型的在使用的管线、建（构）筑物
三级	1. 地面最大沉降量≤0.5%H 2. 围护墙最大水平位移≤0.7%H	离基坑周边 2H 范围内没有重要或较重要的管线、建（构）筑物

表 A.2　广州地铁二号线、南京地铁一号线基坑工程的安全等级

保护等级	地面最大沉降量及围护墙水平位移控制要求	周边环境保护要求
特级	1. 地面最大沉降量≤0.1%H 2. 围护墙最大水平位移≤0.1%H，或≤30 mm，两者取最小值	1. 离基坑 0.75H 周围有地铁、煤气管、大型压力总水管等重要建筑市政设施 2. 开挖深度≥18 m，且在 1.5H 范围内有重要建筑、重要管线等市政设施或在 0.75H 范围内有非嵌岩桩基础埋深≤H 的建筑物
一级	1. 地面最大沉降量≤0.15%H 2. 围护墙最大水平位移≤0.2%H，且≤30 mm	1. 离基坑周围 H 范围内埋设有重要干线、在使用的大型构筑物、建筑物或市政设施 2. 开挖深度≥14 m，且在 3H 范围内有重要建筑、管线等市政设施或在 1.2H 范围内有非嵌岩桩基础埋深≤H 的建筑物
二级	1. 地面最大沉降量≤0.3%H 2. 围护墙最大水平位移≤0.4%H，且≤50 mm	仅基坑附近 H 范围外有必须保护的重要工程设施
三级	1. 地面最大沉降量≤0.6%H 2. 围护墙最大水平位移≤0.8%H，且≤100 mm	环境安全无特殊要求

表 A.3　深圳地铁一期工程基坑工程的安全等级

<table>
<tr><th>安全等级
内　容</th><th>一级</th><th colspan="2">二级</th><th>三级</th></tr>
<tr><td>基坑深度（m）</td><td>>14</td><td colspan="2">9 ~ 14</td><td><9</td></tr>
<tr><td>地下水埋深（m）</td><td><2</td><td colspan="2">2 ~ 5</td><td>>5</td></tr>
<tr><td>软土层厚（m）</td><td>>5</td><td colspan="2">2 ~ 5</td><td><2</td></tr>
<tr><td>基坑边缘与邻近建筑物基础或重要管线边缘净距（m）</td><td><0.5<i>H</i></td><td colspan="2">0. 5<i>H</i> ~ 1.0<i>H</i></td><td>>1.0<i>H</i></td></tr>
<tr><td>地面最大沉降量（mm）</td><td>≤15%H</td><td colspan="2">≤0.2%H</td><td>≤0.3%H</td></tr>
<tr><td rowspan="2">最大水平位移允许值（mm）</td><td rowspan="2">0.25%H</td><td>排桩、墙、土钉墙</td><td>0.5%H</td><td>1.0%H</td></tr>
<tr><td>钢板桩、搅拌桩</td><td>1.0%H</td><td>2.0%H</td></tr>
</table>

附录 B 常用计算参考数据

B.1 混凝土性能参数

表 B.1.1 混凝土强度[21]　　单位：N/mm^2

强度种类	混凝土强度等级													
	C15	C20	C25	C30	C35	C40	C45	C50	C55	C60	C65	C70	C75	C80
轴心抗压标准值 f_{ck}	10	13.4	16.7	20.1	23.4	26.8	29.6	32.4	35.5	38.5	41.5	44.5	47.4	50.2
轴心抗拉标准值 f_{tk}	1.27	1.54	1.78	2.01	2.20	2.39	2.51	2.64	2.74	2.85	2.93	2.99	3.05	3.11
轴心抗压设计值 f_c	7.2	9.6	11.9	14.3	16.7	19.1	21.1	23.1	25.3	27.5	29.7	31.8	33.8	35.9
轴心抗拉设计值 f_t	0.91	1.10	1.27	1.43	1.57	1.71	1.80	1.89	1.96	2.04	2.09	2.14	2.18	2.22

表 B.1.2 混凝土弹性模量[21]　　单位：$\times 10^4$ N/mm^2

强度等级	符号	混凝土强度等级													
		C15	C20	C25	C30	C35	C40	C45	C50	C55	C60	C65	C70	C75	C80
弹性模量	E_c	2.20	2.55	2.80	3.00	3.15	3.25	3.35	3.45	3.55	3.60	3.65	3.70	3.75	3.80

注：1. 当有可靠试验数据时，弹性模量可根据实测数据确定；
2. 当混凝土中掺有大量矿物掺合料时，弹性模量可按规定龄期根据实测数据确定；
3. 混凝土的剪切变形模量 G_c 可按相应弹性模量值的 40%采用，混凝土泊松比 υ_c 可按 0.2 采用。

表 B.1.3 混凝土热工参数（温度范围为 0 °C ~ 100 °C）[21]

项目	线膨胀系数 α_c	导热系数 λ	比热容
取值	1.0×10^{-5}/°C	10.6 kJ/（m · h · °C）	0.96 kJ/（kg · °C）

B.2 钢材性能参数

表 B.2.1 普通钢筋强度及弹性模量[21]

牌号	符号	公称直径 d（mm）	屈服强度标准值 f_{yk}（N/mm²）	极限强度标准值 f_{stk}（N/mm²）	抗拉强度设计值 f_y（N/mm²）	抗压强度设计值 f'_y（N/mm²）	弹性模量 E_s（×10⁵ N/mm²）
HPB330	Φ	6～22	300	420	270	270	2.10
HRB335	Φ	6～50	335	455	300	300	2.0
HRBF335	Φ^{F}						
HRB400	Φ	6～50	400	540	360	360	2.0
HRBF400	Φ^{F}						
RRB400	Φ^{R}						
HRB500	Φ	6～50	500	630	435	410	2.0
HRBF500	Φ^{F}						

注：必要时可采用实测的弹性模量；钢筋泊松比可按 0.3 采用；平均温度膨胀系数为 1.2×10^{-5}/°C。

表 B.2.2 钢筋的公称直径、公称截面面积及理论质量[21]

公称直径（mm）	不同根数直径的计算截面面积（mm²）									单根钢筋理论质量（kg/m）
	1	2	3	4	5	6	7	8	9	
6	28.3	57	85	113	142	170	198	226	255	0.222
8	50.3	101	151	201	252	302	352	402	453	0.395
10	78.5	157	236	314	393	471	550	628	707	0.617
12	113.1	226	339	452	565	678	791	904	1017	0.888
14	153.9	308	461	615	769	923	1 077	1 231	1 385	1.21
16	201.1	402	603	804	1 005	1 206	1 407	1 608	1 809	1.58
18	254.5	509	763	1 017	1 272	1 527	1 781	2 036	2 290	2.00（2.11）
20	314.2	628	942	1 256	1 570	1 884	2 199	2 513	2 827	2.47
22	380.1	760	1140	1 520	1 900	2 281	2 661	3 041	3 421	2.98
25	490.9	982	1473	1 964	2 454	2 945	3 436	3 927	4 418	3.85（4.10）
28	615.8	1 232	1 847	2 463	3 079	3 695	4 310	4 926	5 542	4.83
32	804.2	1 609	2 413	3 217	4 021	4 826	5 630	6 434	7 238	6.31（6.65）
36	1 017.9	2 036	3 054	4 072	5 089	6 107	7 125	8 143	9 161	7.99
40	1 256.6	2 513	3 770	5 027	6 283	7 540	8 796	10 053	11 310	9.87（10.34）
50	1 963.5	3 928	5 892	7 856	9 820	11 784	13 748	15 712	17 676	15.42（16.28）

注：括号内为预应力螺纹钢筋的数值。

表 B.2.3 钢材的强度设计值（N/mm^2）[22]

牌号	厚度或直径（mm）	抗拉、抗压和抗弯	抗剪	端面承压（刨平顶紧）
Q235	≤16	215	125	325
	>16～40	205	120	
	>40～60	200	115	
	>60～100	190	110	
Q345	≤16	310	180	400
	>16～35	295	170	
	>35～50	265	155	
	>50～100	250	145	
Q390	≤16	350	205	415
	>16～35	335	190	
	>35～50	315	180	
	>50～100	295	170	
Q420	≤16	380	220	440
	>16～35	360	210	
	>35～50	340	195	
	>50～100	325	185	

注：表中厚度系指计算点的钢材厚度，对轴心受拉和轴心受压构件系指截面中较厚板件的厚度。

表 B.2.4 钢材的物理性能指标[22]

钢材种类	弹性模量（N/mm^2）	剪切模量（N/mm^2）	线膨胀系数（1/°C）	质量密度（kg/m^3）
钢材和铸钢	2.06×10^5	0.79×105	1.20×10^{-5}	7.85×10^3

表 B.2.5 钢管支撑常用规格技术参数[10]

尺寸（mm）	单位质量（kg/m）	截面面积（cm^2）	回转半径（cm）	截面惯性矩（cm^4）	截面抵抗矩（cm^3）
$D\times t$	W	A	i	I	W
$\phi580\times12$	168	214	20.09	86 393	5958
$\phi580\times16$	223	283	19.95	112 815	7780
$\phi609\times12$	177	225	21.11	100 309	6588
$\phi609\times16$	234	298	20.97	131 117	8612

表 B.2.6　H 型钢支撑常用规格技术参数[10]

尺寸（mm）	单位质量（kg/m）	截面面积（cm^2）	回转半径（cm）		截面惯性矩（cm^4）		截面抵抗矩（cm^3）	
$h \times b \times t_1 \times t_2$	W	A	i_x	i_y	I_x	I_y	W_x	W_y
400×400×13×21	171.7	218.69	17.43	10.12	66455	22 410	3 323	1 120.0
500×300×11×18	124.9	159.17	20.66	7.14	67916	8 106	2 783	540.4
600×300×12×20	147.0	187.21	24.55	6.94	112 827	9 009	3 838	600.6
700×300×13×24	181.8	231.34	28.92	6.83	193 622	10 814	5 532	720.9
800×300×14×26	206.8	263.50	32.65	6.67	280 925	11 719	7 023	781.3

B.3　岩土性能参数

表 B.3.1　岩石力学性质指标的经验数据[45]

岩类	岩石名称	质量密度 ρ（g/cm^3）	抗压强度 R_c（MPa）	抗拉强度 R_t（MPa）	静弹性模量 E（$\times 10^4$MPa）	动弹性模量 E_d（$\times 10^4$MPa）	泊松比 υ	弹性抗力系数 K_0（MN/m^3）	似内摩擦角 φ（°）
岩浆岩	花岗岩	2.63~2.73 2.80~3.10 3.10~3.30	75~110 120~180 180~200	2.1~3.3 3.4~5.1 5.1~5.7	1.4~5.6 5.43~6.9	5.0~7.0 7.1~9.1 9.1~9.4	0.36~0.16 0.16~0.10 0.10~0.02	600~2 000 1 200~5 000 5 000	70~82 75~87 87
	正长岩	2.5 2.7~2.8 2.8~3.3	80~100 120~180 180~250	2.3~2.8 3.4~5.1 5.1~5.7	1.5~11.4	5.4~7.0 7.1~9.1 9.1~11.4	0.36~0.16 0.16~0.10 0.10~0.02	600~2 000 1 200~5 000 5 000	82.5~85 82.5~85 87
	闪长岩	2.5~2.9 2.9~3.3	120~200 200~250	3.4~5.7 5.7~7.1	2.2~11.4	7.1~9.4 9.4~11.4	0.25~0.10 0.10~0.02	1 200~5 000 2 000~5 000	75~87 87
	斑岩	2.8	160	5.4	6.6~7.0	8.6	0.16	1 200~2 000	85
	安山岩 玄武岩	2.5~2.7 2.7~3.3	120~160 160~250	3.4~4.5 4.5~7.1	4.3~10.6	7.1~8.6 8.6~11.4	0.20~0.16 0.16~0.02	1 200~2 000 2 000~5 000	75~85 87
	辉绿岩	2.7 2.9	160~180 200~250	4.5~5.1 5.7~7.1	6.9~7.9	8.6~9.1 9.4~11.4	0.16~0.10 0.10~0.02	2 000~5 000	85 87
	流纹岩	2.5~3.3	120~250	3.4~7.1	2.2~11.4	7.1~11.4	0.16~0.02	1 200~5 000	75~87
变质岩	花岗片麻岩	2.7~2.9	180~200	5.1~5.7	7.3~9.4	9.1~9.4	0.20~0.05	3 500~5 000	87
	片麻岩	2.5 2.6~2.8	80~100 140~180	2.2~2.8 4.0~5.1	1.5~7.0	5.0~7.0 7.8~9.1	0.30~0.20 0.20~0.05	600~2 000 1 200~5 000	78~82.5 80~87
	石英岩	2.61 2.8~3.0	87 200~360	2.5 5.7~10.2	4.5~14.2	5.6 9.4~14.2	0.20~0.16 0.15~0.10	800~2 000 2 000~5 000	80 87
	大理岩	2.5~3.3	70~140	2.0~4.0	1.0~3.4	5.0~8.2	0.36~0.16	600~2 000	70~82.5
	千枚岩 板岩	2.5~3.3	120~140	3.4~4.0	2.20~3.4	7.1~7.8	0.16	1 200~2 000	75~87
沉积岩	凝灰岩	2.5~3.3	120~250	3.4~7.1	2.2~11.4	7.1~11.4	0.16~0.02	1 200~5 000	75~87
	火山角砾岩 火山集块岩	2.5~3.3	120~250	3.4~7.1	1.0~11.4	7.1~11.4	0.16~0.05	1 200~5 000	80~87

表 B.3.2 土的平均物理、力学性质指标[45]

土类		密度 ρ (g/cm^3)	天然含水量 w (%)	孔隙比 e	塑限 w_P	内聚力 c (kPa) 标准值	内聚力 c (kPa) 计算值	内摩擦角 ϕ (°)	变形模量 E_0 (MPa)
砂土	粗砂	2.05	15 ~ 18	0.4 ~ 0.5		2	0	42	46
		1.95	19 ~ 22	0.5 ~ 0.6		1	0	40	40
		1.90	23 ~ 25	0.6 ~ 0.7		0	0	38	33
	中砂	2.05	15 ~ 18	0.4 ~ 0.5		3	0	40	46
		1.95	19 ~ 22	0.5 ~ 0.6		2	0	38	40
		1.90	23 ~ 25	0.6 ~ 0.7		1	0	35	33
	细砂	2.05	15 ~ 18	0.4 ~ 0.5		6	0	38	37
		1.95	19 ~ 22	0.5 ~ 0.6		4	0	36	28
		1.90	23 ~ 25	0.6 ~ 0.7		2	0	32	24
	粉砂	2.05	15 ~ 18	0.5 ~ 0.6		8	5	36	14
		1.95	19 ~ 22	0.6 ~ 0.7		6	3	34	12
		1.90	23 ~ 25	0.7 ~ 0.8		4	2	28	10
粉土		2.10	15 ~ 18	0.4 ~ 0.5	< 9.4	10	6	30	18
		2.00	19 ~ 22	0.5 ~ 0.6		7	5	28	14
		1.95	2.3 ~ 25	0.6 ~ 0.7		5	2	27	11
		2.10	15 ~ 18	0.4 ~ 0.5	9.5 ~ 12.4	12	7	25	23
		2.00	19 ~ 22	0.5 ~ 0.6		8	5	24	16
		1.95	23 ~ 25	0.6 ~ 0.7		6	3	23	13
黏性土	粉质黏土	2.10	15 ~ 18	0.4 ~ 0.5	12.5 ~ 15.4	42	25	24	45
		2.00	19 ~ 22	0.5 ~ 0.6		21	15	23	21
		1.95	23 ~ 25	0.6 ~ 0.7		14	10	22	15
		1.90	26 ~ 29	0.7 ~ 0.8		7	5	21	12
		2.00	19 ~ 22	0.5 ~ 0.6	15.5 ~ 18.4	50	35	22	39
		1.95	23 ~ 25	0.6 ~ 0.7		25	15	21	18
		1.90	.6 ~ 20	0.7 ~ 0.8		19	10	20	15
		1.85	30 ~ 34	0.8 ~ 0.9		11	8	19	13
		1.80	35 ~ 40	0.9 ~ 1.0		8	5	18	8
		1.95	23 ~ 25	0.6 ~ 0.7	18.5 ~ 22.4	68	40	20	33
		1.90	26 ~ 29	0.7 ~ 0.8		34	25	19	19
		1.85	30 ~ 34	0.8 ~ 0.9		28	20	18	13
		1.80	35 ~ 40	0.9 ~ 1.0		19	10	17	9
	黏土	1.90	26 ~ 29	0.7 ~ 0.8	22.5 ~ 26.4	82	60	18	28
		1.85	30 ~ 34	0.8 ~ 0.9		41	30	17	16
		1.75	35 ~ 40	0.9 ~ 1.1		36	25	16	11
		1.85	30 ~ 34	0.8 ~ 0.9	26.5 ~ 30.4	94	65	16	24
		1.75	35 ~ 40	0.9 ~ 1.1		47	35	15	14

注：1. 平均比重取：砂为 2.65；粉土为 2.70；粉质黏土为 2.71；黏土 2.74。

2. 粗砂与中砂的 E_0 值适用于不均系数 c_u=3 时，当 c_u > 5 时应按表中所列值减少 2/3，c_u 为中间值时，E_0 值按内插法确定。

3. 对于地基稳定计算，采用内摩擦角 ϕ 的计算值低于标准值 2°。

表 B.3.3　工程岩体基本质量分级[46]

基本质量级别	岩体基本质量的定性特征	岩体基本质量指标（BQ）
Ⅰ	坚硬岩，岩体完整	>550
Ⅱ	坚硬岩，岩体较完整； 较坚硬岩，岩体完整	550～451
Ⅲ	坚硬岩，岩体较破碎； 较坚硬岩或软硬岩互层，岩体较完整； 较软岩，岩体完整	450～351
Ⅳ	坚硬岩，岩体破碎； 较坚硬岩，岩体较破碎—破碎； 较软岩或软硬岩互层，且以软岩为主，岩体较完整—较破碎； 软岩岩体，完整—较完整	350～251
Ⅴ	较软岩，岩体破碎； 软岩，岩体较破碎—破碎； 全部极软岩及全部极破碎岩	≤250

表 B.3.4　岩石风化程度的划分[46]

名　称	风化特征
未风化	结构构造未变，岩质新鲜
微风化	结构构造矿物色泽基本未变，部分裂隙面有铁锰质渲染
弱风化	结构构造部分破坏，矿物色泽较明显变化，裂隙面出现风化矿物或存在风化夹层
强风化	结构构造大部分破坏，矿物色泽明显变化，长石云母等多风化成次生矿物
全风化	结构构造全部破坏，矿物成分除石英外大部分风化成土状

表 B.3.5　岩体物理力学参数[46]

岩体基本质量级别	重力密度 γ（kN/m^3）	抗剪断峰值强度		变形模量 E（GPa）	泊松比 v
		内摩擦角 φ（°）	黏聚力 c（MPa）		
Ⅰ	>26.5	>60	>2.1	>33	<0.20
Ⅱ		60～50	2.1～1.5	33～16	0.20～0.25
Ⅲ	26.5～24.5	50～39	1.5～0.7	16～6	0.25～0.30
Ⅳ	24.5～22.5	39～27	0.7～0.2	6～1.5	0.30～0.35
Ⅴ	<22.5	<27	<0.2	<1.5	>0.35

表 B.3.6 桩的极限侧阻力标准值 q_{sik}[40] 单位：kPa

土的名称	土的状态		混凝土预制桩	泥浆护壁钻（冲）孔桩	干作业钻孔桩
填土	—		22～30	20～28	20～28
淤泥	—		14～20	12～18	12～18
淤泥质土	—		22～30	20～28	20～28
黏性土	流塑	$I_L>1$	24～40	21～38	21～38
	软塑	$0.75<I_L\leqslant 1$	40～55	38～53	38～53
	可塑	$0.50<I_L\leqslant 0.75$	55～70	53～68	53～66
	硬可塑	$0.25<I_L\leqslant 0.50$	70～86	68～84	66～82
	硬塑	$0<I_L\leqslant 0.25$	86～98	84～96	82～94
	坚硬	$I_L\leqslant 0$	98～105	96～102	94～104
红黏土	$0.7<a_w\leqslant 1$		13～32	12～30	12～30
	$0.5<a_w\leqslant 0.7$		32～74	30～70	30～70
粉土	稍密	$e>0.9$	26～46	24～42	24～42
	中密	$0.75\leqslant e\leqslant 0.9$	46～66	42～62	42～62
	密实	$e<0.75$	66～88	62～82	62～82
粉细砂	稍密	$10<N\leqslant 15$	24～48	22～46	22～46
	中密	$15<N\leqslant 30$	48～66	46～64	46～64
	密实	$N>30$	66～88	64～86	64～86
中砂	中密	$15<N\leqslant 30$	54～74	53～72	53～72
	密实	$N>30$	74～95	72～94	72～94
粗砂	中密	$15<N\leqslant 30$	74～95	74～95	76～98
	密实	$N\geqslant 30$	95～116	95～116	98～120
砾砂	稍密	$5<N_{63.5}\leqslant 15$	70～110	50～90	60～100
	中密（密实）	$N_{63.5}>15$	116～138	116～130	112～130
圆砾、角砾	中密、密实	$N_{63.5}>10$	160～200	135～150	135～150
碎石、卵石	中密、密实	$N_{63.5}>10$	200～300	140～170	150～170
全风化软质岩	—	$30<N\leqslant 50$	100～120	80～100	80～100
全风化硬质岩	—	$30<N\leqslant 50$	140～160	120～140	120～150
强风化软质岩	—	$N_{63.5}>10$	160～240	140～200	140～220
强风化硬质岩	—	$N_{63.5}>10$	220～300	160～240	160～260

注：等直径基桩的抗拔极限承载力标准值 T_{uk} 计算公式为：$T_{uk}=u\sum\lambda_i q_{sik} l_i$，其中 u 为桩身周长，q_{sik} 为桩侧第 i 层土的极限侧阻力标准值，l_i 为桩周第 i 层土的厚度，λ_i 为抗拔系数（砂土为 0.5～0.7，黏性土及粉土为 0.7～0.8；当桩长 l 与桩径 d 之比小于 20 时，取小值）。

表 B.3.7　土的侧压力系数 ξ 和泊松比 υ 的经验值[45]

指标＼土名	碎石土	砂土	粉土	粉质黏土			黏土		
				坚硬	可塑	软塑	硬塑	可塑	软塑
ξ	0.18 ~ 0.33	0.33 ~ 0.43	0.43	0.33	0.43	0.53	0.33	0.53	0.72
υ	0.15 ~ 0.25	0.25 ~ 0.30	0.30	0.25	0.30	0.35	0.25	0.35	0.40

表 B.3.8　几种土的渗透系数 k[45]　　单位：cm/s

土　类	渗透系数 k	土　类	渗透系数 k
黏　土	$<1.2\times10^{-6}$	细　砂	$1.2\times10^{-3}\sim6.0\times10^{-3}$
亚 黏 土	$1.2\times10^{-6}\sim6.0\times10^{-5}$	中　砂	$6.0\times10^{-3}\sim2.4\times10^{-2}$
轻亚黏土	$6.0\times10^{-5}\sim6.0\times10^{-4}$	粗　砂	$2.4\times10^{-2}\sim6.0\times10^{-2}$
黄　土	$3.0\times10^{-4}\sim6.0\times10^{-4}$	砾　砂	$6.0\times10^{-2}\sim1.8\times10^{-1}$
粉　砂	$6.0\times10^{-4}\sim1.2\times10^{-3}$		

表 B.3.9　土的变形模量 E_0 和回弹变形模量 E_u 的经验值[5]　　单位：MPa

土　名		E_0	E_u
砂	碎石、卵石、角砾、圆砾		40 ~ 56
	粗砂	33 ~ 46	40 ~ 48
	中砂	30 ~ 40	32 ~ 40
	细砂	24 ~ 37	干细砂：24 ~ 32
	粉砂	10 ~ 14	饱和细砂：8 ~ 16
粉土		8 ~ 23	硬塑：32 ~ 40
			可塑：8 ~ 16
粉质黏土		8 ~ 40	硬塑：32 ~ 40
			可塑：8 ~ 16
黏土			坚塑：88 ~ 160

注：1. 表中 E_u 值取自天津大学等合编. 地基与基础. 北京：中国建筑工业出版社，1978：157；
2. E_0 值取自李伯宁. 中国土木工程手册. 上海：上海科学技术出版社，1989。

表 B.3.10　土的变形模量 E_0 与压缩模量 E_S 经验关系[5]

土类	$K=E_0/E_S$	
	范围值	平均值
淤泥及淤泥质土	1.05 ~ 2.97	1.90
新近沉积黏性土、粉土	0.35 ~ 1.94	0.93
黏土、粉质黏土	0.60 ~ 2.80	1.35
粉土	0.54 ~ 2.68	0.98
老黏性土	1.45 ~ 2.80	2.11
黄土	2 ~ 5	
红黏土	1.04 ~ 4.87	2.36

注：本表取自天津大学等合编. 地基与基础. 北京：中国建筑工业出版社，1978：155。

表 B.3.11　基床系数 K_v 的经验值（Bowles，1982）[5]　　单位：$\times 10^4$ kN/m^3

土类		K_v 值
砂	松散	0.48 ~ 1.6
	中密	0.96 ~ 8
	密实	6.4 ~ 12.8
细粒土	黏土质中密砂	3.2 ~ 8
质砂	黏土质中密砂	2.4 ~ 4.8
黏性土	$100<q_a\leqslant 200$	1.2 ~ 2.4
	$200<q_a\leqslant 400$	2.4 ~ 4.8
	$q_a>400$	>4.8

注：Bowels 经验公式 $K_v=120\,q_a$；q_a 是地基容许承载力；q_a、K_v 以 kN/m^2、kN/m^3 计。

表 B.3.12　地基土水平基床系数经验值[10]　　单位：$\times 10^4$ kN/m^3

地基土类别	黏性土和粉性土				砂性土			
	淤泥质	软	中等	硬	极松	松	中等	密实
K_h	0.3 ~ 1.5	1.5 ~ 3	3 ~ 15	15 以上	0.3 ~ 15	1.5 ~ 3	3 ~ 10	10 以上

注：假定地基土水平基床系数沿深度方向或在一定深度以下取值为常数。

表 B.3.13　地基土水平抗力系数的比例系数 m 经验值[40]

序号	地基土类别	预制桩、钢桩		灌注桩	
		m（MN/m^4）	相应单桩在地面处水平位移（mm）	m（MN/m^4）	相应单桩在地面处水平位移（mm）
1	淤泥、淤泥质黏土、饱和湿陷性黄土	2.0 ~ 4.5	10	2.5 ~ 6.0	6 ~ 12
2	流塑（$I_L>1$）、软塑（$0.75<I_L\leqslant 1$）状黏性土；$e>0.9$ 粉土；松散粉细砂；松散、稍密填土	4.5 ~ 6.0	10	6 ~ 14	4 ~ 8
3	可塑（$0.25<I_L\leqslant 0.75$）状黏性土、湿陷性黄土；$e=0.75\sim 0.9$ 粉土；中密填土；稍密细砂	6.0 ~ 10.0	10	14 ~ 35	3 ~ 6
4	硬塑（$0<I_L\leqslant 0.25$）、坚硬（$I_L\leqslant 0$）状黏性土，湿陷性黄土；$e<0.75$ 粉土；中密的中粗砂；密实老填土	10 ~ 22	10	35 ~ 100	2 ~ 5
5	中密、密实的砾砂、碎石类土			100 ~ 300	1.5 ~ 3.0

注：1. 当桩顶水平位移大于表列数值或灌注桩配筋率较高（≥0.65%）时，m 值应适当降低；当预制桩的水平向位移小于 10 mm 时，m 值可适当提高。
2. 当水平荷载为长期或经常出现的荷载时，应将表列数值乘以 0.4 降低采用。
3. 当地基为可液化土层时，应将表列数值乘以该规范表 5.3.12 中相应的系数 ψ_l。

表 B.3.14　上海及杭州地区地基土 m 的经验取值[10]　　单位：MN/m^3

地基土分类		上海地区	杭州地区
流塑的黏性土		1～2	0.5～1.5
软塑的黏性土、松散的粉砂性土和砂土		2～4	3～4
可塑的黏性土、稍密—中密的粉性土和砂土		4～6	5～6
坚硬的黏性土、密实的粉性土、砂土		6～10	9～10
水泥土搅拌桩加固，置换率>25%	水泥掺量<8%	2～4	—
	水泥掺量>13%	4～6	—

B.4　钢筋混凝土构件计算参数

表 B.4.1　钢筋混凝土轴心受压构件稳定性系数[21]

l_0/b	l_0/d	l_0/i	φ	l_0/b	l_0/d	l_0/i	φ
≤8	≤7	≤28	1.0	30	26	104	0.52
10	8.5	35	0.98	32	28	111	0.48
12	10.5	42	0.95	34	29.5	118	0.44
14	12	48	0.92	36	31	125	0.4
16	14	55	0.87	38	33	132	0.36
18	15.5	62	0.81	40	34.5	139	0.32
20	17	69	0.75	42	36.5	146	0.29
22	19	76	0.7	44	38	153	0.26
24	21	83	0.65	46	40	160	0.23
26	22.5	90	0.6	48	41.5	167	0.21
28	24	97	0.56	50	43	174	0.19

注：1. l_0 为构件的计算长度；
2. b 为矩形截面的短边尺寸，d 为圆形截面的直径，i 为截面的最小回转半径。

表 B.4.2　钢筋混凝土矩形截面和 T 形截面受弯构件正截面受承载力计算系数表[37]

ξ	γ_s	α_s	ξ	γ_s	α_s
0.01	0.995	0.010	0.32	0.840	0.269
0.02	0.990	0.020	0.33	0.835	0.275
0.03	0.985	0.030	0.34	0.830	0.282
0.04	0.980	0.039	0.35	0.825	0.289
0.05	0.975	0.048	0.36	0.820	0.295
0.06	0.970	0.058	0.37	0.815	0.301
0.07	0.965	0.067	0.38	0.810	0.309

续表

ξ	γ_s	α_s	ξ	γ_s	α_s
0.08	0.960	0.077	0.39	0.805	0.314
0.09	0.955	0.085	0.40	0.800	0.320
0.10	0.950	0.095	0.41	0.795	0.326
0.11	0.945	0.104	0.42	0.790	0.332
0.12	0.940	0.113	0.43	0.785	0.337
0.13	0.935	0.121	0.44	0.780	0.343
0.14	0.930	0.130	0.45	0.775	0.349
0.15	0.925	0.139	0.46	0.770	0.354
0.16	0.920	0.147	0.47	0.765	0.359
0.17	0.915	0.155	0.48	0.760	0.365
0.18	0.910	0.164	0.49	0.755	0.370
0.19	0.905	0.172	0.50	0.750	0.375
0.20	0.900	0.180	0.51	0.745	0.380
0.21	0.895	0.188	0.52	0.740	0.385
0.22	0.890	0.196	0.53	0.735	0.390
0.23	0.885	0.203	0.54	0.730	0.394
0.24	0.880	0.211	0.55	0.725	0.400
0.25	0.875	0.219	0.56	0.720	0.403
0.26	0.870	0.226	0.57	0.715	0.408
0.27	0.865	0.234	0.58	0.710	0.412
0.28	0.860	0.241	0.59	0.705	0.416
0.29	0.855	0.248	0.60	0.700	0.420
0.30	0.850	0.255	0.61	0.695	0.424
0.31	0.845	0.262	0.62	0.690	0.428

注：表中 $\xi>0.482$ 的数值不适用于 HRB500 级钢筋；$\xi>0.518$ 的数值不适用于 HRB400 级钢筋；$\xi>0.55$ 的数值不适用于 HRB335 级钢筋。

B.5 钢管支撑构件的轴心受压稳定系数

钢管支撑的轴心受压稳定系数φ可由以下两种方式得出：

1. 查表法

根据《钢结构设计规范》第 5.1.2 条[22]，钢管支撑（实腹式轴心受压钢构件、极对称）对 x 轴、y 轴均为 a 类截面（见该规范表 5.1.2-1），可查该规范的表 C-1 得出其稳定系数φ（表 B.5.1）。

表 B.5.1　*a* 类钢结构截面轴心受压构件的稳定系数 φ[22]

$\lambda\sqrt{\frac{f_{yk}}{235}}$	0	1	2	3	4	5	6	7	8	9
0	1.000	1.000	1.000	1.000	0.999	0.999	0.998	0.998	0.997	0.996
10	0.995	0.994	0.993	0.992	0.991	0.989	0.988	0.986	0.985	0.983
20	0.981	0.979	0.977	0.976	0.974	0.972	0.970	0.968	0.966	0.964
30	0.963	0.961	0.959	0.957	0.955	0.952	0.950	0.948	0.946	0.944
40	0.941	0.939	0.937	0.934	0.932	0.929	0.927	0.924	0.921	0.919
50	0.916	0.913	0.910	0.907	0.904	0.900	0.897	0.894	0.890	0.886
60	0.883	0.879	0.875	0.871	0.867	0.863	0.858	0.854	0.849	0.844
70	0.839	0.834	0.829	0.824	0.818	0.813	0.807	0.801	0.795	0.789
80	0.783	0.776	0.770	0.763	0.757	0.750	0.743	0.736	0.728	0.721
90	0.713	0.706	0.699	0.691	0.684	0.676	0.668	0.661	0.653	0.645
100	0.638	0.630	0.622	0.615	0.607	0.600	0.592	0.585	0.577	0.570
110	0.563	0.555	0.548	0.541	0.534	0.527	0.520	0.514	0.507	0.500
120	0.494	0.488	0.481	0.475	0.469	0.463	0.457	0.451	0.445	0.440
130	0.434	0.428	0.423	0.418	0.412	0.407	0.402	0.397	0.392	0.387
140	0.383	0.378	0.373	0.369	0.364	0.360	0.356	0.351	0.347	0.343
150	0.339	0.335	0.331	0.327	0.323	0.320	0.316	0.312	0.309	0.305
160	0.302	0.298	0.295	0.292	0.289	0.285	0.282	0.279	0.276	0.273
170	0.270	0.267	0.264	0.262	0.259	0.256	0.253	0.251	0.248	0.246
180	0.243	0.241	0.238	0.236	0.233	0.231	0.229	0.226	0.224	0.222
190	0.219	0.218	0.215	0.213	0.211	0.209	0.207	0.205	0.203	0.201
200	0.199	0.198	0.196	0.194	0.192	0.190	0.189	0.187	0.185	0.183
210	0.182	0.180	0.179	0.177	0.175	0.174	0.172	0.171	0.169	0.168
220	0.166	0.165	0.164	0.162	0.161	0.159	0.158	0.157	0.155	0.154
230	0.153	0.152	0.150	0.149	0.148	0.147	0.146	0.144	0.143	0.142
240	0.141	0.140	0.139	0.138	0.136	0.135	0.134	0.133	0.132	0.131
250	0.130	—	—	—	—	—	—	—	—	—

2. 计算法

可由以下公式依次计算得出[22]。

（1）计算钢管支撑截面回转半径。

$$i=\frac{D\sqrt{1+\alpha^2}}{4} \tag{B.5.1}$$

式中 D——圆形或圆环截面的外径（直径）;

α——d/D，d 为圆环内径。

（2）确定支撑的计算长度。

钢管支撑的计算长度 l_0，根据相关规范按如下规定确定取值[9]:

① 水平支撑在竖向平面内的受压计算长度，不设置立柱时，应取支撑的实际长度；设置立柱时，应取相邻立柱的中心间距。

② 水平支撑在水平平面内的受压计算长度，对无水平支撑杆件交汇的支撑，应取支撑的实际长度；对有水平支撑杆件交汇的支撑，应取与支撑相交的相邻水平支撑杆件的中心间距；当水平支撑杆件的交汇点不在同一水平面内时，水平平面内的受压计算长度宜取与支撑相交的相邻水平支撑杆件中心间距的 1.5 倍。

（3）计算构件的长细比。

$$\lambda_x=l_{0x}/i_x \qquad \lambda_y=l_{0y}/i_y \tag{B.5.2}$$

式中 λ_x、λ_y——构件长细比；

l_{0x}、l_{0y}——构件对主轴 x 和 y 的计算长度；

i_x、i_y——构件截面对主轴 x 和 y 的回转半径。

此处由于钢管支撑为极对称构件，因此 $\lambda_x=\lambda_y$，$i_x=i_y$。

（4）计算轴心受压稳定系数。

当 $\lambda_{\mathrm{n}}=\frac{\lambda}{\pi}\sqrt{f_{\mathrm{y}}/E}\leqslant 0.215$ 时：

$$\varphi=1-\alpha_1\lambda_{\mathrm{n}}^2 \tag{B.5.3-1}$$

当 $\lambda_n>0.215$ 时：

$$\varphi=\frac{1}{2\lambda_{\mathrm{n}}^2}\left[(\alpha_2+\alpha_3\lambda_{\mathrm{n}}+\lambda_{\mathrm{n}}^2)\right]-\sqrt{(\alpha_2+\alpha_3\lambda_{\mathrm{n}}+\lambda_{\mathrm{n}}^2)^2-4\lambda_{\mathrm{n}}^2} \tag{B.5.3-2}$$

式中，α_1、α_2、α_3 为系数，a 类截面按《钢结构设计规范》表 C-5 分别为 0.41、0.986、0.152[20]。

附录 C　设计图纸要求装订的折叠方法

折叠复制图纸时，应将图面折向外方，使图标露在外面。图纸可折叠成 A4 幅面的大小（210 mm × 297 mm），装订的图纸也可折叠成 A3 幅面的大小（297 mm × 420 mm）[47]。

1. 折叠成 A4

（1）A0 折叠成 A4，需装订，留边（见图 C.1 中的顺序和尺寸），折完后图号在上，有装订边。

（2）A1 折叠成 A4 的方法见图 C.2，注意折叠顺序和尺寸。

（3）A2 图纸折叠成 A4 尺寸的标准方法见图 C.3。

（3）A3 图纸折叠成 A4 大小的标准方法见图 C.4。

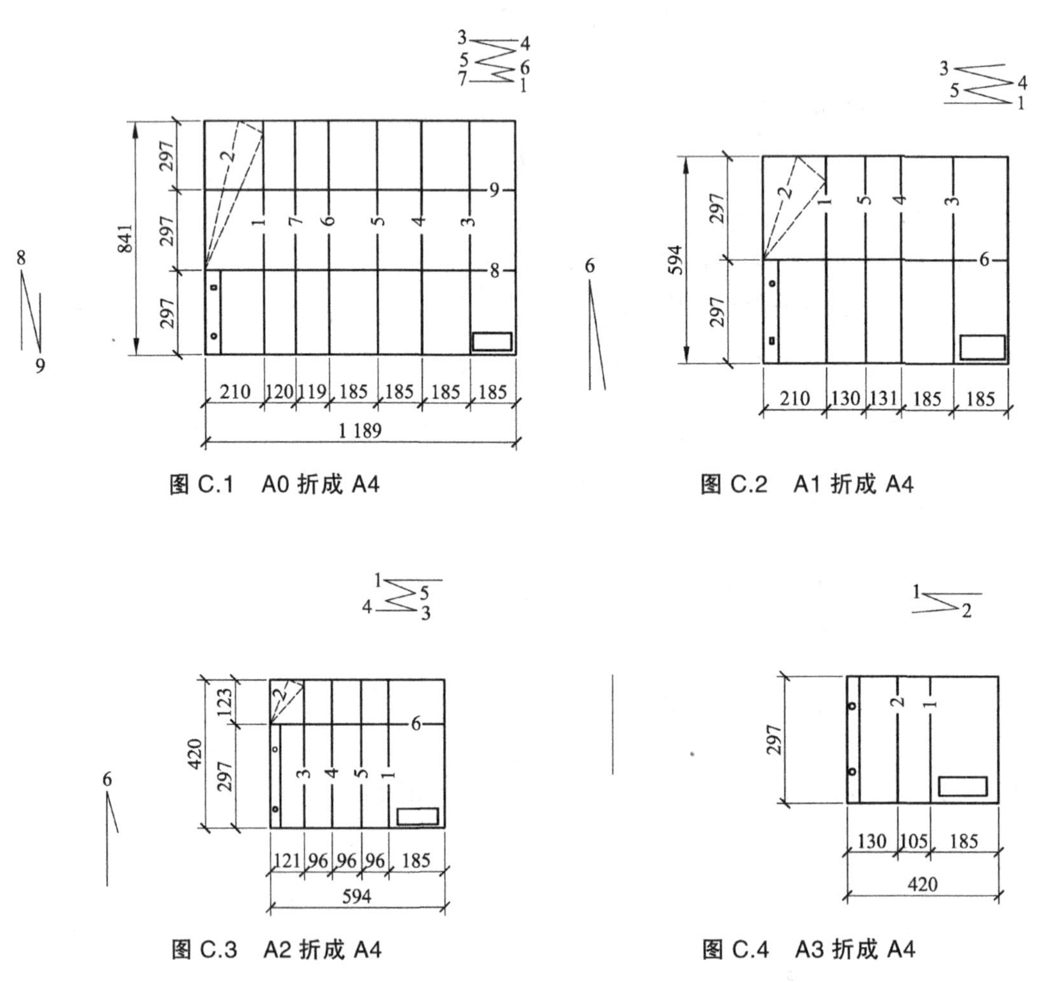

图 C.1　A0 折成 A4

图 C.2　A1 折成 A4

图 C.3　A2 折成 A4

图 C.4　A3 折成 A4

2. 折叠成 A3

各种尺寸的图折成 A3 的方法与 A4 类似，但 A3 一般横向装订，尺寸有所不同，见图 C.5 ~ C.7。

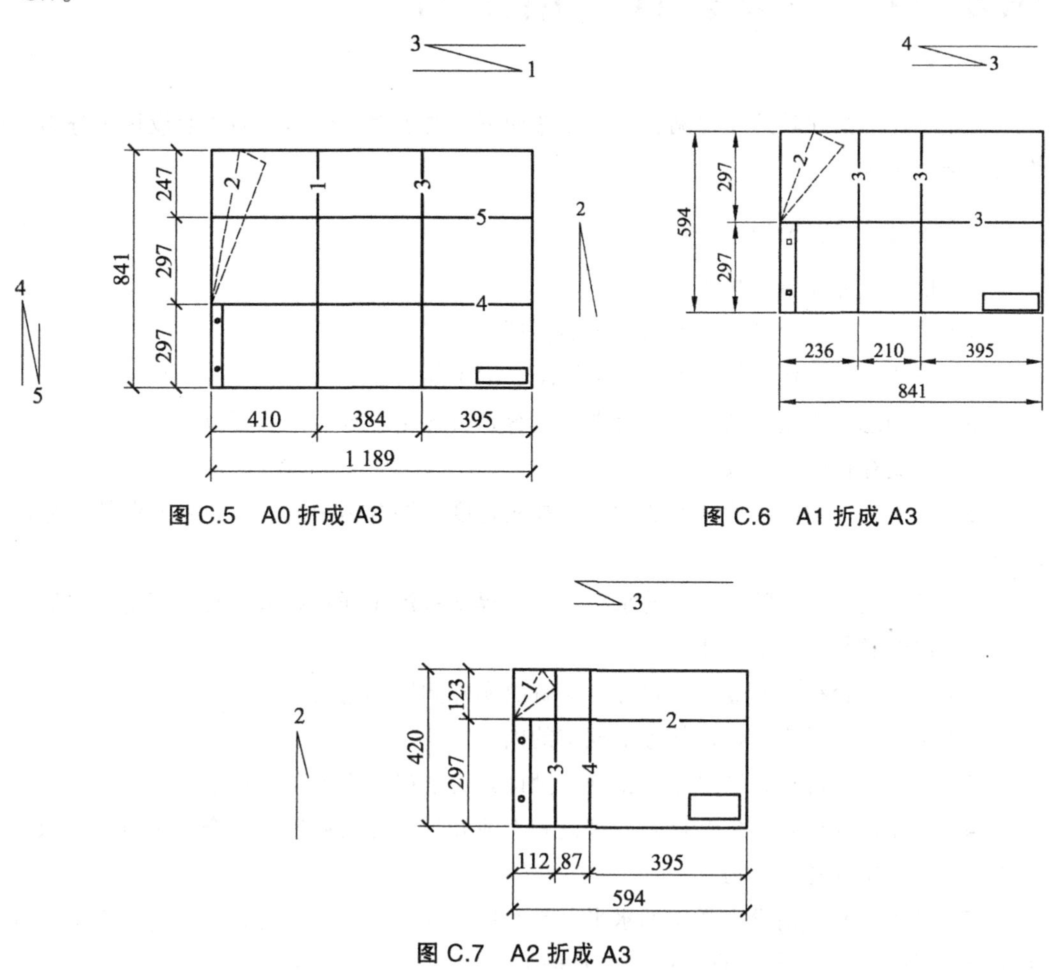

图 C.5　A0 折成 A3

图 C.6　A1 折成 A3

图 C.7　A2 折成 A3

附录 D 毕业设计评语撰写

毕业设计的指导教师和评阅教师可参考如下的要点对学生提交的毕业设计（分为初稿和终稿）撰写评语。

1. 毕业设计初稿评语

初稿指导教师评语撰写要点：

（1）是否完成毕业设计任务书规定的各环节内容。

（2）毕业设计工作中的态度、出勤情况、动手能力。

（3）文档总体质量、结构是否合理、内容是否齐全、撰写是否规范。

（4）初稿存在的缺点或不足。

（5）学生掌握基础理论和专业知识的扎实程度、综合运用所学知识和专业技能分析和解决问题的能力。

（6）是否达到申请学士学位的水平，可否提交答辩（同意答辩、暂缓答辩、取消答辩）。

初稿评阅教师评语撰写要点：

（1）选题是否符合专业培养目标、对解决实际问题的意义。

（2）是否完成了毕业设计任务书规定的内容。

（3）数据是否可靠、结果是否正确、翻译是否准确、图纸是否规范。

（4）毕业设计反映学生掌握基础理论和专业知识的扎实程度、综合运用所学知识和专业技能分析和解决问题的能力。

（5）是否达到申请学士学位的水平，是否同意提交答辩（同意答辩、暂缓答辩、取消答辩），建议评分等级（优、良、中等、及格）。

2. 毕业设计终稿评语

终稿指导教师评语撰写要点：

（1）是否完成毕业设计任务书规定的各环节内容。

（2）毕业设计工作中的态度、出勤情况、动手能力、按照修改意见执行情况。

（3）文档总体质量、结构是否合理、内容是否齐全、撰写是否规范。

（4）终稿还存在的缺点或不足。

（5）答辩陈述是否清楚，是否能正确回答问题。

（6）学生掌握基础理论和专业知识的扎实程度、综合运用所学知识和专业技能分析和解决问题的能力。

（7）是否达到申请学士学位的水平，建议是否授予工学学士学位。

终稿评阅教师评语撰写要点：

（1）选题是否符合专业培养目标，对解决实际问题的意义。

（2）是否完成了毕业设计任务书规定的内容。

（3）数据是否可靠、结果是否正确、翻译是否准确、图纸是否规范。

（4）答辩中是否思路清晰、陈述清楚、回答问题正确。

（5）毕业设计反映学生掌握基础理论和专业知识的扎实程度、综合运用所学知识和专业技能分析和解决问题的能力。

（6）是否达到申请学士学位的水平，建议是否授予工学学士学位，评分等级（优、良、中等、及格）。

参考文献

[1] GB/T 18229—2000 CAD工程制图规则[S]. 北京：中国标准出版社，2001.

[2] 朱育万，卢传贤. 画法几何及土木工程制图[M]. 北京：高等教育出版社，2005.

[3] 施仲衡. 地下铁道设计与施工[M]. 西安：陕西科学技术出版社，2006.

[4] 朱永全，宋玉香. 地下铁道[M]. 北京：中国铁道出版社，2006.

[5] 张庆贺，朱合华，庄荣，等. 地铁与轻轨[M]. 北京：人民交通出版社，2006.

[6] GB 50157—2013 地铁设计规范[S]. 北京：中国建筑工业出版社，2014.

[7] 铁道第二勘察设计院. 地铁工程设计指南[M]. 北京：中国铁道出版社，2002.

[8] 于晓东，王芳，张安静. 浅谈地铁车站埋深对工程造价的影响[J]. 现代城市轨道交通，2005，（3）：47-48.

[9] 刘国彬，王卫东. 基坑工程手册[M]. 2版. 北京：中国建筑工业出版社，2009.

[10] 中国土木工程学会土力学及岩土工程分会. 深基坑支护技术指南[M]. 北京：中国建筑工业出版社，2012.

[11] JGJ 120—2012 建筑基坑支护技术规程[S]. 北京：中国建筑工业出版社，2012.

[12] 刘成宇. 土力学[M]. 北京：中国铁道出版社，2000.

[13] 杨学祥，张瑜. 弹性地基梁法与经典土压力法计算支护桩内力的对比分析[J]. 工程建设，2010，42（2）：36-39.

[14] 杨光华. 深基坑支护结构的实用计算方法及其应用[J]. 岩土力学，2004，25（12）：1885-1902.

[15] 王元湘. 关于深基坑支护结构计算的增量法和总量法[J]. 地下空间，2000，20（1）：43-46.

[16] 邹永尧，刘启峰. “增量法”在地铁车站设计中的运用[J]. 铁道工程学报，1996（S1）：258-262.

[17] GB 50153—2008 工程结构可靠性设计统一标准[S]. 北京：中国建筑工业出版社，2009.

[18] GB 50009—2012 建筑结构荷载规范[S]. 北京：中国建筑工业出版社，2012.

[19] GB 50007—2011 建筑地基基础设计规范[S]. 北京：中国建筑工业出版社，2012.

[20] 姚天强，石振华. 基坑降水手册[M]. 北京：中国建筑工业出版社，2006.

[21] GB 50010—2010 混凝土结构设计规范[S]. 北京：中国建筑工业出版社，2010.

[22] GB 50017—2003 钢结构设计规范[S]. 北京：中国计划出版社，2003.

[23] 马秉务，姚爱国. 基坑边缘地面沉降计算方法分析[J]. 西部探矿工程，2004（01）：12-14.

[24] 江智鹏. 北京地铁某明挖车站结构设计[J]. 铁道勘测与设计，2006（4）：4-8.

[25] 罗旭. 地铁车站各设计状况的结构分析[J]. 都市快轨交通，2012，25（2）：69-73.

[26] 赵锴. 明挖法地铁车站结构设计探讨[J]. 石家庄铁路职业技术学院学报，2011，10（4）：19-23.

[27] GB 50011—2010　建筑抗震设计规范[S]. 北京：中国建筑工业出版社，2010.
[28] 曾艳华，王英学，王明年. 地下结构 ANSYS 有限元分析[M]. 成都：西南交通大学出版社，2008.
[29] 杨建学. 明挖地铁车站不同计算方法计算结果比较[J]. 甘肃科技，2009，25（13）：133-136.
[30] 贾蓬，刘维宁. 地铁车站结构设计平面简化计算方法中存在问题的探讨[J]. 现代隧道技术，2004（S1）：393-398.
[31] 李铁生. 盖挖法地铁车站设计分析方法[D]. 上海：同济大学，2007.
[32] 钱恒宇. 北京地铁明挖车站的结构设计[J]. 甘肃科技，2006，22（5）：145-146.
[33] 惠丽萍，王良. 地铁车站结构设计中存在的问题[A]//第二届城市轨道交通中青年专家论坛暨第十六届地下铁道学术交流会[C]. 2004：179-184.
[34] 陈高峰. 明挖地铁车站结构设计研究综述[A]//2010 城市轨道交通关键技术论坛论文集[C]. 2010：47-50.
[35] 朱鸣，张玉峰. 框架节点刚域在常用结构软件中的实现与比较[J]. 建筑结构，2011，41（9）：111-117.
[36] 李志业，曾艳华. 地下结构设计原理与方法[M]. 成都：西南交通大学出版社，2003.
[37] 周新刚，刘建平，逯静洲，等. 混凝土结构设计原理[M]. 北京：机械工业出版社，2011.
[38] GB 50223—2008　建筑工程抗震设防分类标准[S]. 北京：中国建筑工业出版社，2008.
[39] GB 50909—2014　城市轨道交通结构抗震设计规范[S]. 北京：中国计划出版社，2014.
[40] JGJ 94—2008　建筑桩基技术规范[S]. 北京：中国建筑工业出版社，2008.
[41] 李子新，汪全信，李建中，等. 施工组织设计编制指南与实例[M]. 北京：中国建筑工业出版社，2006.
[42] GB/T 50502—2009　建筑施工组织设计规范[S]. 北京：中国建筑工业出版社，2009.
[43] 铁建设[2009]226 号　铁路工程施工组织设计指南[S]. 北京：中国铁道出版社，2010.
[44] 曹吉鸣，徐伟. 网络计划技术与施工组织设计[M]. 上海：同济大学出版社，2000.
[45]《工程地质手册》编委会. 工程地质手册[M]. 北京：中国建筑出版社，2007.
[46] GB 50218—94　工程岩体分级标准[S]. 北京：中国计划出版社，1995.
[47] SL 73—2013　水利水电工程制图标准[S]. 北京：中国水利水电出版社，2013.